Getreide, Mais und Futtergräser

Diagnose von
Krankheiten und Beschädigungen
an Kulturpflanzen

Akademie der Landwirtschaftswissenschaften
der Deutschen Demokratischen Republik
Institut für Phytopathologie Aschersleben

Getreide, Mais und Futtergräser

Prof. Dr. Dr. h. c. Dieter Spaar
Prof. Dr. sc. Helmut Kleinhempel
Prof. Dr. sc. Rolf Fritzsche

Mit 75 Bildtafeln sowie 58 Zeichnungen,
gestaltet von Horst Thiele, Aschersleben

Springer-Verlag
Berlin Heidelberg New York London Paris Tokyo

Unter Mitarbeit von:

Prof. Dr. sc. R. Fritzsche (Koordination,
Bestimmungstabellen, Tierische Schädlinge)
Dr. sc. G. Proeseler (Virosen an Getreide und Mais)
Dr. F. Rabenstein (Virosen an Futtergräsern)
Dr. E. Griesbach (Bakteriosen)
Institut für Phytopathologie Aschersleben der Akademie
der Landwirtschaftswissenschaften der DDR

Prof. Dr. sc. T. Wetzel (Tierische Schädlinge)
Dr. K. Frauenstein (Mykosen)
Martin-Luther-Universität Halle – Wittenberg
Sektion Pflanzenproduktion, Wissenschaftsbereich Agrochemie,
Lehrstuhl für Phytopathologie und Pflanzenschutz

Dr. W. Wrazidlo (Ernährungsstörungen)
Institut für Pflanzenernährung Jena der Akademie
der Landwirtschaftswissenschaften der DDR

Prof. Dr. sc. H. Decker (Nematoden)
Dr. D. Amelung (Didymella exitales)
Wilhelm-Pieck-Universität Rostock
Sektion Meliorationswesen und Pflanzenproduktion
Wissenschaftsbereich Phytopathologie und Pflanzenschutz

Vertriebsrechte für die nichtsozialistischen Länder
Springer-Verlag Berlin Heidelberg New York London Paris Tokyo

ISBN-13:978-3-642-70918-0   e-ISBN-13:978-3-642-70917-3
DOI: 10.1007/978-3-642-70917-3

Lektor: K. Rohloff
Grafische Gestaltung: Sieghard Hawemann
Gesamtherstellung: IV/10/5 Druckhaus Freiheit Halle
2131/3140-543210

Vorwort

Der Pflanzenproduktion in Landwirtschaft und Gartenbau erwachsen bei der Sicherung der Versorgung der Bevölkerung mit hochwertigen Nahrungsgütern und der Industrie mit Rohstoffen weltweit entscheidende volkswirtschaftliche Aufgaben. Die Steigerung und Stabilisierung der Erträge bei sinkendem spezifischem Aufwand ist hierfür eine unabdingbare Voraussetzung. Dem biologisch und ökonomisch weitgehend optimierten, gezielten Pflanzenschutz kommt dabei eine hervorragende Bedeutung zu. Das rechtzeitige und sichere Erkennen der Erreger von Krankheiten bzw. Ursachen von Beschädigungen der landwirtschaftlichen und gärtnerischen Kulturpflanzen ist dabei Grundlage aller zu treffenden Entscheidungen für Bekämpfungsmaßnahmen.

Mit der vorliegenden mehrbändigen und nach Kulturarten geordneten Buchreihe soll dazu eine Anleitung gegeben werden. Dabei haben wir uns im wesentlichen auf Mitteleuropa beschränkt. Nach den bereits erschienenen Bänden „Diagnosemethoden" und „Gemüse" wird nunmehr der Band „Getreide, Mais und Futtergräser" vorgelegt.

Das Gesamtwerk ist als Arbeitsmaterial für die Pflanzenschutzspezialisten in den landwirtschaftlichen und gärtnerischen Betrieben, den Einrichtungen des wissenschaftlichen und praktischen Pflanzenschutzes sowie für die Aus- und Weiterbildung vorgesehen.

In dem am Beginn der Buchreihe stehenden Band „Diagnosemethoden" werden die für die Bestimmung der Schaderreger bzw. Schadursachen in den Spezialbänden erforderlichen Arbeitsmethoden beschrieben und dargestellt. Diese Darstellung beschränkt sich im wesentlichen auf solche Methoden, die unter Praxisbedingungen bzw. in Pflanzenschutzdienststellen anwendbar sind. In wenigen Fällen werden Spezialmethoden einbezogen. Auf die Einbeziehung elektronenoptischer Diagnosemethoden sowie der DNA-Sondentechnik wird verzichtet.

Grundlage eines jeden, auf bestimmte Kulturpflanzen bezogenen Bandes bildet eine Bestimmungstabelle. Sie verweist jeweils auf die Schadursache bzw. den Schaderreger sowie deren Beschreibung und Darstellung auf einer Bildtafel. Dabei befindet sich der beschreibende Text jeweils vor der Bildtafel. Zur Wahrung dieses Anordnungsprinzips machte es sich in bestimmten Fällen erforderlich, beschreibenden Text für einige Schaderreger vor Bildtafeln einzufügen, welche keinen Bezug zu der jeweiligen Bildtafel haben. Deshalb wird in den Bestimmungstafeln nicht auf Seiten, sondern auf Tafelnummern verwiesen.

Bei der Auswahl der aufzunehmenden Schadensursachen bzw. Schaderreger wurden, der Zielstellung der vorliegenden Buchreihe gemäß, in erster Linie diejenigen berücksichtigt, die wirtschaftlich von Bedeutung sind bzw. wirtschaftliche Bedeutung im mitteleuropäischen Raum erlangen können. Hinsichtlich unbedeutender Gelegenheitsschaderreger und deren Determination wird am Schluß der einzelnen Bände auf weiterführende Literatur verwiesen.

Vorratsschädlinge finden in der vorliegenden Buchreihe keine Berücksichtigung, es sei denn, daß sie bereits im Freiland eine bestimmte Bedeutung erlangt haben.

Es werden zunächst sämtliche Bestimmungstabellen nach Kulturarten geordnet nacheinander aufgeführt. Dem schließen sich die Beschreibungen der Schadursachen sowie die dazugehörigen Bildtafeln, ebenfalls nach Kulturarten geordnet, an. Zur Erleichterung der Diagnose wird in bestimmten Fällen in den Bestimmungstabellen auch auf solche Bildtafeln verwiesen, auf denen verwandte Schadursachen an anderen Kulturarten dargestellt werden.

Die Bildtafeln für solche Krankheiten und Beschädigungen, welche an mehreren Kulturarten Bedeutung besitzen, werden einer dieser Kulturarten zugeordnet. Im beschreibenden Text findet sich dann der Hinweis auf die übrigen Kulturarten, sofern nicht die Sicherheit der Diagnose eine Mehrfachdarstellung erforderlich macht.

Die bei der Anfertigung der speziellen Bestimmungstabellen des vorliegenden Bandes benutzte Literatur ist im Literaturverzeichnis ausgewiesen, ebenso die Literatur, welche zu Vergleichszwecken für die Anfertigung der Bildtafeln auf der Grundlage des von den einzelnen Mitarbeitern zur Verfügung gestellten Materials verwendet wurde.

Bei Krankheiten und Beschädigungen, bei denen ähnliche Schadbilder oder verwandte Erreger- oder Schädlingsarten bereits auf einer Bildtafel innerhalb des Bandes dargestellt wurden, erfolgte eine textliche Beschreibung mit Hinweisen auf Vergleichsmöglichkeiten.

In solchen Fällen, in denen Schadbild und Erreger bereits auf Grund der verbalen Angaben in der Bestimmungstabelle eindeutig diagnostizierbar sind, wird auf Abbildungen und beschreibenden Text ganz verzichtet.

Bei einigen Schaderregern wird für die sichere Diagnose ausdrücklich auf den Rat eines Spezialisten bzw. die Benutzung von Spezialliteratur verwiesen.

Da bestimmte Schaderreger in verschiedenen Wachstumsstadien der Pflanzen auftreten, wird in der Regel der betreffende Schaderreger in der Bestimmungstabelle nur in dem Wachstumsstadium aufgenommen, in welchem er von besonderem diagnostischem Interesse ist, besonders als Grundlage für einzuleitende Bekämpfungs- und Hygienemaßnahmen. Bei einer Reihe von Schaderregern ist mit Hilfe der vorliegenden Bestimmungstabellen sowie der dazugehörigen Abbildungen die eigentliche Bestimmung bis zur Art bei schwierigen Gruppen nicht immer möglich (z. B. bestimmte Pilzarten, Nematoden-, Milben-, Insektenarten). Im Falle der Virosen fanden vor allem solche Berücksichtigung, mit deren Auftreten im Getreidebau besonders zu rechnen ist. Ansonsten wird auch in diesem Falle am Ende dieses Bandes auf die Spezialliteratur verwiesen. Die wissenschaftlichen Namen der

Schaderreger wurden der im Literaturverzeichnis enthaltenen Standardliteratur entnommen. Synonyme wurden nur in solchen Fällen aufgenommen, in denen sowohl die zur Zeit gültige Bezeichnung als auch die Synonyme in der dem Benutzerkreis zur Verfügung stehenden Literatur gebräuchlich sind. Im Interesse des zur Verfügung stehenden Raumes war diese Beschränkung notwendig. Durch entsprechende Gestaltungselemente wurde eine schnelle Orientierungsmöglichkeit über die einzelnen Kulturartengruppen sowie die Schaderregergruppen geschaffen. Eine weitere Orientierungshilfe sind die Register der gebräuchlichen deutschen sowie der wissenschaftlichen Namen der Schadursachen bzw. Schaderreger.

Wie in allen Bänden der Buchreihe zeichnen auch in dem vorliegenden Band „Getreide, Mais und Futtergräser" mehrere Fachwissenschaftler für bestimmte Textteile, Schadursachenkomplexe bzw. einzelne Krankheiten oder Schädlinge verantwortlich, die mit den von ihnen bearbeiteten Gebieten in jedem Band ausgewiesen werden.

Die Aquarelltafeln werden in allen Bänden in der Regel nach Originalvorlagen der Autoren durch Herrn Horst Thiele, Aschersleben, gestaltet. Dabei wurden im vorliegenden Band nur solche morphologischen Merkmale der Schaderreger sowie deren Entwicklungsstadien dargestellt, die zur Diagnose der Schadursachen erforderlich erschienen.

Wir geben der Hoffnung Ausdruck, daß auch mit diesem Band „Getreide, Mais und Futtergräser" der Buchreihe „Diagnose von Krankheiten und Beschädigungen an Kulturpflanzen" zur Lösung der vor dem Pflanzenschutz stehenden Aufgaben beigetragen wird. Besonderer Dank gebührt dem Verlag, der unserem Vorhaben bei der Konzipierung und Gestaltung jede mögliche Unterstützung gewährt und mit uns gemeinsam darum bemüht ist, den Anforderungen aller Interessenten gerecht zu werden. Für jede Anregung und fördernde Kritik werden wir stets dankbar sein.

D. Spaar, H. Kleinhempel, R. Fritzsche

Inhaltsübersicht

Bestimmungstabellen

Krankheiten und Beschädigungen an Weizen sowie Triticale

I. Krankheiten und Beschädigungen während des Auflaufens und an Keimpflanzen

AUFLAUFSCHÄDEN

– Pflanzen laufen nicht oder nur sehr lückig auf, an den Körnern im Boden pilzliche oder tierische Schaderreger nicht nachweisbar.

Schlechte Saatgutqualität, Einwirkung von Herbizidrückständen, extrem ungünstige Boden- und Feuchtigkeitsverhältnisse, langanhaltende Trockenheit.

– Keimlinge erreichen nur zum Teil die Bodenoberfläche, mitunter korkenzieherartig gekrümmt, auf Körnern und Keimlingen verschieden gefärbter Pilzbelag.

Keimlingskrankheiten, verursacht durch verschiedene pilzliche Krankheitserreger, vor allem

Pythium-Arten (vor allem *Pythium aphanidermatum* [Eds] Fitzp., ... 59 *Pythium debaryanum* Hesse, *Pythium graminicolum* Subrm., *Pythium hypogonum* Middleton, *Pythium irregulare* Buisman, *Pythium ultimum* Trow. u. a.)

(Wachsendes Myzel nicht septiert, endständige, kugelige Zoosporangien, zuweilen auch interkalare Sporen, tonnenförmig, Oosporen rund, glatt, dickwandig, Bestimmung durch Spezialisten).

MISSBILDUNGEN

– Keimlinge unter der Bodenoberfläche deformiert, zum Teil am Grunde verdickt, Blätter verdreht.

– Keimlinge unter der Bodenoberfläche korkenzieherartig gekrümmt, ungleichmäßiges Auflaufen der Saat.

FRASSSCHÄDEN

– Körner und Keimlinge bereits unter der Erdoberfläche an-, aus- oder abgefressen, im Boden im Bereich der geschädigten Pflanzen.

– Körner bzw. Keimlinge sind aus dem Boden gehackt, vielfach entlang der Drillreihe.

Verschiedene **Vogelarten**

– Körner bzw. Keimlinge bereits unter der Bodenoberfläche im Bestand nesterweise be- oder abgefressen, Laufgänge vorhanden.

Mäuse

II. Krankheiten und Beschädigungen junger Pflanzen bis zur Bestockung einschließlich Auswinterung

ABSTERBEN DER PFLANZEN
(Siehe auch unter „Verfärbungen, Fleckenbildungen, Fraßschäden")
- Gegen Ende des Winters mehr oder weniger flächenartiges Absterben bzw. Vertrocknen der Pflanzen, pilzliche oder tierische Schaderreger nicht nachweisbar.
Nichtparasitäre Auswinterung 1

- Abgestorbene Pflanzen nach der Schneeschmelze nesterweise dem Boden dicht aufliegend, mit weißem, später rötlich-grauem oder schmutzig-weißem Belag überzogen, in diesem zum Teil hell- bis dunkelbraune Sklerotien.
Schneeschimmel (*Gerlachia nivalis* [Ces. ex Sacc.] W.Gams et E.Müll.) 9
Myriosclerotinia borealis (Bub. et Vleug.) Kohn 70
Typhula incarnata Lasch ex Fr., ... 30
Typhula hyperborea Ekstrand,
Typhula ishikariensis Imai (= *T. idahoensis* Remsb.)
verschiedene *Fusarium*-Arten 9

- Absterbende bzw. abgestorbene Pflanzen ohne auffälligen Pilzbelag, zuweilen mit einseitigen Nekrosen.
Cercosporella-**Auswinterung**, verursacht durch *Pseudocercosporella herpotrichoides* (Fron.) Deight 8

VERFÄRBUNGEN, FLECKENBILDUNGEN
- Jungpflanzen im Wuchs gehemmt, Blätter vergilben, oft nesterweise auf nassen Stellen des Bestandes.
Nässeschaden

- Junge Blätter an der Spitze zum Teil weißlich verfärbt, mitunter auch weißlich-gelbe Querbinden („Frostringe", „Frostbinden").
Frostschaden 1

- Blattspitzen vertrocknen, pilzliche bzw. tierische Schaderreger nicht nachweisbar.
Anhaltende Dürre, trockener Wind

- Auf den Blättern weißlich-gelbe Anschlagflecke, zum Teil verbunden mit Gewebezerreißungen.
Hagelschaden 1

- Nach Herbizidanwendung Vergilbung und Absterben der Blattspitzen.
Herbizidschaden 1

- Im zeitigen Frühjahr auf den jüngsten Blättern parallel zu den Blattadern unregelmäßig angeordnete hellgrüne oder gelblichweiße Punkte und Strichel. Wuchshemmung, stärkere Bestockung.
Bodenübertragbares Weizenmosaik, verursacht durch das bodenübertragbare Weizenmosaik-Virus 38

- Auf den Blättern hellorangefarbene, mitunter in Streifen angeordnete stäubende Pusteln.
Gelbrost (*Puccinia striiformis* West.) 7

- Pusteln rotbraun, unregelmäßig angeordnet.
Weizenbraunrost (*Puccinia recondita* Rob. ex Desm. f. sp. *tritici*) 7

WUCHSBEEINTRÄCHTIGUNGEN, MISSBILDUNGEN
- Pflanzen übermäßig stark austreibend, gehemmter Längenwuchs, Triebe an der Basis angeschwollen, im Pflanzengewebe 1–1,5 mm lange Fadenwürmer mit geknöpftem Mundstachel.
Stock- oder Stengelälchen (*Ditylenchus dipsaci* [Kühn] Filipjev) 42

- Blätter bzw. Blattränder gewellt oder gekräuselt, bleiben zum Teil stecken, Triebbasis nicht verdickt, im Pflanzengewebe stacheltragende Fadenwürmer.
Weizenälchen (*Anguina tritici* [Steinbuch] Filipjev) 11

- Im Bestand nesterweise Wachstumshemmungen, geringe Bestockungsneigung, struppige Wurzelausbildung, an den Wurzeln weißliche, später braune, zitronenförmige Zysten (0,6–0,8 mm lang).
Getreidezystenälchen (*Heterodera avenae* Woll.). 11
daneben auch:
Heterodera mani Mathews 11
Heterodera latipons Franklin 11
(Bestimmung durch Spezialisten).

FRASSSCHÄDEN
(zum Teil verbunden mit Absterbeerscheinungen)
- Herzblatt, mitunter auch die ganze
Pflanze, verfärben sich gelblich, welken, sterben ab. Herzblatt läßt sich leicht herausziehen, am Grunde abgefressen. An der Fraßstelle oft noch Larven.

Brachfliege (*Delia coractata* [Fall.]) **19**
Triebfliegen, verschiedene Arten **19**
Haarfußwurzelfliege (*Delia liturata* [Meig.]) . **19**
Kammschienenwurzelfliege (*Delia platura*
[Meig.]) **19**
Hessenfliege (*Mayetiola destructor* [Say.]) . . . **22**
Fritfliege (*Oscinella frit* [L.]) und andere *Oscinella*-
Arten . . . . **48, (60)**
Gelbe Weizenhalmfliege (*Chlorops pumilionis*
Bjerk.) **20**

- Ein ähnliches Schadbild verursachen
durch Fraß am Bestockungsknoten, zuweilen
auch in der Pflanze kurz unter der Bodenoberfläche 5 bis 6 mm lange und 1 bis
1,2 mm breite, hellbräunliche Larven mit
olivbraunen Skleriten auf jedem Hinterleibs-
segment. Sie sind lang beborstet. Pflanzen
werden gelbherzig, bestocken sich nicht,
sterben vorzeitig ab.

Furchenwasserkäfer (*Helophorus nubilus* F.)
Der Käfer ist 3,5 bis 4 mm lang, mit schwarz-
braunem Kopf, rötlichbraunem Halsschild und
unregelmäßig schwarzbraun gefleckten Flügeldecken. Auf dem Halsschild fünf durch auffallend behaarte Wülste getrennte Längsfurchen.
Sie leben in der obersten Bodenschicht bis 5 cm
Tiefe.

- Blätter wergartig zerfasert und befressen,
zum Teil in die Erde gezogen, äußere Blätter
vergilben.

Getreidelaufkäfer (*Zabrus tenebrioides* Goeze) **15**

- Streifenartiger Fensterfraß zwischen den
Blattadern, Herzblätter können vergilben,
am Grunde der Triebe frißt Käferlarve.

Rotbrauner Getreideerdfloh (*Crepidodera ferruginea* [Scop.]) **36**

- Nadelartiger Loch- oder Fensterfraß, streifenartiger Fensterfraß durch 1,5–1,8 mm
lange, springende Käfer.

Gelbstreifiger Getreideerdfloh (*Phyllotreta vittula*
[Redt.])
Halmerdfloh (*Chaetocnema aridula* [Gyll.]) . . **36**

- An den Blättern unregelmäßige Fraßbeschädigungen, Schleimspuren.

Nacktschnecken, verschiedene Arten **12**

- Pflanzen vergilben und sterben ab, Fraßbeschädigungen an den unteren Blättern sowie an unterirdischen Pflanzenteilen, im Boden im Bereich der geschädigten Pflanzen:

Engerlinge **35**
Drahtwürmer **35**
Erdraupen **35**
Schnakenlarven **12**
Haarmückenlarven **12**
Haarfußwurzelfliegenlarven und **Kammschie-
nenwurzelfliegenlarven** **19**
Furchenwasserkäfer . . . . (siehe oben)
Tausendfüßer **12**

- Pflanzen werden abgefressen durch
Mäuse
Wildarten

SAUGSCHÄDEN
- Helle bis violette, kleine Saugflecke, bei
starkem Befall Vertrocknen und Absterben
der Blätter, verursacht durch springende Insekten.

Zikaden, verschiedene Arten **34**

An den Blättern saugen, oft in Kolonien,
verschieden gefärbte Blattlausarten, Blätter
mit Vergilbungs- und Vertrocknungserscheinungen, Fleckenbildung, zum Teil Blattrollungen und -kräuselungen, Honigtaubelag
auf den Blättern.

Blattläuse, verschiedene Arten **14**

III. Krankheiten und Beschädigungen an älteren Pflanzen

Wuchsbeeinträchtigungen der ganzen Pflanze, zum Teil verbunden mit Verfärbungen und Absterbeerscheinungen
(Symptome für Ernährungsstörungen siehe auch bei den anderen Kulturpflanzengruppen)

– Im Frühjahr bestellter Weizen schoßt nicht, nur vereinzelt ausgebildete, schlecht entwickelte Ähren.
Anstelle von **Sommerweizen** wurde **Winterweizen** gesät.

– Stark verminderte Bestockung, mitunter nur Ausbildung eines Halmes. In kleinen Ähren Kümmerkörner, Blattscheiden und Blätter zum Teil rötlich-violett verfärbt.
Phosphor-Mangel 2

– Pflanzen extrem im Wuchs gemindert, auf Blättern hellgrüne bis gelbbraune Flecke und Streifen mit unscharfem Rand, Ähren bleiben stecken oder sind taub. An bestimmten Sorten auch Rotfärbungen an Blättern möglich.
Weizenverzwergung, verursacht durch das Weizenverzwergungs-Virus 4

– Pflanzen mit Zwergwuchs, Halme und Blütenstände verkürzt, teilweise gewellt und verdreht. An Pflanzenteilen gelber Bakterienschleim, trocknet ein, bröckelt ab.
Gelbschleimigkeit (Gelbe Schleimkrankheit) (*Clavibacter*-Arten) 66

– Ganze Pflanze verkrüppelt, Ähren bleiben in der Blattscheide stecken und weisen einen außen schwarzen und innen weißen, später trockenen Pilzbelag auf.
Federbuschsporenkrankheit (*Dilophospora alopecuri* Fr.)

– Die Blätter stark bestockter Pflanzen sind verdreht, die Triebe verzweigt, blaugrüne Verfärbung mit schimmelartigem Überzug, Ähren bleiben in der Blattscheide stecken.
Falscher Getreidemehltau (*Sclerospora macrospora* Sacc.) 56

– Nicht schossende Pflanzen weisen an den unteren Pflanzenteilen grauweiße, mit Pilzmyzel überzogene Flecke auf, darin später schwarze Perithezien, oft in Reihen stehend.
Weiße Fußkrankheit (*Gibellina cerealis* Pass.)

– Extrem starke Halmverkürzung an stark bestockten Pflanzen, Körner in den Ähren zu kleinen „Brandbutten" umgebildet.
Zwergsteinbrand (*Tilletia controversa* Kühn) . . 7

– Triebe stark bestockter Pflanzen am Grunde angeschwollen, gehemmter Längenwuchs, im Pflanzengewebe 1–1,5 mm lange Fadenwürmer mit geknöpftem Mundstachel.
Stock- oder Stengelälchen (*Ditylenchus dipsaci* [Kühn] Filipjev) 42

– Während des Schossens bleiben Pflanzen im Wuchs zurück, mitunter gestaucht, Ähren bleiben in der Blattscheide stecken, Triebe verkürzt und verdickt, im Inneren Fraßgang mit 5–7 mm langer Fliegenlarve.
Gelbe Weizenhalmfliege (*Chlorops pumilionis* Bjerk.) 20

Vor allem an Blättern und Blattscheiden

VERFÄRBUNGEN, FLECKENBILDUNGEN
– Braun- bis Weißverfärbung der Blattspitzen, später Vertrocknen, auch Wellungen und Kräuselungen möglich, zum Teil weiße Blattflecke („Frostringe", „Frostbinden").
Spätfrostschaden 1

– An Blättern und Trieben weiße Anschlagstellen, zum Teil Abknicken der jungen

Halme, mehr oder weniger starke Gewebezerstörung.
Hagelschaden 1

– Nach Herbizidanwendung Vergilbung und Absterben der Blattspitzen, wird später überwachsen.
Herbizidschaden 1

– Blätter hellgrün, untere Blätter gelb, von

den Spitzen ausgehend, später Vertrocknen und Verbräunen, Pflanze zeigt Starrtracht, verminderte Bestockung.

Stickstoff-Mangel 62

- Blätter und Blattscheiden rötlich-violett verfärbt, verbräunen und sterben zum Teil ab. Verminderte Bestockung, in kleinen Ähren Kümmerkörner.

Phosphor-Mangel 2

- Jüngere Blätter hellgrün bis gelblich, Spitze knickt um, vertrocknet. Grauverfärbung von sich einrollenden Blättern mit anschließender Einschnürung.

Calcium-Mangel 2

- Stark ausgeprägte Chlorosen an den Blättern, Blattspitze korkenzieherartig eingedreht, trocknet unter Weißverfärbung ein und hängt herab (Weißspitzigkeit, Spitzendürre u. ä.), Ähren im oberen Teil vielfach taub.

Kupfer-Mangel 3, 25

- Chlorosen an älteren Blättern, von Spitze ausgehend, anfangs blaugrüne, später graubraune bis dunkelbraune Nekrosen, Vertrocknen. Blätter schlaff herunterhängend (Welketracht).

Kalium-Mangel 43, 63

- Hellgrüne bis gelbbraune Flecke und Streifen mit unscharfem Rand, Pflanzen im Wuchs gehemmt, Ähren bleiben stecken oder sind taub. An bestimmten Sorten Rotfärbung an Blättern möglich.

Weizenverzwergung, verursacht durch das Weizenverzwergungs-Virus 4

- Fahnenblatt zur Zeit des Schossens anthozyanfarbig, keine Mosaiksymptome, leichte Wuchshemmungen.

Symptome des Gerstengelbverzwergungs-Virus an Weizen 26, (44, 65)

- An Triticale rötlichgelbe, goldgelbe oder rote Färbung der Blätter, Verfärbungen bleiben oft auf Blattspitze und Blattränder beschränkt, Pflanzen im Wuchs gehemmt, Ähren bleiben kleiner.

Symptome des Gerstengelbverzwergungs-Virus an Triticale 26, (44, 65)

- Strichelförmige Aufhellungen parallel zu den Blattadern, können zusammenschmel-

zen, geschädigtes Gewebe kann nekrotisieren, Wuchshemmung.

Weizenstrichelmosaik, verursacht durch das Weizenstrichelmosaik-Virus 4

- Zunächst wenige, später zahlreiche chlorotische Streifen parallel zu den Blattadern auf den jüngsten Blättern, nekrotisieren später. Wachstumshemmung.

Europäisches Streifiges Weizenmosaik, verursacht vermutlich durch Mykoplasma 4

- Anfangs kleine, wasserdurchsogene Flecke auf den Blättern, vergrößern und verlängern sich, verfärben sich weißlich-gelb bis braun, vertrocknen.

Basale Spelzenfäule (*Pseudomonas syringae* pv. *atrofaciens* [McCulloch] Young et Wilkie) 5

- Anfangs kleine, längliche, transparente, hellgrüne Flecke auf Blättern, später braun bis schwarz, auf Halmen braune bis schwarze Streifen. An Befallsstellen kleine Exsudattröpfchen, trocknen ein, gelblich.

Schwarzspelzigkeit (Spelzenbräune) (*Xanthomonas campestris* pv. *translucens* [Jones, Johnson et Reddy] Dye) 5

- Anfangs weiße, spinnwebartige zarte Pusteln, später watteartige Verdichtung, laufen zusammen, Verfärbung des Belages weiß bis gelbgrau, darin kleine, schwarze, kugelartige Fruchtkörper.

Echter Mehltau (*Erysiphe graminis* DC.) . . 6, 28

- An Blättern und Blattscheiden schwielenartige, dunkle, anfangs bleigraue, später aufreißende Streifen mit stäubendem Pulver (Sporen).

Streifenbrand (Blattbrand) (*Urocystis agropyri* [Preuss.] Schroet.) 7, 41

- Hellorangefarbene, mitunter in Streifen angeordnete, stäubende Pusteln.

Gelbrost (*Puccinia striiformis* West.) 7

- Pusteln rostbraun, unregelmäßig angeordnet.

Weizenbraunrost (*Puccinia recondita* Rob. ex Desm. f. sp. *tritici*) 7

- Ab Mitte Juni zerstreut auftretende ockerbis dunkelbraunfarbene Pusteln, bis 1 cm zusammenfließend, von Epidermis als Häutchen umgeben, reißt auf, stäubend.

Weizenschwarzrost (*Puccinia graminis* Pers. f. sp. *tritici*) 7, 40

- An den Blättern von im Wuchs gehemmten Pflanzen ab Ende Mai chlorotische gelbe Streifen. Später nekrotisch, Mittelrippe braun, oberstes Internodium am Halm dunkel, oberer Halmknoten eingeschnürt, Weißährigkeit.

Cephalosporium-**Streifenkrankheit** (*Cephalosporium gramineum* Nisikado et Ikata = *Hymenula cerealis* Ell. et Ev.)
Konidienträger kurz, 4–10 × 1–2 µm, hyalin, am oberen Ende Bildung einzelliger Konidien von 2–3 × 3–7 µm in großer Zahl in schleimigen Köpfchen, Myzel systemisch in den Gefäßen der Pflanze.

- Auf den Blattscheiden ovale, linsenförmige bis langgestreckte, etwa 1 mm lange, schwarze und borstige Pilzbeläge (Konidienlager). Borsten dunkelbraun bis schwarz, aufrecht, 1- bis 3zellig, 60–120 µm lang. Konidien spindelförmig und etwas gekrümmt, 1zellig, 18–26 × 3–4 µm.

Anthraknose (*Colletotrichum cereale* Manns.)

- Rundliche, ovale bis strichförmige, schwarz glänzende Flecke, die von der Epidermis bedeckt und mitunter bucklig sind.

Teerflecken (*Phyllachora graminis* Fuckel)

- Verschieden gefärbte und unterschiedlich geformte, vielfach unspezifische Blattflecke, mitunter mit Absterbeerscheinungen im fortgeschrittenen Stadium, werden verursacht durch Pilze verschiedener Gattungen, vor allem

Alternaria spp. 33
Ascochyta spp. 33
Cladosporium spp. 33
Drechslera spp. 10, 31, 46
Gerlachia spp. 9
Fusarium spp. 9
Phoma spp. 10
Septoria spp. 10
Stemphylium spp. 33
(Perfektformen und Synonyme siehe bei den Beschreibungen).

- An notreifen, überreifen oder absterbenden Pflanzen treten als Schwäche- und Schwärzepilze Arten verschiedener Pilzgattungen auf, vor allem

Alternaria spp. 33
Cladosporium spp. 33
Stemphylium spp. 33
Daneben auch graue, schimmlige Überzüge aus dünnem Myzel mit aufrechten, einfachen oder verzweigten Konidienträgern, in den Überzügen dunkle Sklerotien von

Grauschimmel (*Botrytis cinerea* Pers.)

FRASSSCHÄDEN

- Auf den Blattspreiten sind unregelmäßig geformte, meist an der Blattspitze beginnende, vielfach blasenartig ausgeweitete Minen zu erkennen, in deren Innerem etwa 4–5 mm lange Fliegenlarven minieren.

Gerstenminierfliege (*Hydrellia griseola* [Fall.])
und andere Minierfliegenarten 37

- Etwa 5 mm lange Gangminen, mitunter auch Fensterfraß, Verletzungen der Infloreszenzen, in der Folge Weißährigkeit, verursachen 10–18 mm lange Schmetterlingslarven.

Getreidewickler (*Cnephasia pumiciana* Zell.)
Ährenwickler (*Cnephasia longana* [Haw.]) . . . 24

- Nadelartiger Loch- oder Fensterfraß bzw. streifenartiger Fensterfraß zwischen den Blattadern wird verursacht durch 1,5–1,8 mm lange, springende Käfer.

Rotbrauner Getreideerdfloh (*Crepidodera ferruginea* [Scop.]) 36
Gelbstreifiger Getreideerdfloh (*Phyllotreta vittula* [Redt.]) 36
Halmerdfloh (*Chaetocnema aridula* [Gyll.]) . . 36

- An den Blattspreiten unregelmäßige Fraßkerben an den Rändern durch verschiedene Rüsselkäferarten, vor allem

Luzernerüßler (*Otiorhynchus ligustici* [L.]),
Klettenrüßler (*Tanymecus palliatus* [Fabr.])
Maisrüßler (*Tanymecus dilaticollis* Gyll.)
Grünrüßler (*Phyllobius* spp.) u. a.

- Streifenartiger Lochfraß an den Blattspreiten durch 4,5–5 mm lange Käfer, streifenartiger Fensterfraß, bei welchem die Blattunterseite erhalten bleibt, durch 4–5 mm lange, nacktschneckenähnliche Larven.

Rothalsiges Getreidehähnchen (*Oulema melanopus* [L.]) 16
Blaues Getreidehähnchen (*Oulema lichenis* [Voet.]) 16

- Unregelmäßige Fraßstellen an den Blättern, meist vom Rand her, aber auch Durchbeißen der Blätter, vielfach waagerecht abgeschnitten erscheinend, durch 20–30 mm lange Blattwespenlarven.

Verschiedene **Blattwespenarten,** vor allem der Gattungen
Dolerus spp.
Pachynematus spp.
Selandria spp. 17
(Bestimmung durch Spezialisten).

- An den unteren Blättern unregelmäßige Fraßbeschädigungen. Rand-, Loch-, Skelettierfraß, auch Kahlfraß.
Erdraupen und andere Schmetterlingslarven 24, 35

SAUGSCHÄDEN

- An den Blättern, aber auch an anderen grünen Pflanzenteilen, besonders an den Blattunterseiten, saugen, vielfach in mehr oder weniger großen Kolonien, verschieden gefärbte Blattläuse. Befallene Blätter mitunter gerollt oder gekräuselt, vergilben oder vertrocknen bei Massenbefall. Vor allem
Getreidelaus (*Macrosiphum avenae* [Fabr.]) . . 14
Hafer- oder Traubenkirschenlaus (*Rhopalosiphum padi* [L.]) 14
Bleiche Getreidelaus (*Metopolophium dirhodum* [Walk]) 14
sowie eine Reihe weiterer Arten 14
(Bestimmung durch Spezialisten).

- Besonders in heißen, trockenen Jahren helle bis violette kleine Saugflecke auf den Blättern.
Spornzikade (*Javesella pellucida* Fabr.) 34
Zwergzikade (*Macrosteles laevis* Ribaut) . . . 34
und andere Arten 34

Vor allem am und im Halm

VERFÄRBUNGEN, FLECKENBILDUNGEN
- Halme mit weißlichen Flecken (Anschlagstellen), knicken an der Anschlagstelle zum Teil um.
Hagelschaden 1

- Bereits gelb werdende Halme treiben aus den unteren Halmknoten neue grüne Halme mit Wurzeln.
Bor-Mangel 3, 54

- Am Halm braune bis schwarze Streifen, unterhalb der Ähre oft vollständig verbräunt. An Befallsstellen kleine Exsudattropfen, die zu gelblichen Körnchen eintrocknen.
Schwarzspelzigkeit (Spelzenbräune) (*Xanthomo-*

- Weißliche Saugflecke auf den Blattspreiten, vielfach verbunden mit Steckenbleiben der Blütenstände in den Blattscheiden und späteren Weißährigkeitserscheinungen verursachen verschiedene Wanzenarten, vor allem aus den Gattungen
Aelia spp. 13
Eurygaster spp. 13
sowie *Calocoris* spp., *Dolycorus* spp., *Exolygus* spp., *Leptopterna* spp., *Notostira* spp. *Stenodema* spp., *Trigonotylus* spp. u. a. 13

- An Blattscheiden und Blattspreiten weißliche bis silberig glänzende Saugflecke, die sich später gelblich bis bräunlich verfärben. Am Schadort dunkle, punktförmige Kottröpfchen und Blasenfüße, vor allem
Unbezahnter Getreideblasenfuß (*Limothrips cerealium* Hal.) 74
Bezahnter Getreideblasenfuß (*Limothrips denticornis* [Hal.]) 74
Gemeiner Getreideblasenfuß (*Haplothrips aculeatus* [Fabr.]) 74
sowie eine Reihe andere Arten 74

- Mitunter an Blättern, Blattscheiden kleine, helle, unregelmäßig geformte, weißliche bis gelblich-weiße Flecke, meist an den Blattunterseiten 0,3–0,5 mm lange, verschieden gefärbte Milben, Larven und Eier.
Gemeine Spinnmilbe (*Tetranychus urticae* Koch) (Auf Vorkommen ist besonders zu achten, wenn Stroh als Substrat in Gewächshäuser gebracht werden soll. Kein Getreideschädling).

nas campestris pv. *translucens* [Jones, Johnson et Reddy] Dye) 5

- Auf den Halmen anfangs weiße, spinnwebartige, zarte Pusteln, später watteartige Verdichtung, laufen zusammen, Verfärbung des Belages weiß bis gelbbraun, darin kleine, schwarze, kugelartige Fruchtkörper.
Echter Mehltau (*Erysiphe graminis* DC.) . . 6, 28

- Schwielenartige, dunkle, anfangs bleigraue, später aufreißende Streifen mit stäubendem Pulver (Sporen), Halme mitunter verdreht, reißen auf.
Streifenbrand (Blattbrand) (*Urocystis agropyri* [Preuss.] Schroet.) 7, 41

- Hellorangefarbene, mitunter in Streifen angeordnete, stäubende Pusteln.

Gelbrost (*Puccinia striiformis* West.) 7

- Pusteln rostbraun, unregelmäßig angeordnet.

Weizenbraunrost (*Puccinia recondita* Rob. ex Desm. f. sp. *tritici*) 7

- Ab Mitte Juni zerstreut auftretende ocker- bis dunkelbraunfarbene Pusteln, bis 1 cm zusammenfließend, von Epidermis als Häutchen umgeben, später aufreißend und stäubend.

Weizenschwarzrost (*Puccinia graminis* Pers. f. sp. *tritici*) 7, 40

- Am Halm, auch auf der Blattscheide, unregelmäßige nekrotische Flecke, häufig mit hellem, chlorotischem Saum, Halmknoten braun verfärbt, eingesunken, mit kleinen schwarzen Punkten.

Braunfleckigkeit (*Leptosphaeria nodorum* E. Müll.) 10

- Weitere mögliche Erreger von Verfärbungen und Fleckenbildungen am Halm siehe 9, 10, 31, 33

FRASSSCHÄDEN

- An Pflanzen mit kurz bleibenden Halmen erscheint die Blattscheide verdickt, Ährenschieben ist behindert. Nach Entfernen der Blattscheide sattelförmige Querwülste am Halm erkennbar. An den Schadstellen weißliche bis rote, 3–4 mm lange, fußlose Larven.

Sattelmücke (*Haplodiplosis marginata* [v. Roser]) 21

- In der Schoßperiode knicken einzelne Halme um, sonst Halmentwicklung verzögert. Nach Entfernen der Blattscheide sind über den unteren beiden Halmknoten Eindellungen festzustellen, verursacht durch 2,5–3 mm lange, weißliche bis gelbe, fußlose Larven. Später an der gleichen Stelle braune, 2,5–5 mm lange Puparien.

Hessenfliege (Hessenmücke) (*Mayetiola destructor* [Say.]) 22

- An verkürzten und verdickten Halmen Ähren in der Blattscheide stecken geblieben. Von oberstem Halmglied an im Inneren Fraßgang mit 5–7 mm langer Fliegenlarve,

nach unten fortschreitend. Am Ende später Tönnchenpuppe.

Gelbe Weizenhalmfliege (*Chlorops pumilionis* Bjerk.) 20

- Weißährige Halme besitzen nur kleine Ähren, Halme brechen leicht um, im Inneren der Halme ein mit Fraßmehl und Exkrementen angefüllter Fraßgang, der durch die Knoten bis zum Halmgrund führt. Darin 8–12 mm lange, weißliche bis gelblichweiße, fußlose Larve.

Getreidehalmwespe (*Cephus pygmaeus* [L.]) . 18

- Im Halm über den unteren beiden Halmknoten frißt eine 4–5 mm lange, weißliche, 6beinige Käferlarve, Ähren bleiben stecken.

Halmerdfloh (*Chaetocnema aridula* [Gyll.]) . . 36

- Halmausbildung schwach, vielfach Weißährigkeit, in den Halmen Fraßgänge mit Fraßmehl und Kotkrümeln verschiedener Schmetterlingslarven, vor allem

Roggeneule (*Mesapamea secalis* [L.]) (Larve 30 mm lang, mit grünlichem, zwei rötlichen und je einem gelblichen Seitenstreifen), **Gelbliche Wieseneule** (*Luperina testacea* [Den. et Schiff.]) (Larve 40 mm lang, bräunlich bis fleischfarben mit dunkler Rückenlinie, gelbem Nacken- und Afterschild), **Halmeule** (*Oria musculosa* [Hbn.]) (Larve 25 mm lang, weißlich, später blaßgrün, vier rötliche Streifen auf dem Rücken), **Graszünsler** (*Anerastia lotella* Hbn.) (Larve 15 mm lang, gelblich, kurz behaart)

- Der Blütenstand von Pflanzen mit Weißährigkeitserscheinungen läßt sich leicht aus der Blattscheide ziehen. Der oberste Halmknoten ist durchgebissen, am Schadort Fraßmehl, Kotkrümel und eine etwa 20 mm lange, hellgelbe Schmetterlingslarve mit braunem Kopf.

Halmmotte (Roggenbohrmotte) (*Ochsenheimeria taurella* Den. et Schiff., *Ochsenheimeria vaculella* Fisch. v. Rösslerst.). 19

- Unterhalb der Ähre ist der Halm bis auf die Epidermis ringförmig ausgefressen, Ähre vertrocknet, knickt um oder bricht ab. Im Halminneren Fraßgang, der später bis etwa 5 cm über den Boden hinabreicht. Darin neben Fraßmehl und Kot eine etwa 10 mm lange, weiße bis gelbe Käferlarve.

Getreidebockkäfer (*Calamobius filum* [Rossi])

SAUGSCHÄDEN
- Das oberste Blütenstandsinternodium ist korkenzieherartig verbildet, Ähren bleiben zum Teil in der Blattscheide stecken. Zwischen Halm und Blattscheide saugen 0,2–0,3 mm lange, zarte, weißliche Milben.
Hafermilbe (*Steneotarsonemus spirifex* [Marchal]). **47**
- Innerhalb der obersten Blattscheide saugen am Halm 0,2–0,25 mm lange, bernsteinfarbene, 8beinige Weichhautmilben. Blattscheide außen mit braunen Flecken, Wachstumsstockungen und Weißährigkeitserscheinungen.

Grashalmmilbe (*Siteroptes graminum* [Reuter]) **47**
- Steckenbleiben der Ähren, verbunden mit Weißährigkeitserscheinungen kann verursacht werden durch
Getreide- und Gräserwanzen, verschiedene Arten **13**

- An den Halmen saugen, vielfach in mehr oder weniger großen Kolonien, verschieden gefärbte Blattläuse. Bei Massenbefall Vergilbungserscheinungen und Vertrocknen der befallenen Gewebeteile.
Blattläuse, verschiedene Arten **14**

An Ähren und Körnern

VERLETZUNGEN, WUCHSBEEINTRÄCHTIGUNGEN DURCH ABIOTISCHE FAKTOREN
- Ähren schartig, Weißährigkeit oder Weißspitzigkeit.
Spätfrostschaden zur Zeit des Ährenschiebens **1**
Spitzentaubheit, Schartigkeit **1**
- An den Ähren gelbliche, später verbräunende Anschlagstellen, Knickungen, Schartigkeit.
Hagelschaden **1**
- Spitze der Ähre verkümmert, weißspitzig. Wuchsbeeinträchtigungen vor dem Ährenschieben, vor allem durch Wassermangel, mangelhafte Nährstoffversorgung u.a. Umweltfaktoren . . . **1**
- Ähren in Windrichtung geknickt.
Sturmschaden
- Reife Körner wachsen auf dem Halm aus.
Nässeschaden
- Ähren klein, mit Kümmerkörnern, die mangelhafte Keimfähigkeit besitzen.
Phosphor-Mangel **2**

VERFÄRBUNGEN, FLECKENBILDUNGEN
- Weißährigkeit
Kann verursacht werden durch eine Vielzahl pilzlicher oder tierischer Schaderreger sowie abiotische Faktoren, vielfach auch im Komplex wirksam. Spezifische Diagnose erforderlich.

- Verbunden mit typischen Blattsymptomen auftretende Weißspitzigkeit, Weißährigkeit oder Spitzendürre.

Kupfer-Mangel **3**
- An den Spelzen schmaler, dunkler Saum, Innenseite braun, unteres Drittel der Spelze dunkelbraun bis schwarz, Grannen und Ährenspindel dunkelbraun, Körner braun bis tiefschwarz.
Basale Spelzenfäule (*Pseudomonas syringae* pv. *atrofaciens* [McCulloch] Young, Dye et Wilkie) . **5**

- Auf den Spelzen parallel verlaufende, eingesunkene, dunkle Streifen, Grannen schwarz, an Befallsstellen kleine Exsudattropfen, die zu gelblichen Körnchen eintrocknen.
Schwarzspelzigkeit (Spelzenbräune) (*Xanthomonas campestris* pv. *translucens* [Jones, Johnson et Reddy] Dye) **5**
- Anfangs weiße, spinnwebartige zarte Pusteln, später watteartige Verdichtung, laufen zusammen, Verfärbung des Belages weiß bis gelbgrau, darin kleine, schwarze, kugelartige Fruchtkörper, dichter Belag auf den Spelzen.
Echter Mehltau (*Erysiphe graminis* DC.) . . **6, 28**

- Auf Außen- und Innenseite der Spelzen hellorangefarbene, stäubende Pusteln.
Gelbrost (*Puccinia striiformis* West.) **7**

- An Spelzen und Körnern (seltener) ocker- bis dunkelbraunfarbene Pusteln, zum Teil zusammenfließend, von Epidermis als Häutchen umgeben, reißt auf, stäubend.
Weizenschwarzrost (*Puccinia graminis* Pers. f. sp. *tritici*) **7, 40**

- Ähren schlecht ausgebildet, einzelne Ährchen bzw. Ährenteile weißlich ausgeblichen, zum Teil mit nekrotischen Flecken, rosa bis karminroter Belag, auch gelblich bis bräunlich, an bzw. zwischen den Spelzen.

Ährenfusariose (Partielle Taubährigkeit) (*Fusarium*-Arten) 9

- Dunkle, samtartige, schwarze bis grünschwarze oder graubraune Beläge auf und zwischen den Spelzen (Pilzmyzel mit Konidienlagern) können verursacht werden durch Schwärzepilze, besonders der Gattungen

Alternaria spp. 33
Cladosporium spp. 33
Stemphylium spp. 33
Grauschimmel (*Botrytis cinerea* Pers.)
Aspergillus spp. u. a.

- An den äußeren Spelzen braune, dunkelbraune bis rotbraune Verfärbungen, anfangs punktförmig, später zusammenfließend, im oberen Bereich der Spelzen vielfach mit rotbraun-violettem Rand, Körner bei starkem Befall geschrumpft.

Spelzenbräune (Braunspelzigkeit) (*Leptosphaeria nodorum* E. Müll.) 10

- Dunkelbraune Verfärbungen an Spelzen und Grannen, unregelmäßig, Körner an den Spitzen braun verfärbt.

Drechslera sorokiniana (Sacc.) Subram. et Jain. 31, 46

MISSBILDUNGEN
- Ähre wird von gelbem Bakterienschleim umhüllt. Schleimmassen trocknen ein, werden hart und bröckeln ab.

Gelbschleimigkeit (Gelbe Schleimkrankheit) *Claribacter*-Arten 66

- An den Ähren sind die Blüten zu einer dunklen, von einem silberigen Häutchen umgebenen Sporenmasse umgewandelt. Das Häutchen reißt später auf und entläßt die ausstäubenden Sporen, nur die intakte Ährenspindel bleibt zurück.

Weizenflugbrand (*Ustilago nuda* [Jens.] Rostr.) . 7

- Ähren anfangs blaugrün, Spelzen gespreizt, anstelle der Körner anfangs weiche, blaugrüne, kugelförmige, später dunkel und hart werdende Gebilde (Brandbutten), darinnen nach Heringslake riechende, schmierige, schwarze Sporenmasse.

Steinbrand (Stinkbrand)
(*Tilletia caries* [DC.] Tul.) 7
(*Tilletia foetida* [Wallr.] Liro) 7
(*Tilletia intermedia* [Gassner] Savul.) 7

- Das gleiche Schadbild, zusätzlich mit extrem starker Halmverkürzung, stärkerer Bestockung und kleineren Brandbutten wird verursacht durch

Zwergsteinbrand (*Tilletia controversa* Kühn) . . 7

- Häufig nicht alle Körner einer Ähre mit Brandbutten besetzt, diese nicht immer vollständig mit Sporenmasse gefüllt, Kornteile mitunter noch erhalten.

Karnalbrand (*Neovossia indica* [Mit.] Mund.) . 7

- An der Ähre zunächst gelber, milchig-trüber, klebriger Tropfen. Später anstelle einzelner Körner blauviolette bis schwarzbraune, gerade oder hornartig gebogene Sklerotien unterschiedlicher Länge (zum Teil bis 30 mm lang).

Mutterkorn (*Claviceps purpurea* [Fr.] Tul.) **39, 68**

- Die vielfach in den Blattscheiden steckenbleibenden Ähren weisen einen außen schwarzen und innen weißen, später trockenen Pilzbelag auf. Die mehr oder weniger zerstörten Spelzen sind meist noch als solche erkennbar.

Federbuschsporenkrankheit (*Dilophospora alopecuri* Fr.)

- Anstelle der Körner blaugrün gefärbte Gallen, verfärben sich mit zunehmender Reife braunschwarz, Deckspelzen gespreizt, in den harten Gallen (Radekörner) weiße Substanz, bestehend aus Tausenden von Älchen (Nematoden) im Ruhezustand.

Weizenälchen (*Anguina tritici* [Steinbuch] Filipjev) 11

FRASSSCHÄDEN
- An den reifenden Körnern, oft schon im Stadium der Milchreife, unregelmäßige Fraßspuren, teils rinnen- oder buchtenförmig, teils Lochfraß, auch anders gestaltet, zum Teil bleibt nur noch die Kornhülle übrig, verursacht durch verschiedene Insektenarten, vor allem

Getreidelaubkäferarten der Gattung *Anisoplia* 35
Gartenlaubkäfer (*Anomala horticola* [L.]) . . . 35
Getreidelaufkäfer (*Zabrus tenebrioides* Goeze) 15

Getreide- und Gräserblattwespenlarven der Gattungen *Dolerus, Pachynematus, Selandria* . 17
Queckeneulen-Larven (*Apamea sordens* [Hufn.]) 24
Gemeiner Ohrwurm (*Forficula auricularia* L.)

- An den Blütenständen von oben nach unten verlaufende Fraßgänge, an den ausgetriebenen Ähren gewundene Fraßfurchen, Kornbesatz der Ähre zum Teil lückig. Zur Zeit des Sichtbarwerdens des Schadbildes Schaderreger nicht mehr nachweisbar.
Lieschgrasfliegen (*Amaurosoma armillatum* [Zett.], *Amaurosoma flavipes* [Fall.]) 75

- An einzelnen Körnern rinnenartige Fraßspuren, in denen sich eine 4–6 mm lange, weißliche, fußlose Larve bzw. eine 3 mm lange, braune Tönnchenpuppe befinden.
Fritfliege (*Oscinella frit* [L.] und andere *Oscinella*-Arten 48, 60

- Aus den Ähren, vor allem ab Reifebeginn, mitunter aber auch schon früher, werden Körner herausgefressen, mitunter die Ähren abgebissen.
Vögel
Mäuse
Hamster

SAUGSCHÄDEN

- An den noch grünen Ähren saugen, vielfach in mehr oder weniger großen Kolonien, verschieden gefärbte Blattläuse. Auf den Spelzen helle Saugflecke, Körnerausbildung beeinträchtigt (Schrumpfkörner).
Blattläuse, verschiedene Arten 14

An Wurzeln und am Halmgrund

Krankheiten und Beschädigungen an Wurzeln und am Halmgrund sind vielfach verbunden mit Verfärbungen, Absterben, Notreife, Weißährigkeitserscheinungen an oberirdischen Pflanzenteilen. Für Diagnose siehe daher auch dort.

VERFÄRBUNGEN, FLECKENBILDUNGEN
- Im unteren Bereich der Halme braune, strichartige Verfärbungen, später medaillonartige, mehr oder weniger spitz zulaufende Flecke, von rotbraunem bis braunem Rand umgeben, an grünen Halmen typische Augenflecke, Vermorschen der Halme, Halm-

- An Spelzen und Körnern dunkle Stichflecke, die einen hellen Hof aufweisen. Stichstelle auch am durchschnittenen Korn erkennbar. Ausbildung von Schrumpf- oder Schmachtkörnern.
Getreide- und Gräserwanzen, verschiedene Arten 13

- Einzelne Blütchen bleiben taub, Fruchtknoten verkümmert, innerhalb der Spelzen Schmacht- oder Schrumpfkörner, auf den Spelzen weißliche bis silbrig glänzende Saugflecke, die sich später gelblich bis bräunlich verfärben. Am Schadort dunkle, punktförmige Kottröpfchen und Blasenfüße, vor allem
Unbezahnter Getreideblasenfuß (*Limothrips cerealium* Hal.) 74
Bezahnter Getreideblasenfuß (*Limothrips denticornis* [Hal.] 74
Gemeiner Getreideblasenfuß (*Haplothrips aculeatus* [Fabr.]) 74
sowie eine Reihe andere Arten 74

- Ähren leicht bogenförmig gekrümmt und schartig. Fruchtknoten zerstört oder in den Spelzen Schmacht- oder Schrumpfkörner, mit Höhlungen. Äußerlich an den Spelzen dunkle Verfärbungen. Am Korn bzw. an der Innenseite der Spelzen mehrere 2–2,5 mm lange, zitronengelbe bzw. orangerote Gallmückenlarven.
Gelbe Weizengallmücke (*Contarinia tritici* [Kirby]),
Orangerote Weizengallmücke (*Sitodiplosis mosellana* [Géhin]) 23

bruch, Weißährigkeit, graues Myzel im Halminneren.
Augenflecken-, Medaillonflecken-, Lagerfuß-, Halmbruchkrankheit (*Pseudocercosporella herpotrichoides* [Fron.] Deigth) 8

- Ähnlicher Augenfleck, jedoch mit breiterem Saum, schärfer gegen das gesunde Gewebe abgesetzt als bei *P. herpotrichoides*. Auch befindet sich im Gegensatz zu *P. herpotrichoides* im Halminneren kein Myzel, jedoch zeigen sich hell- bis dunkelbraune Sklerotien, Vermorschen der Halme, Halmbruch, Weißährigkeit.

Spitzer Augenfleck (Lagerfußkrankheit, Halm-bruchkrankheit) (*Rhizoctonia* spp., *Thanatephorus cucumeris* [Frank] Donk.) 8

- Von nesterweise absterbenden Pflanzen Wurzeln schwarz, ebenso Halmbasis, später Verfaulen der Wurzeln. Pflanzen notreif, Halme und Ähren werden weiß. Pflanzen lassen sich leicht aus dem Boden ziehen.

Schwarzbeinigkeit (Weißährigkeit) (*Gaeumanno-myces graminis* [Sacc.] v. Arx et Olivier var. *tritici* Walker) 8

- Weitere unspezifische Fußkrankheitserre-ger bzw. Erreger von Wurzel- und Halmfäu-len vor allem aus den Pilzgattungen

Ascochyta spp. 33
Drechslera spp. 10, 31
Gerlachia spp. 9
Fusarium spp. 9
Phoma spp. 10
Olpidium spp., *Polymyxa* spp., *Pythium* spp. u. a.

MISSBILDUNGEN

- Nesterweise Wachstumshemmungen im Bestand, an den Wurzelspitzen bogen- oder hufeisenförmige bis spiralige Anschwellun-gen. Befallene Pflanzen vergilben zum Teil.

Gramineen-Wurzelgallenälchen (*Meloidogyne naasi* Franklin)

- Nesterweise Wachstumshemmungen im Bestand, Wurzeln stark verzweigt, struppig, an den Wurzeln zunächst weiße, später braune, zitronenförmige Zysten (0,6–0,8 mm lang).

Getreidezystenälchen (*Heterodera avenae* Woll.) 11
daneben auch:
Heterodera mani Matthews 11

Heterodera latipons Franklin 11
(Bestimmung durch Spezialisten).

FRASSSCHÄDEN

- An den Wurzeln und vielfach auch am Halmgrund Fraßbeschädigungen. Pflanzen sterben zum Teil ab oder zeigen Kümmer-wuchs, lassen sich mitunter leicht aus dem Boden ziehen.

Engerlinge 35
Drahtwürmer 35
Erdraupen 35
Weitere gelegentlich an Wurzeln fressende
Schmetterlingslarven siehe 24
Schnakenlarven 12
Haarmückenlarven 12
Wurzelfliegenlarven der Gattung *Delia* 19
Maulwurfsgrille (*Gryllotalpa gryllotalpa* [L.])
Tausenfüßer 12
Mäuse

SAUGSCHÄDEN

- An Wurzelhaaren und Epidermiszellen, meist dicht hinter der Wurzelspitze, saugen Nematoden.

Tylenchorhynchus dubius (Bütschli) Filipjev

- Am Halmgrund bräunliche Flecke, besie-delt mit etwa 0,5 mm langen, weißlich bis gelblich glänzenden, stark chitinisierten Mil-ben mit bräunlichen, stark bedornten Bei-nen.

Wurzelmilbe (*Rhizoglyphus echinopus* Fum. et Rob.).

- Pflanzen bleiben im Wuchs zurück, viel-fach mit Absterbeerscheinungen. Im oberen Wurzelbereich und am Halmgrund saugen Blattläuse, meist in Kolonien lebend.

Wurzelläuse, verschiedene Arten 14

Krankheiten und Beschädigungen an Gerste

I. Krankheiten und Beschädigungen während des Auflaufens und an Keimpflanzen

AUFLAUFSCHÄDEN

- Pflanzen laufen nicht oder nur sehr lückig auf, an den Körnern im Boden pilzliche oder tierische Schaderreger nicht nachweisbar.

Schlechte Saatgutqualität, extrem ungünstige Boden- und Feuchtigkeitsverhältnisse, langanhaltende Trockenheit, Einwirkung von Herbizidrückständen.

- Keimlinge erreichen nur zum Teil die Bodenoberfläche, mitunter korkenzieherartig gekrümmt, auf Körnern und Keimlingen verschieden gefärbter Pilzbelag.

Keimlingskrankheiten, verursacht durch verschiedene pilzliche Krankheitserreger, vor allem
Alternaria spp. 33
Drechslera spp. 31
Fusarium spp. 9
Pythium-Arten (vor allem *Pythium aphanidermatum* [Eds.] Fitzp. 59
Pythium debaryanum Hesse, *Pythium graminicolum* Subrm., *Pythium hypogonum* Middleton, *Pythium irregulare* Buisman, *Pythium ultimum* Trow u. a.)
(Wachsendes Myzel nicht septiert, endständige, kugelige Zoosporangien, zuweilen auch interkalare Sporen, tonnenförmig, Oosporen rund, glatt, dickwandig) (Bestimmung durch Spezialisten).
Stemphylium spp. 33

MISSBILDUNGEN

- Keimlinge unter der Bodenoberfläche de-

formiert, zum Teil am Grunde verdickt, Blätter verdreht.
Herbizidschaden 1

- Keimlinge unter der Bodenoberfläche korkenzieherartig gekrümmt, ungleichmäßiges Auflaufen der Saat.
Schneeschimmel (*Gerlachia nivalis* [Ces. ex Sacc.] W. Gams et E. Müll.) 9

FRASSSCHÄDEN

- Körner und Keimlinge unter der Erdoberfläche an-, aus- und abgefressen, im Boden im Bereich der geschädigten Pflanzen.
Nacktschnecken, verschiedene Arten 12
Engerlinge 35
Drahtwürmer 35
Erdraupen 35
Schnakenlarven 12
Haarmückenlarven 12
Haarfußwurzelfliegenlarven und Kammschienenwurzelfliegenlarven 19
Tausendfüßer 12

- Körner bzw. Keimlinge sind aus dem Boden gehackt, vielfach entlang der Drillreihe.
Verschiedene **Vogelarten**

- Körner bzw. Keimlinge bereits unter der Bodenoberfläche im Bestand nesterweise beoder abgefressen, Laufgänge vorhanden.
Mäuse

II. Krankheiten und Beschädigungen junger Pflanzen bis zur Bestockung einschließlich Auswinterung

ABSTERBEN DER PFLANZEN
(siehe auch unter „Verfärbungen, Fleckenbildungen, Fraßschäden")

- Gegen Ende des Winters mehr oder weniger flächenartiges Absterben bzw. Vertrocknen der Pflanzen, pilzliche oder tierische

Schaderreger nicht nachweisbar.

Nichtparasitäre Auswinterung 1

– Abgestorbene Pflanzen nach der Schneeschmelze nesterweise dem Boden dicht aufliegend, mit weißem, später rötlich-grauem oder schmutzig-weißem Belag überzogen, in diesem zum Teil hell- bis dunkelbraune Sklerotien.

Schneeschimmel (*Gerlachia nivalis* [Ces. ex Sacc.] W.Gams et E.Müll.) 9
Typhula incarnata Lasch ex Fr. 30
verschiedene *Fusarium*-Arten 9

– Absterbende bzw. abgestorbene Pflanzen ohne auffälligen Pilzbelag, zuweilen mit einseitigen Nekrosen.

Cercosporella-**Auswinterung,** verursacht durch *Pseudocercosporella herpotrichoides* (Fron.) Deight 8

VERFÄRBUNGEN, FLECKENBILDUNGEN

– Jungpflanzen im Wuchs gehemmt, Blätter vergilben, oft nesterweise auf nassen Stellen des Bestandes.

Nässeschaden

– Junge Blätter an der Spitze zum Teil weißlich verfärbt, mitunter auch weißlich-gelbe Querbinden, („Frostringe", „Frostbinden").

Frostschaden 1

– Blattspitzen vertrocknen, pilzliche bzw. tierische Schaderreger nicht nachweisbar.

Anhaltende Dürre, trockener Wind

– Auf den Blättern weißlich-gelbe Anschlagflecke, zum Teil verbunden mit Gewebezerreißungen.

Hagelschaden 1

– Nach Herbizidanwendung Vergilbung und Absterben der Blattspitzen.

Herbizidschaden 1

– Extreme Wuchsminderung, Gelbverfärbung der Blätter, an der Spitze beginnend, zum Teil chlorotische Streifung.

Gerstengelbverzwergung, verursacht durch das Gerstengelbverzwergungs-Virus . . . 26 (44, 65)

Im zeitigen Frühjahr nesterweise vergilbte Pflanzen im Bestand. Später wird Gelbfärbung überwachsen. Auf den jüngeren Blättern gelbliche bzw. chlorotische Flecken und Strichel.

Gerstengelbmosaik, verursacht durch das Gerstengelbmosaik-Virus 26

– Auf den Blättern hellorangefarbene, mitunter in Streifen angeordnete, stäubende Pusteln.

Gelbrost (*Puccinia striiformis* West.) 7

– Blattoberseits, seltener blattunterseits, kleine, braune, unregelmäßig verteilte, stäubende Pusteln.

Zwergrost (*Puccinia hordei* Otth.) 28

WUCHSBEEINTRÄCHTIGUNGEN, MISSBILDUNGEN

– Pflanzen übermäßig stark austreibend, gehemmter Längenwuchs, Triebe an der Basis angeschwollen, im Pflanzengewebe 1–1,5 mm lange Fadenwürmer mit geknöpftem Mundstachel.

Stock- oder Stengelälchen (*Ditylenchus dipsaci* [Kühn] Filipjev) 42

– Im Bestand nesterweise Wachstumshemmungen, geringe Bestockungsneigung, struppige Wurzelausbildung, an den Wurzeln weißliche, später braune, zitronenförmige Zysten (0,6–0,8 mm lang).

Getreidezystenälchen (*Heterodera avenae* Woll.) 11
daneben auch:
Heterodera hordecalis Andersson 11
Heterodera mani Mathews 11
Heterodera latipons Franklin 11
(Bestimmung durch Spezialisten).

– Pflanzen kümmern nesterweise im Bestand, Wachstumshemmungen. An den Wurzeln punkt- oder strichförmige Nekrosen, im Wurzelgewebe Nematoden.

Pratylenchus crenatus Loof 42
und andere *Pratylenchus*-Arten 42

FRASSSCHÄDEN

– Herzblatt, mitunter auch die ganze Pflanze, verfärben sich gelblich, welken, sterben ab. Herzblatt läßt sich leicht herausziehen, am Grunde abgefressen. An der Fraßstelle oft noch Larven.

Brachfliege (*Delia coarctata* [Fall.] 19
Triebfliegen, verschiedene Arten 19
Haarfußwurzelfliege (*Delia liturata* [Meig.]) . 19
Kammschienenwurzelfliege (*Delia platura* [Meig.]) 19

Hessenfliege (*Mayetiola destructor* [Say.]) . . . 22
Fritfliege (*Oscinella frit* [L.] und andere *Oscinella*-Arten . . . . **48, (60)**
Gelbe Weizenhalmfliege (*Chlorops pumilionis* Bjerk.) **20**

- Blätter wergartig zerfasert und befressen, zum Teil in die Erde gezogen, äußere Blätter vergilben.

Getreidelaufkäfer (*Zabrus tenebrioides* Goeze) **15**

- Streifenartiger Fensterfraß zwischen den Blattadern, Herzblätter können vergilben, am Grunde der Triebe frißt Käferlarve.

Rotbrauner Getreideerdfloh (*Crepidodera ferruginea* [Scop.]) **36**

- Nadelartiger Loch- oder Fensterfraß, streifenartiger Fensterfraß durch 1,5–1,8 mm lange, springende Käfer.

Gelbstreifiger Getreideerdfloh (*Phyllotreta vittula* [Redt.])
Halmerdfloh (*Chaetocnema aridula* [Gyll.]) . . **36**

- An den Blättern unregelmäßige Fraßbeschädigungen, Schleimspuren.

Nacktschnecken, verschiedene Arten **12**

- Pflanzen vergilben und sterben ab, Fraßbeschädigungen an den unteren Blättern so-

wie an unterirdischen Pflanzenteilen, im Boden im Bereich der geschädigten Pflanzen:

Engerlinge **35**
Drahtwürmer **35**
Erdraupen **35**
Schnakenlarven **12**
Haarmückenlarven **12**
Haarfußwurzelfliegenlarven und
Kammschienenwurzelfliegenlarven **19**
Tausenfüßer **12**

- Pflanzen werden abgefressen durch
Mäuse, Wildarten

SAUGSCHÄDEN

- Helle bis violette, kleine Saugflecke, bei starkem Befall Vertrocknen und Absterben der Blätter, verursacht durch springende Insekten.

Zikaden, verschiedene Arten **34**

- An den Blättern saugen, oft in Kolonien, verschieden gefärbte Blattlausarten, Blätter mit Vergilbungs- und Vertrocknungserscheinungen, Fleckenbildungen, zum Teil Blattrollungen und -kräuselungen, Honigtaubildung auf den Blättern.

Blattläuse, verschiedene Arten **14**

III. Krankheiten und Beschädigungen an älteren Pflanzen

Wuchsbeeinträchtigungen der ganzen Pflanze, zum Teil verbunden mit Verfärbungen und Absterbeerscheinungen
(Symptome für Ernährungsstörungen siehe auch bei den anderen Kulturpflanzengruppen)

- Stark verminderte Bestockung, mitunter nur Ausbildung eines Halmes. In kleineren Ähren Kümmerkörner, Blattscheiden und Blätter zum Teil rötlichviolett verfärbt.

Phosphor-Mangel **2**

- Pflanzen im Wachstum gehemmt, stärker bestockt, Blätter dunkelblaugrün, starr aufrecht stehend. Auf Blattunterseiten zahlreiche Wucherungen (Enationen), Ährenausbildung schwächer.

Symptome des Haferblauverzwergungs-Virus an Gerste **44**

- Extreme Wuchsminderung und verstärkte Bestockung, Gelbverfärbung der Blätter, an der Spitze beginnend, zum Teil chlorotische Streifung. Schossen und Ährenbildung zum Teil völlig unterbunden.

Gerstengelbverzwergung, verursacht durch das Gerstengelbverzwergungs-Virus . . . **26 (44, 65)**

- Auf den jüngeren Blättern älterer Pflanzen, etwa Mai/Juni, gelbliche bzw. chlorotische Flecken und Strichel. Pflanzen im Wuchs gehemmt.

Gerstengelbmosaik, verursacht durch das Gerstengelbmosaik-Virus **26**

- Pflanzen im Wuchs zurückgeblieben, schwache Bestockung, verminderte Ährenlänge, verbogene Grannen. Gelblichgrüne bis gelbe Flecke und Streifen auf den Blättern, unregelmäßig verteilt.

Gerstenstreifenmosaik, verursacht durch das Gerstenstreifenmosaik-Virus **27**

- Ganze Pflanze verkrüppelt und verdreht, an Blättern und Blattscheiden schwielenartige, dunkle, anfangs bleigraue, später aufreißende Streifen mit stäubendem Pulver (Sporen).

Streifenbrand (Blattbrand) (*Urocystis agropyri* [Preuss.] Schroet.) 7, 41

- Ganze Pflanze verkrüppelt, Ähren bleiben in der Blattscheide stecken und weisen einen außen schwarzen und innen weißen, später trockenen Pilzbelag auf.

Federbuschsporenkrankheit (*Dilophospora alopecuri* [Fr.])

- Die Blätter stark bestockter Pflanzen sind verdreht, die Triebe verzweigt, blaugrüne Verfärbung mit schimmelartigem Überzug, Ähren bleiben in der Blattscheide stecken.

Falscher Mehltau (*Sclerospora macrospora* [Sacc.]) 56

- Nicht schossende Pflanzen weisen an den unteren Pflanzenteilen grauweiße, mit Pilzmyzel überzogene Flecke auf, darin später schwarze Perithezien, oft in Reihen stehend.

Weiße Fußkrankheit (*Gibellina cerealis* Pass.)

- Extrem starke Halmverkürzung an stark bestockten Pflanzen, Körner in den Ähren zu kleinen „Brandbutten" umgebildet.

Gerstensteinbrand (*Tilletia pancicii* Bub. et Ran.) (wird oft als identisch mit *Tilletia controversa* Kühn betrachtet) 7

- Pflanzen mit Kümmerwuchs. Auf Blättern

ab Schoßbeginn lange, chlorotische, später nekrotische Streifen mit gelbem Saum. Blätter schlitzen entlang der Streifen auf, welken, sterben ab. Ähren bleiben mit den Grannen in der Blattscheide stecken.

Streifenkrankheit der Gerste (*Drechslera graminea* [Rab. ex Schlecht.] Shoem.) 32

- Triebe stark bestockter Pflanzen am Grunde angeschwollen, gehemmter Längenwuchs, im Pflanzengewebe 1–1,5 mm lange Fadenwürmer mit geknöpftem Mundstachel.

Stock- oder Stengelälchen (*Ditylenchus dipsaci* [Kühn] Filipjev) 42

- Im Bestand nesterweise Pflanzen mit Wachstumshemmungen, Vergilbungen und Verbräunungen der äußeren Blätter, vorzeitiges Absterben. Bestockung und Schossen gehemmt, Halme schwach ausgebildet, Ähren klein, lückige Kornausbildung. An den Wurzeln punkt- oder strichförmige Nekrosen, schwarzbraun. Im Wurzelgewebe Nematoden.

Nematodenschaden (*Pratylenchus crenatus* Loof u.a.) 42

- Während des Schossens bleiben Pflanzen im Wuchs zurück, mitunter gestaucht, Ähren bleiben in der Blattscheide stecken, Triebe verkürzt und verdickt, im Inneren Fraßgang mit 5–7 mm langer Fliegenlarve.

Gelbe Weizenhalmfliege (*Chlorops pumilionis* Bjerk.) 20

Vor allem an Blättern und Blattscheiden

VERFÄRBUNGEN, FLECKENBILDUNGEN

- Braun- bis Weißverfärbung der Blattspitzen, später Vertrocknen, auch Wellungen und Kräuselungen möglich, zum Teil weiße Blattflecke („Frostringe", „Frostbinden").

Spätfrostschaden 1

- An Blättern und Trieben weiße Anschlagstellen, zum Teil Abknicken der jungen Halme, mehr oder weniger starke Gewebezerstörung.

Hagelschaden 1

- Nach Herbizidanwendung Vergilbung und Absterben der Blattspitzen, wird später überwachsen.

Herbizidschaden 1

- Blätter hellgrün, untere Blätter gelb, von

den Spitzen ausgehend, später Vertrocknen und Verbräunen, Pflanze zeigt Starrtracht, verminderte Bestockung.

Stickstoff-Mangel 62

- Blätter und Blattscheiden rötlichviolett verfärbt, verbräunen und sterben zum Teil ab. Verminderte Bestockung, in kleinen Ähren Kümmerkörner.

Phosphor-Mangel 2

- Jüngere Blätter hellgrün bis gelblich, Spitze knickt um, vertrocknet. Grauverfärbung von sich einrollenden Blättern mit anschließender Einschnürung.

Calcium-Mangel 2

- Blätter gelblich verfärbt, der gerollte Blattrand der oberen Blätter vielfach gekräuselt.

Fahnenblatt spiralig eingedreht, Ährenschieben stark behindert.

Kupfer-Mangel 3, 25

– Chlorosen an älteren Blättern, von Spitze ausgehend, anfangs blaugrüne, später graubraune bis dunkelbraune Nekrosen, Vertrocknen. Blätter schlaff herunterhängend (Welketracht).

Kalium-Mangel 43, 63

– Bereits am ersten Blatt Rosa- bis Rotverfärbung, später Vergilbung der Blätter, von der Spitze ausgehend, mit pustelförmigen dunkelbraunen Flecken, weiten sich allmählich aus, erfassen auch alle anderen grünen Pflanzenteile

Bor-Überschuß nach borgedüngten Rüben . 25

– Blätter werden blaß, später viele braune, nekrotische Punkte und (oder) graugrüne bis schmutzig-gelbe, nekrotische Streifen, parallel zu den Blattadern, Blattspreite knickt ein, vertrocknet.

Mangan-Mangel 25

– Als Folge von Bodenversauerung Verzögerung des Wachstums, Blattspitzenvergilbung, sommersprossenartige, dunkelbraune Flecke auf den älteren Blättern.

Mangan-Überschuß 25

– An Wintergerste auf den jüngeren Blättern gelbliche bzw. chlorotische Flecke und Strichel, Blattgewebe nekrotisiert zum Teil, nesterweises Vergilben der Pflanzen im zeitigen Frühjahr, Wuchshemmung.

Gerstengelbmosaik, verursacht durch das Gerstengelbmosaik-Virus 26

– An den jüngsten Blättern unregelmäßig hellgrüne oder gelbliche Fleckung und Streifung. Blattspitzen verbräunen zum Teil, sterben ab.

Trespenmosaik, verursacht durch das Trespenmosaik-Virus 65

– Anfangs kleine, wasserdurchsogene Flecke auf den Blättern, vergrößern und verlängern sich, verfärben sich weißlich-gelb bis braun, vertrocknen.

Basale Spelzenbräune (*Pseudomonas syringae* pv. *atrofaciens* [McCulloch] Young et Wilkie) 5

– Anfangs kleine, längliche, transparente, hellgrüne Flecke auf Blättern, später braun

bis schwarz, auf Halmen braune bis schwarze Streifen. An Befallsstellen kleine Exsudattröpfchen, trocknen ein, gelblich.

Schwarzspelzigkeit (Spelzenbräune) (*Xanthomonas campestris* pv. *translucens* [Jones, Johnson et Reddy] Dye) 5

– Auf Blättern eingesunkene, wasserdurchtränkte Flecke, reihenartig angeordnet, vereinigen sich zu langen Streifen, durch schmalen, gelblichen Saum vom gesunden Gewebe abgetrennt. Bei Feuchtigkeit Bakterienexsudat entlang der Flecke, trocknet mit weißem Häutchen ein.

Bakterielle Streifenkrankheit (*Pseudomonas syringae* pv. *striafaciens* [Elliott] Young, Dye et Wilkie) 45

– Anfangs weiße, spinnwebartige zarte Pusteln, später watteartige Verdichtung, laufen zusammen, Verfärbung des Belages weiß bis gelbgrau, darin kleine, schwarze, kugelartige Fruchtkörper.

Echter Mehltau (*Erysiphe graminis* DC.) . . 6, 28

– An Blättern und Blattscheiden schwielenartige, dunkle, anfangs bleigraue, später aufreißende Streifen mit stäubendem Pulver (Sporen).

Streifenbrand (Blattbrand) (*Urocystis agropyri* [Preuss.] Schroet.) 7, 41

– Hellorangefarbene, mitunter in Streifen angeordnete stäubende Pusteln.

Gelbrost (*Puccinia striiformis* West.) 7

– Blattoberseits, seltener blattunterseits, kleine, braune, unregelmäßig verteilte, stäubende Pusteln.

Zwergrost (*Puccinia hordei* Otth.) 28

– Ab Mitte Juni zerstreut auftretende ocker- bis dunkelbraunfarbene Pusteln, bis 1 cm zusammenfließend, von Epidermis als Häutchen umgeben, reißt auf, stäubend.

Schwarzrost (*Puccinia graminis* Pers. f. sp. *tritici*) 7, 40

– An den Blattspreiten unterschiedlich geformte Blattflecke mit aufgehelltem Zentrum und rotbraunem bis purpurrotem, scharf abgrenzendem Rand, auch an Spelzen und Grannen.

Rhynchosporium-**Blattfleckenkrankheit** (*Rhynchosporium secalis* [Oud.] Davis) 28

– An den Blättern von im Wuchs gehemmten Pflanzen ab Ende Mai chlorotische gelbe Streifen. Später nekrotisch, Mittelrippe braun, oberstes Internodium am Halm dunkel, oberer Halmknoten eingeschnürt, Weißährigkeit.

Cephalosporium-**Streifenkrankheit** (*Cephalosporium gramineum* Nisikado et Ikata = *Hymenula cerealis* Ell. et Ev.)
Konidienträger kurz, 4–10 × 1–2 µm, hyalin, am oberen Ende Bildung einzelliger Konidien von 2–3 × 3–7 µm in großer Zahl in schleimigen Köpfchen, Myzel systemisch in den Gefäßen der Pflanze.

- Auf den Blattscheiden ovale, linsenförmige bis langgestreckte, etwa 1 mm lange, schwarze und borstige Pilzbeläge (Konidienlager). Borsten dunkelbraun bis schwarz, aufrecht, 1- bis 3zellig, 60–120 µm lang. Konidien spindelförmig und etwas gekrümmt, 1zellig, 18–26 × 3–4 µm.

Anthraknose (*Colletotrichum cereale* Manns.)

- Auf Blättern rotbraune Flecke mit hellerem Zentrum, zunächst klein, rund bis oval, später Ausdehnung in Längsrichtung, nekrotische Streifen, Blätter können absterben.

Drechslera avenae ([Eidam] Scharif) **46**

- Auf Blättern ab Schoßbeginn lange, chlorotische, später nekrotische Streifen mit gelbem Saum. Blätter schlitzen entlang der Streifen auf, welken, sterben ab. Pflanze verkümmert, braun verfärbt.

Streifenkrankheit der Gerste (*Drechslera graminea* [Rab. ex Schlecht.] Shoem.) **32**
- Auf Blättern braune Flecke, von Chlorosen umgeben, auf Flecken längs, quer oder schräg verlaufende Linien, dunkelbraunes Netzwerk („Netztyp") bzw. dunkelbraune, spindelförmige, elliptische Flecke mit chlorotischer Zone („Fleckentyp").

Netzfleckenkrankheit (*Drechslera teres* [Sacc.] Shoem.). **32**

- Auf den Blättern längliche, dunkelbraune Flecke, von hellem Hof umgeben, braune Nekrosen an unteren Blättern und Halmgrund, Halmknoten braun.

Helminthosporium-**Fuß-** und **Blattkrankheit** (*Drechslera sorokiniana* [Sacc.] Subram. et Jain.) **31**
- Verschieden gefärbte und unterschiedlich geformte, vielfach unspezifische Blattflecke,

mitunter mit Absterbeerscheinungen im fortgeschrittenen Stadium, werden verursacht durch Pilze verschiedener Gattungen, vor allem

Alternaria spp. **10**
Ascochyta spp. **10**
Drechslera spp. **11, 31**
Fusarium spp. **9**
Gerlachia spp. **9**
Septoria spp. **10**
(Perfektformen und Synonyme siehe bei den Beschreibungen).

- An notreifen, überreifen oder absterbenden Pflanzen treten als Schwäche- und Schwärzepilze Arten verschiedener Pilzgattungen auf, vor allem

Alternaria spp. **33**
Cladosporium spp. **33**
Daneben auch graue, schimmlige Überzüge aus dünnem Myzel mit aufrechten, einfachen oder verzweigten Konidienträgern, in den Überzügen dunkle Sklerotien von
Grauschimmel (*Botrytis cinerea* Pers.)

FRASSSCHÄDEN
- Auf den Blattspreiten sind unregelmäßig geformte, meist an der Blattspitze beginnende, vielfach blasenartig ausgeweitete Minen erkennbar, in deren Innerem etwa 4–5 mm lange Fliegenlarven minieren.

Gerstenminierfliege (*Hydrellia griseola* [Fall.]) und andere Minierfliegenarten **37**

- Etwa 5 mm lange Gangminen, mitunter auch Fensterfraß, Verletzungen der Infloreszenzen, in der Folge Weißährigkeit verursachen 10–18 mm lange Schmetterlingslarven.

Getreidewickler (*Cnephasia pumiciana* Zell.), **Ährenwickler** (*Cnephasia longana* [Haw.]) . . . **24**

- Nadelartiger Loch- und Fensterfraß bzw. streifenartiger Fensterfraß zwischen den Blattadern wird verursacht durch 1,5–1,8 mm lange, springende Käfer.

Rotbrauner Getreideerdfloh (*Crepidodera ferruginea* [Scop.]) **36**
Gelbstreifiger Getreideerdfloh (*Phyllotreta vittula* [Redt.]) **36**
Halmerdfloh (*Chaetocnema aridula* [Gyll.]) . . **36**

- An den Blattspreiten unregelmäßige Fraßkerben an den Rändern durch verschiedene Rüsselkäferarten, vor allem
Luzernerüßler (*Otiorhynchus ligustici* [L.]),

Klettenrüßler (*Tanymecus palliatus* [Fabr.]),
Maisrüßler (*Tanymecus dilaticollis* Gyll.),
Grünrüßler (*Phyllobius* spp.) u. a.

- Streifenartiger Lochfraß an den Blattspreiten durch 4,5–5 mm lange Käfer, streifenartiger Fensterfraß, bei welchem die Blattunterseite erhalten bleibt, durch 4–5 mm
lange, nacktschneckenähnliche Larven.
Rothalsiges Getreidehähnchen (*Oulema melano-
pus* [L.]),
Blaues Getreidehähnchen (*Oulema lichenis*
[Voet.]) 16
- Unregelmäßige Fraßstellen an den Blät-
tern, meist vom Rand her, aber auch Durch-
beißen der Blätter, vielfach waagerecht abge-
schnitten erscheinend durch 20–30 mm
lange Blattwespenlarven.
Verschiedene **Blattwespenarten,** vor allem der
Gattungen
Dolerus spp.
Pachynematus spp.
Selandria spp. 17
(Bestimmung durch Spezialisten).

- An den unteren Blättern unregelmäßige
Fraßbeschädigungen. Rand-, Loch-, Skelettierfraß, auch Kahlfraß.
Erdraupen
und andere Schmetterlingslarven 24, 35

SAUGSCHÄDEN
- An den Blättern, aber auch an anderen
grünen Pflanzenteilen, besonders an den
Blattunterseiten saugen, vielfach in mehr
oder weniger großen Kolonien, verschieden
gefärbte Blattläuse. Befallene Blätter mitunter gerollt oder gekräuselt, vergilben oder

Vor allem am und im Halm

VERFÄRBUNGEN, FLECKENBILDUNGEN
- Halme mit weißlichen Flecken (Anschlag-
stellen), knicken an der Anschlagstelle zum
Teil um.
Hagelschaden 1

- Bereits gelb werdende Halme treiben aus
den unteren Halmknoten neue grüne Halme
mit Wurzeln.
Bor-Mangel 3
- Am Halm braune bis schwarze Streifen,
unterhalb der Ähre oft vollständig verbräunt.

vertrocknen bei Massenbefall. Vor allem
Getreidelaus (*Macrosiphum avenae* [Fabr.]) . . 14
Hafer- oder Traubenkirschenlaus (*Rhopalosi-
phum padi* [L.]) 14
Bleiche Getreidelaus (*Metopolophium dirhodum*
[Walk.]) 14
sowie eine Reihe weiterer Arten 14
(Bestimmung durch Spezialisten).
- Besonders in heißen, trockenen Jahren
helle bis violette kleine Saugflecke auf den
Blättern.
Spornzikade (*Javesella pellucida* Fabr.) 34
Zwergzikade (*Macrosteles laevis* Ribaut) . . . 34
und andere Arten 34

- Weißliche Saugflecke auf den Blattspreiten, vielfach verbunden mit Steckenbleiben
der Blütenstände in den Blattscheiden und
späteren Weißährigkeitserscheinungen verursachen verschiedene Wanzenarten, vor allem aus den Gattungen
Aelia spp. 13
Eurygaster spp. 13
sowie *Calocoris* spp., *Dolycorus* spp., *Exolygus* spp.,
Leptopterna spp., *Notostira* spp., *Stenodema* spp.,
Trigonotylus spp. u. a. 13

- An Blattscheiden und Blattspreiten weißliche bis silberig glänzende Saugflecke, die
sich später gelblich bis bräunlich verfärben.
Am Schadort dunkle, punktförmige Kottröpfchen sowie Blasenfüße, besonders
Unbezahnter Getreideblasenfuß (*Limothrips cerealium* Hal.) 74
Bezahnter Getreideblasenfuß (*Limothrips denticornis* [Hal.]) 74
Gemeiner Getreideblasenfuß (*Haplothrips aculeatus* [Fabr.]) 74
sowie eine Reihe anderer Arten 74

An Befallsstellen kleine Exsudattropfen, die
zu gelblichen Körnchen eintrocknen.
Schwarzspelzigkeit (Spelzenbräune) (*Xanthomonas campestris* pv. *translucens* [Jones, Johnson et
Reddy] Dye) 5

- Auf dem Halm anfangs weiße, spinnwebartige zarte Pusteln, später watteartige Verdichtung, laufen zusammen, Verfärbung des
Belages weiß bis gelbbraun, darin kleine,
schwarze, kugelartige Fruchtkörper.
Echter Mehltau (*Erysiphe graminis* DC.) . . 6, 28

- Schwielenartige, dunkle, anfangs bleigraue, später aufreißende Streifen mit stäubendem Pulver (Sporen), Halme mitunter verdreht, reißen auf.

Streifenbrand (Blattbrand) (*Urocystis agropyri* [Preuss.] Schroet.) 7, 41

- Hellorangefarbene, mitunter in Streifen angeordnete stäubende Pusteln.

Gelbrost (*Puccinia striiformis* West.) 7

- Kleine braune, unregelmäßig verteilte, stäubende Pusteln.

Zwergrost (*Puccinia hordei* Otth.) 28

- Ab Mitte Juni zerstreut auftretende ocker- bis dunkelbraunfarbene Pusteln, bis 1 cm zusammenfließend, von Epidermis als Häutchen umgeben, reißt auf, stäubend.

Schwarzrost (*Puccinia graminis* Pers. f. sp. *tritici*) 7, 40

- Am Halm, auch auf der Blattscheide, unregelmäßige nekrotische Flecke, häufig mit hellem, chlorotischem Saum, Halmknoten braun verfärbt, eingesunken, mit kleinen schwarzen Punkten.

Braunfleckigkeit (*Leptosphaeria nodorum* E. Müll.) 11

- Halmknoten braun verfärbt mit nachfolgendem Halmknicken.

Helminthosporium-**Fuß- und Blattkrankheit** (*Drechslera sorokiniana* [Sacc.] Subram.) 31

- Ovale, linsenförmige bis langgestreckte, etwa 1 mm lange, schwarze und borstige Pilzbeläge (Konidienlager). Borsten dunkelbraun bis schwarz, aufrecht, 1- bis 3zellig, 60–120 μm lang. Konidien spindelförmig und etwas gekrümmt, 1zellig, 18–26 × 3–4 μm.

Anthraknose (*Colletotrichum cereale* Manns.)

- Weitere mögliche Erreger von Verfärbungen und Fleckenbildungen am Halm siehe 9. 10, 31, 33

FRASSSCHÄDEN

- An Pflanzen mit kurz bleibenden Halmen erscheint die Blattscheide verdickt, Ährenschieben ist behindert. Nach Entfernen der Blattscheide sattelförmige Querwülste am Halm erkennbar. An den Schadstellen weißliche bis rote, 3–4 mm lange, fußlose Larven.

Sattelmücke (*Haplodiplosis marginata* [v. Roser]) 21

- In der Schoßperiode knicken einzelne Halme um, sonst Halmentwicklung verzögert. Nach Entfernen der Blattscheide sind über den unteren beiden Halmknoten Eindellungen festzustellen, verursacht durch 2,5–3 mm lange, weißliche bis gelbe, fußlose Larven. Später an der gleichen Stelle braune, 2,5–5 mm lange Puparien.

Hessenfliege (Hessenmücke) (*Mayetiola destructor* [Say.]) 22

- An verkürzten und verdickten Halmen Ähren in der Blattscheide steckengeblieben. Von oberstem Halmglied an im Inneren Fraßgang mit 5–7 mm langer Fliegenlarve, nach unten fortschreitend. Am Ende später Tönnchenpuppe.

Gelbe Weizenhalmfliege (*Chlorops pumilionis* Bjerk.) . . . . 20 auch **Gerstenhalmfliege** (*Lasiosina cincticeps* [Meig.])

- Weißährige Halme besitzen nur kleine Ähren, Halme brechen leicht um, im Inneren der Halme ein mit Fraßmehl und Exkrementen angefüllter Fraßgang, der durch die Knoten bis zum Halmgrund führt. Darin 8–12 mm lange, weißliche bis gelblichweiße, fußlose Larve.

Getreidehalmwespe (*Cephus pygmaeus* [L.]) . 18

- Im Halm über den unteren beiden Halmknoten frißt eine 4–5 mm lange, weißliche, 6beinige Käferlarve, Ähren bleiben stecken.

Halmerdfloh (*Chaetocnema aridula* [Gyll.]) . . 36

- Halmausbildung schwach, vielfach Weißährigkeit, in den Halmen Fraßgänge mit Fraßmehl und Kotkrümeln verschiedener Schmetterlingslarven, vor allem

Gelbliche Wieseneule (*Luperina testacea* [Den. et Schiff.]) (Larve 40 mm lang, bräunlich bis fleischfarben mit dunkler Rückenlinie, gelber Nacken- und Afterschild),
Halmeule (*Oria musculosa* [Hbn.]) (Larve 25 mm lang, weißlich, später blaßgrün, 4 rötliche Streifen auf dem Rücken),
Graszünsler (*Anerastia lotella* Hbn.) (Larve 15 mm lang, gelblich, kurz behaart).

- Unterhalb der Ähre ist der Halm bis auf die Epidermis ringförmig ausgefressen, Ähre vertrocknet, knickt um oder bricht ab. Im Halminneren Fraßgang, der später bis etwa 5 cm über den Boden hinabreicht. Darin neben Fraßmehl und Kot eine etwa 10 mm lange, weiße bis gelbe Käferlarve.

Getreidebockkäfer (*Calamobius filum* [Rossi])

SAUGSCHÄDEN

- Das oberste Blütenstandsinternodium ist korkenzieherartig verbildet, Ähren bleiben zum Teil in der Blattscheide stecken. Zwischen Halm und Blattscheide saugen 0,2–0,3 mm lange, zarte, weißliche Milben.

Hafermilbe (*Steneotarsonemus spirifex* [Marchal]) **47**

- Innerhalb der obersten Blattscheide saugen am Halm 0,2–0,25 mm lange, bernstein-

farbene, achtbeinige Weichhautmilben. Blattscheide außen mit braunen Flecken, Wachstumsstockungen und Weißährigkeitserscheinungen.

Grashalmmilbe (*Siteroptes graminum* [Reuter]) **47**

- Steckenbleiben der Ähren, verbunden mit Weißährigkeitserscheinungen kann verursacht werden durch

Getreide- und Gräserwanzen, verschiedene Arten **13**

- An den Halmen saugen vielfach in mehr oder weniger großen Kolonien verschieden gefärbte Blattläuse. Bei Massenbefall Vergilbungserscheinungen und Vertrocknen der befallenen Gewebeteile.

Blattläuse, verschiedene Arten **14**

An Ähren und Körnern

VERLETZUNGEN, WUCHSBEEINTRÄCHTIGUNGEN DURCH ABIOTISCHE FAKTOREN

- Ähren schartig, Weißährigkeit oder Weißspitzigkeit.

Spätfrostschaden zur Zeit des Ährenschiebens 1
Spitzentaubheit, Schartigkeit **1**

- An den Ähren gelbliche, später verbräunende Anschlagstellen, Knickungen, Schartigkeit.

Hagelschaden **1**

- Spitze der Ähre verkümmert, weißspitzig. Wuchsbeeinträchtigungen vor dem Ährenschieben, vor allem durch Wassermangel, mangelhafte Nährstoffversorgung u.a. Umweltfaktoren . . . **1**

- Ähren in Windrichtung geknickt.

Sturmschaden

- Reife Körner wachsen auf dem Halm aus.

Nässeschaden

- Ähren klein, mit Kümmerkörnern, die mangelhafte Keimfähigkeit besitzen.

Phosphor-Mangel **2**

VERFÄRBUNGEN, FLECKENBILDUNGEN

- Weißährigkeit

Kann verursacht werden durch eine Vielzahl pilzlicher oder tierischer sowie abiotischer Faktoren, vielfach auch im Komplex wirksam. Spezifische Diagnose erforderlich.

- Verbunden mit typischen Blattsymptomen auftretende Weißspitzigkeit, Weißährigkeit oder Spitzendürre.

Kupfer-Mangel **3, 25**

- An den Spelzen schmaler, dunkler Saum, Innenseite braun, unteres Drittel der Spelze dunkelbraun bis schwarz, Grannen und Ährenspindel dunkelbraun, Körner braun bis tief schwarz.

Basale Spelzenfäule (*Pseudomonas syringae* pv. *atrofaciens* [McCulloch] Young, Dye et Wilkie) . **5**

- Auf den Spelzen parallel verlaufende, eingesunkene, dunkle Streifen, Grannen schwarz, zu gelblichen Körnchen eingetrocknet.

Schwarzspelzigkeit (Spelzenbräune) (*Xanthomonas campestris* pv. *translucens* [Jones, Johnson et Reddy] Dye) **5**

- Anfangs weiße, spinnwebartige zarte Pusteln, später watteartige Verdichtung, laufen zusammen, Verfärbung des Belages weiß bis gelbgrau, darin kleine, schwarze, kugelartige Fruchtkörper, dichter Belag auf Spelzen.

Echter Mehltau (*Erysiphe graminis* DC.) . . **6, 28**

- Auf Außen- und Innenseite der Spelzen hellorangefarbene, stäubende Pusteln.

Gelbrost (*Puccinia striiformis* West.) **7**

- Ähren schlecht ausgebildet, einzelne Ährchen bzw. Ährenteile weißlich ausgeblichen, zum Teil mit nekrotischen Flecken, rosa bis karminroter Belag, auch gelblich bis bräunlich, an bzw. zwischen den Spelzen.

Ährenfusariose (Partielle Taubährigkeit) (*Fusarium*-Arten) 9

- Körner an den Spitzen blaubraun.

Blauspitzigkeit (*Drechslera teres* [Sacc.] Shoem.) 32

- Dunkle, samtartige, schwarze bis grünschwarze oder graubraune Beläge auf und zwischen den Spelzen (Pilzmyzel mit Konidienlagern) können verursacht werden durch Schwärzepilze, besonders der Gattungen

Alternaria spp. 33
Cladosporium spp. 33
Grauschimmel (*Botrytis cinerea* Pers.)
Aspergillus spp.

- An den äußeren Spelzen braune, dunkelbraune bis rotbraune Verfärbungen, anfangs punktförmig, später zusammenfließend, im oberen Bereich der Spelzen vielfach mit rotbraun-violettem Rand, Körner bei starkem Befall geschrumpft.

Spelzenbräune (Braunspelzigkeit) (*Leptosphaeria nodorum* E. Müll.) 10

- Dunkelbraune Verfärbungen an Spelzen und Grannen, unregelmäßig, Körner an den Spitzen braun verfärbt.

Drechslera sorokiniana (Sacc.) Subram. et Jain 31, (46)

MISSBILDUNGEN
- Mangelhafte Ährenausbildung, zum Teil völlige Taubheit, Fahnenblatt spiralig eingedreht, Ährenschieben gehemmt.

Kupfer-Mangel 25

- An den Ähren sind die Blüten zu einer dunklen, von einem silberigen Häutchen umgebenen Sporenmasse umgewandelt. Das Häutchen reißt später auf und entläßt die ausstäubenden Sporen, nur die intakte Ährenspindel bleibt zurück.

Gerstenflugbrand (*Ustilago nuda* [Jens.] Rostr.) 29

- Befallene Ähren werden etwa 2 Wochen nach den gesunden Ähren geschoben. Sonst das gleiche Schadbild wie Gerstenflugbrand (*Ustilago nuda*).

Gerstenschwarzbrand (*Ustilago nigra* Tapke) . 29

- Die anstelle der Körner gebildeten Brandsporenmassen bleiben bis zur Halmreife von einem festen, silbern glänzenden Häutchen umschlossen und von Spelzenresten bedeckt.

Gerstenhartbrand (Gedeckter Gerstenbrand) (*Ustilago hordei* [Pers.] Lagerh.) 29

- Körner in den Ähren zu rundlichen, kleinen, meist braunen „Brandbutten" umgebildet. Im Inneren Sporenpulver.

Gerstensteinbrand (*Tilletia pancicii* Bub. et Ran.) (wird oft als identisch mit *Tilletia controversa* Kühn betrachtet) 7

- Die vielfach in den Blattscheiden steckenbleibenden Ähren weisen einen außen schwarzen und innen weißen, später trockenen Pilzbelag auf. Die mehr oder weniger zerstörten Spelzen sind meist noch als solche erkennbar.

Federbuschsporenkrankheit (*Dilophospora alopecuri* Fr.)

- An der Ähre zunächst gelber, milchig-trüber, klebriger Tropfen. Später anstelle einzelner Körner blauviolette bis schwarzbraune, gerade oder hornartig gebogene Sklerotien unterschiedlicher Länge (zum Teil bis 30 mm lang).

Mutterkorn (*Claviceps purpurea* [Fr.] Tul.) 39, (68)

FRASSSCHÄDEN
- An den reifenden Körnern, oft schon im Stadium der Milchreife, unregelmäßige Fraßspuren, teils rinnen- oder buchtenförmig, teils Lochfraß, auch anders gestaltet, zum Teil bleibt nur noch die Kornhülle übrig, verursacht durch verschiedene Insektenarten, vor allem

Getreidelaubkäferarten der Gattung
Anisoplia 35
Gartenlaubkäfer (*Anomala horticola* [L.]) . . . 35
Getreidelaufkäfer (*Zabrus tenebrioides* Goeze) 15
Getreide- und Gräserblattwespenlarven der Gattungen *Dolerus, Pachynematus, Selandria* . 17
Queckeneulen-Larven (*Apamea sordens* [Hufn.]) 24
Gemeiner Ohrwurm (*Forficula auricularia* L.)

- An den Blütenständen von oben nach unten verlaufende Fraßgänge, an den ausgetriebenen Ähren gewundene Fraßfurchen, Kornbesatz der Ähre zum Teil lückig. Zur Zeit des Sichtbarwerdens des Schadbildes Schaderreger nicht mehr nachweisbar.

Lieschgrasfliegen (*Amaurosoma armillatum* [Zett.], *Amaurosoma flavipes* [Fall.]) 75

– An einzelnen Körnern rinnenartige Fraßspuren, in denen sich eine 4–6 mm lange, weißliche, fußlose Larve bzw. eine 3 mm lange, braune Tönnchenpuppe befindet.

Fritfliege (*Oscinella frit* [L.]) und andere *Oscinella*-Arten 48, (60)

– Aus den Ähren, vor allem ab Reifebeginn, mitunter aber auch schon früher, werden Körner herausgefressen, mitunter die Ähren abgebissen.

Vögel
Mäuse
Hamster

SAUGSCHÄDEN

– An den noch grünen Ähren saugen, vielfach in mehr oder weniger großen Kolonien, verschieden gefärbte Blattläuse. Auf den Spelzen helle Saugflecke, Körnerausbildung beeinträchtigt (Schrumpfkörner).

Blattläuse, verschiedene Arten 14

– An Spelzen und Körnern dunkle Stichflecke, die einen hellen Hof aufweisen, Stichstelle auch am durchschnittenen Korn

An Wurzeln und am Halmgrund

Krankheiten und Beschädigungen an Wurzeln und am Halmgrund sind vielfach verbunden mit Verfärbungen, Absterben, Notreife, Weißährigkeitserscheinungen an oberirdischen Pflanzenteilen. Für Diagnose siehe daher auch dort.

VERFÄRBUNGEN, FLECKENBILDUNGEN

– Im unteren Bereich der Halme braune, strichartige Verfärbungen, später medaillonartige, mehr oder weniger spitz zulaufende Flecke, von rotbraunem bis braunem Rand umgeben, an grünen Halmen typische Augenflecke, Vermorschen der Halme, Halmbruch, Weißährigkeit, graues Myzel im Halminneren.

Augenflecken-, Medaillonflecken-, Lagerfuß-,

erkennbar. Ausbildung von Schrumpf- oder Schmachtkörnern.

Getreide- und Gräserwanzen, verschiedene Arten 13

– Einzelne Blütchen bleiben taub, Fruchtknoten verkümmert, innerhalb der Spelzen Schmacht- oder Schrumpfkörner, auf den Spelzen weißliche bis silbrig glänzende Saugflecke, die sich später gelblich bis bräunlich verfärben. Am Schadort dunkle, punktförmige Kottröpfchen sowie Blasenfüße, besonders

Unbezahnter Getreideblasenfuß (*Limothrips cerealium* Hal.) 74
Bezahnter Getreideblasenfuß (*Limothrips denticornis* [Hal.]) 74
Gemeiner Getreideblasenfuß (*Haplothrips aculeatus* [Fabr.]) 74
sowie eine Reihe andere Arten 74

– Ähren leicht bogenförmig gekrümmt und schartig. Fruchtknoten zerstört oder in den Spelzen Schmacht- oder Schrumpfkörner, mit Höhlungen. Äußerlich an den Spelzen dunkle Verfärbungen. Am Korn bzw. an der Innenseite der Spelzen mehrere 2–2,5 mm lange zitronengelbe bzw. orangerote Gallmückenlarven.

Gelbe Weizengallmücke (*Contarinia tritici* [Kirby]),
Orangerote Weizengallmücke (*Sitodiplosis mosellana* [Géhin]) 23

Halmbruchkrankheit (*Pseudocercosporella herpotrichoides* [Fron.] Deight) 8

– Ähnlicher Augenfleck, jedoch mit breiterem Saum, schärfer gegen das gesunde Gewebe abgesetzt als bei *Pseudocercosporella herpotrichoides*. Auch befindet sich im Gegensatz zu *Pseudocercosporella herpotrichoides* im Halminneren kein Myzel, jedoch sind hell- bis dunkelbraune Sklerotien zu erkennen, Vermorschen der Halme, Halmbruch, Weißährigkeit.

Spitzer Augenfleck (Lagerfußkrankheit, Halmbruchkrankheit) (*Rhizoctonia* spp., *Thanatephorus cucumeris* [Frank] Donk.) 8

– Von nesterweise absterbenden Pflanzen Wurzeln schwarz, ebenso Halmbasis, später Verfaulen der Wurzeln. Pflanzen notreif,

Halme und Ähren werden weiß. Pflanzen lassen sich leicht aus dem Boden ziehen.

Schwarzbeinigkeit (Weißährigkeit) (*Gaeumannomyces graminis* [Sacc.] v. Arx et Olivier var. *tritici* Walker) 8

- Weitere unspezifische Fußkrankheitserreger bzw. Erreger von Wurzel- und Halmfäulen vor allem aus den Pilzgattungen

Ascochyta spp. 33
Drechslera spp. 10, 31
Fusarium spp. 9
Gerlachia spp. 9
Olpidium spp., *Polymyxa* spp., *Pythium* spp. u. a.

MISSBILDUNGEN

- Nesterweise Wachstumshemmungen im Bestand, an den Wurzelspitzen bogen- oder hufeisenförmige bis spiralige Anschwellungen. Befallene Pflanzen vergilben zum Teil.

Gramineen-Wurzelgallenälchen (*Meloidogyne naasi* Franklin)

- Nesterweise Wachstumshemmungen im Bestand, Wurzeln stark verzweigt, struppig, an den Wurzeln zunächst weiße, später braune, zitronenförmige Zysten (0,6–0,8 mm lang).

Getreidezystenälchen (*Heterodera avenae* Woll.) 11
daneben auch
Heterodera hordecalis Andersson 11
Heterodera mani Mathews 11
Heterodera latipons Fanklin 11
(Bestimmung durch Spezialisten).

FRASSSCHÄDEN

- An den Wurzeln und vielfach auch am Halmgrund Fraßbeschädigungen, Pflanzen sterben zum Teil ab oder zeigen Kümmer-

wuchs, lassen sich mitunter leicht aus dem Boden ziehen.

Engerlinge 35
Drahtwürmer 35
Erdraupen 35
Weitere gelegentlich an Wurzeln fressende
Schmetterlingslarven siehe 24
Schnakenlarven 12
Haarmückenlarven 12
Wurzelfliegenlarven der Gattung *Delia* . . . 19
Maulwurfsgrille (*Gryllotalpa gryllotalpa* [L.])
Tausendfüßer 12

SAUGSCHÄDEN

- Pflanzen kümmern nesterweise im Bestand, Wachstumshemmungen. An den Wurzeln punkt- oder strichförmige Nekrosen, im Wurzelgewebe Nematoden.

Pratylenchus crenatus Loof 42
und andere *Pratylenchus*-Arten 42

- An Wurzeln und Epidermiszellen, meist dicht hinter der Wurzelspitze, saugen Nematoden.

Tylenchorhynchus dubius (Bütschli) Filipjev (Bestimmung durch Spezialisten).

- Am Halmgrund bräunliche Flecke, besiedelt mit etwa 0,5 mm langen, weißlich bis gelblich glänzenden, stark chitinisierten Milben mit bräunlichen, stark bedornten Beinen.

Wurzelmilbe (*Rhizoglyphus echinopus* Fum. et Rob.)

- Pflanzen bleiben im Wuchs zurück, vielfach mit Absterbeerscheinungen. Im oberen Wurzelbereich und am Halmgrund saugen Blattläuse, meist in Kolonien lebend.

Wurzelläuse, verschiedene Arten 14

Krankheiten und Beschädigungen an Roggen

I. Krankheiten und Beschädigungen während des Auflaufens und an Keimpflanzen

AUFLAUFSCHÄDEN

- Pflanzen laufen nicht oder nur sehr lückig auf, an den Körnern im Boden pilzliche oder tierische Schaderreger nicht nachweisbar.

Schlechte Saatgutqualität, Einwirkung von Herbizidrückständen, extrem ungünstige Boden- und Feuchtigkeitsverhältnisse, langanhaltende Trockenheit.

- Keimlinge erreichen nur zum Teil die Bodenoberfläche, mitunter korkenzieherartig gekrümmt, auf Körnern und Keimlingen verschieden gefärbter Pilzbelag.

Keimlingskrankheiten, verursacht durch verschiedene pilzliche Krankheitserreger, vor allem

Alternaria spp. 33
Drechslera spp. 31
Fusarium spp. 9
Pythium-Arten (vor allem *Pythium aphanidermatum* [Eds.] Fitzp., ... 59
Pythium debaryanum Hesse, *Pythium graminicolum* Subrm., *Pythium hypogonum* Middleton, *Pythium irregulare* Buisman, *Pythium ultimum* Trow. u. a.). (Wachsendes Myzel nicht septiert, endständige, kugelige Zoosporangien, zuweilen auch interkalare Sporen, tonnenförmig, Oosporen rund, glatt, dickwandig. Bestimmung durch Spezialisten).
Stemphylium spp. 33

MISSBILDUNGEN

- Keimlinge unter der Bodenoberfläche deformiert, zum Teil am Grunde verdickt, Blätter verdreht.

Herbizidschaden 1

- Keimlinge unter der Bodenoberfläche korkenzieherartig gekrümmt, ungleichmäßiges Auflaufen der Saat.

Schneeschimmel (*Gerlachia nivalis* [Ces. ex Sacc.] W. Gams. et E. Müll.) 9

FRASSSCHÄDEN

- Körner und Keimlinge bereits unter der Erdoberfläche an-, aus- oder abgefressen, im Boden im Bereich der geschädigten Pflanzen:

Nacktschnecken, verschiedene Arten 12
Engerlinge 35
Drahtwürmer 35
Erdraupen 35
Schnakenlarven 12
Haarmückenlarven 12
Haarfußwurzelfliegenlarven und
Kammschienenwurzelfliegenlarven 19
Tausendfüßer 12

- Körner bzw. Keimlinge sind aus dem Boden gehackt, vielfach entlang der Drillreihe.

Verschiedene **Vogelarten**

- Körner bzw. Keimlinge bereits unter der Bodenoberfläche im Bestand nesterweise be- oder abgefressen, Laufgänge vorhanden.

Mäuse

II. Krankheiten und Beschädigungen junger Pflanzen bis zur Bestockung einschließlich Auswinterung

ABSTERBEN DER PFLANZEN

(Siehe auch unter „Verfärbungen, Fleckenbildungen", „Fraßschäden")

- Gegen Ende des Winters mehr oder weniger flächenartiges Absterben bzw. Vertrocknen der Pflanzen, pilzliche oder tierische Schaderreger nicht nachweisbar.

Nichtparasitäre Auswinterung 1

- Abgestorbene Pflanzen nach der Schneeschmelze nesterweise am Boden dicht aufliegend, mit weißem, später rötlich-grauem oder schmutzig-weißem Belag überzogen, in diesem zum Teil hell- bis dunkelbraune Sklerotien.

Schneeschimmel (*Gerlachia nivalis* [Ces. ex Sacc.] W. Gams. et E. Müll.) 9
Myriosclerotinia borealis (Bub. et Vleug.) Kohn **70**
Typhula incarnata Lasch ex Fr. **30**
Typhula hyperborea Ekstrand
Typhula ishikariensis Imai (*Typhula idahoensis* Remsb.)
verschiedene *Fusarium*-Arten 9

- Absterbende bzw. abgestorbene Pflanzen ohne auffälligen Pilzbelag, zuweilen mit einseitigen Nekrosen.

Cercosporella-**Auswinterung**, verursacht durch *Pseudocercosporella herpotrichoides* (Fron) Deight. 8

VERFÄRBUNGEN, FLECKENBILDUNGEN

- Jungpflanzen im Wuchs gehemmt, Blätter vergilben, oft nesterweise auf nassen Stellen des Bestandes.

Nässeschaden

- Junge Blätter an der Spitze zum Teil weißlich verfärbt, mitunter auch weißlich-gelbe Querbinden („Frostringe", „Frostbinden").

Frostschaden 1

- Blätter stark braunrot verfärbt.

Kälte mit starker Sonneneinstrahlung im Frühjahr

- Blattspitzen vertrocknen, pilzliche bzw. tierische Schaderreger nicht nachweisbar.

Anhaltende Dürre, trockener Wind

- Auf den Blättern weißlichgelbe Anschlagflecke, zum Teil verbunden mit Gewebezerreißungen.

Hagelschaden 1

- Nach Herbizidanwendung Vergilbung und Absterben der Blattspitzen.

Herbizidschaden 1

- Im zeitigen Frühjahr auf den jüngsten Blättern parallel zu den Blattadern unregelmäßig angeordnete hellgrüne oder gelblichweiße Punkte und Strichel. Wuchshemmung, stärkere Bestockung.

Bodenübertragbares Weizenmosaik, verursacht durch das bodenübertragbare Weizenmosaik-Virus 38

- Auf den jüngsten Blättern im zeitigen Frühjahr undeutlich erkennbare chlorotische, spindelförmige Strichel oder Streifen. Wachstum und Schossen gehemmt.

Weizenspindelstrichelmosaik, verursacht durch das Weizenspindelstrichelmosaik-Virus . . . 38

- Auf den Blättern rostbraune, unregelmäßig angeordnete Pusteln, umgeben von chlorotischen Höfen.

Roggenbraunrost (*Puccinia recondita* Rob. ex Desm. f. sp. *secalis*) 40

WUCHSBEEINTRÄCHTIGUNGEN, MISSBILDUNGEN

- Pflanzen übermäßig stark austreibend, gehemmter Längenwuchs. Triebe an der Basis angeschwollen, im Pflanzengewebe 1–1,5 mm lange Fadenwürmer mit geknöpftem Mundstachel.

Stock- oder Stengelälchen (*Ditylenchus dipsaci* [Kühn] Filipjev) 42

- Im Bestand nesterweise Wachstumshemmungen, geringe Bestockungsneigung, struppige Wurzelausbildung, an den Wurzeln weißliche, später braune, zitronenförmige Zysten (0,6–0,8 mm lang).

Getreidezystenälchen (*Heterodera avenae* Woll.) 11
daneben auch
Heterodera hordecalis Andersson 11
Heterodera mani Mathews 11
(Bestimmung durch Spezialisten).

- Planzen kümmern nesterweise im Bestand, Wachstumshemmungen. An den

Wurzeln punkt- oder strichförmige Nekrosen, im Wurzelgewebe Nematoden.

Pratylenchus crenatus Loof 42
und andere *Pratylenchus*-Arten 42

FRASSSCHÄDEN

(zum Teil verbunden mit Absterbeerscheinungen)

- Herzblatt, mitunter auch die ganze Pflanze, verfärben sich gelblich, welken, sterben ab. Herzblatt läßt sich leicht herausziehen, am Grunde abgefressen. An der Fraßstelle oft noch Larven.

Brachfliege (*Delia coarctata* [Fall.]) 19
Triebfliegen, verschiedene Arten 19
Haarfußwurzelfliege (*Delia liturata* [Meig.]) . 19
Kammschienenwurzelfliege (*Delia platura* [Meig.]) 19
Hessenfliege (*Mayetiola destructor* [Say.]) . . . 22
Fritfliege (*Oscinella frit* [L.])
und andere *Oscinella*-Arten 48, (60)
Weizenhalmfliege (*Chlorops pumilionis* Bjerk.) 20

- Blätter wergartig zerfasert und befressen, zum Teil in die Erde gezogen, äußere Blätter vergilben.

Getreidelaufkäfer (*Zabrus tenebrioides* Goeze) 15

- Streifenartiger Fensterfraß zwischen den Blattadern, Herzblätter können vergilben, am Grunde der Triebe frißt Käferlarve.

Rotbrauner Getreideerdfloh (*Crepidodera ferruginea* [Scop.]) 36

- Nadelartiger Loch- oder Fensterfraß, streifenartiger Fensterfraß durch 1,5–1,8 mm lange springende Käfer.

Gelbstreifiger Getreideerdfloh (*Phyllotreta vittula* [Redt.])
Halmerdfloh (*Chaetocnema aridula* [Gyll.]) . . 36

- An den Blättern unregelmäßige Fraßbeschädigungen, Schleimspuren.

Nacktschnecken, verschiedene Arten 12

- Pflanzen vergilben und sterben ab, Fraßbeschädigungen an den unteren Blättern sowie an unterirdischen Pflanzenteilen, im Boden im Bereich der geschädigten Pflanzen:

Engerlinge 35
Drahtwürmer 35
Erdraupen 35
Schnakenlarven 12
Haarmückenlarven 12
Haarfußwurzelfliegenlarven und
Kammschienenwurzelfliegenlarven 19
Tausendfüßer 12

- Pflanzen werden abgefressen durch
Mäuse
Wildarten

SAUGSCHÄDEN

- Helle bis violette, kleine Saugflecke, bei starkem Befall Vertrocknen und Absterben der Blätter, verursacht durch springende Insekten.

Zikaden, verschiedene Arten 34

- An den Blättern saugen, oft in Kolonien, verschiedene Blattlausarten, Blätter mit Vergilbungs- und Vertrocknungserscheinungen, Fleckenbildung, z. T. Blattrollungen und -kräuselungen, Honigtaubelag auf den Blättern.

Blattläuse, verschiedene Arten 14

III. Krankheiten und Beschädigungen an älteren Pflanzen

Wuchsbeeinträchtigungen der ganzen Pflanze, zum Teil verbunden mit Verfärbungen und Absterbeerscheinungen

(Symptome für Ernährungsstörungen siehe auch bei den anderen Kulturpflanzengruppen)

- Stark verminderte Bestockung, mitunter nur Ausbildung eines Halmes. In kleinen Ähren Kümmerkörner, Blattscheiden und Blatt zum Teil rötlichviolett verfärbt.

Phosphor-Mangel 2

- Pflanzen mit Zwergwuchs, Halme und Blütenstände verkürzt, teilweise gewellt und

verdreht. An Pflanzenteilen gelber Bakterienschleim, trocknet ein, bröckelt ab.

Gelbschleimigkeit (Gelbe Schleimkrankheit) (*Clavibacter*-Arten) 66

- Ganze Pflanze verkrüppelt. Ähren bleiben in der Blattscheide stecken und weisen außen schwarzen und innen weißen, später trockenen Pilzbelag auf.

Federbuschsporenkrankheit (*Dilophospora alopecuri* Fr.)

– Die Blätter stark bestockter Pflanzen sind verdreht, die Triebe verzweigt, blaugrüne Verfärbung mit schimmelartigem Überzug, Ähren bleiben in der Blattscheide stecken.

Falscher Mehltau (*Sclerospora macrospora* Sacc.) 56

– Nicht schossende Pflanzen weisen an den unteren Pflanzenteilen grauweiße, mit Pilzmyzel überzogene Flecke auf, darin später schwarze Perithezien, oft in Reihen stehend.

Weiße Fußkrankheit (*Gibellina cerealis* Pass.)

– Triebe stark bestockter Pflanzen am Grunde angeschwollen, gehemmter Längenwuchs, im Pflanzengewebe 1–1,5 mm lange Fadenwürmer mit geknöpftem Mundstachel.

Stock- oder Stengelälchen (*Ditylenchus dipsaci*

[Kühn] Filipjev) 42

– Im Bestand nesterweise Pflanzen mit Wachstumshemmungen, Vergilbungen und Verbräunungen der äußeren Blätter, vorzeitiges Absterben. Bestockung und Schossen gehemmt, Halme schwach ausgebildet, Ähren klein, lückige Kornausbildung. An den Wurzeln punkt- oder strichförmige Nekrosen, schwarzbraun. Im Wurzelgewebe Nematoden.

Nematodenschaden (*Pratylenchus crenatus* Loof u.a.) 42

– Während des Schossens bleiben Pflanzen im Wuchs zurück, mitunter gestaucht, Ähren bleiben in der Blattscheide stecken, Triebe verkürzt und verdickt, im Inneren Fraßgang mit 5–7 mm langer Fliegenlarve.

Gelbe Weizenhalmfliege (*Chlorops pumilionis* Bjerk.) 20

Vor allem an Blättern und Blattscheiden

VERFÄRBUNGEN, FLECKENBILDUNGEN

– Braun- bis Weißverfärbung der Blattspitzen, später Vertrocknen, auch Wellungen und Kräuselungen möglich, zum Teil weiße Blattflecke („Frostringe", „Frostbinden").

Spätfrostschaden 1

– An den Blättern und Trieben weiße Anschlagstellen, zum Teil Abknicken der jungen Halme, mehr oder weniger starke Gewebezerstörungen.

Hagelschaden 1

– Nach Herbizidanwendung Vergilbung und Absterben der Blattspitzen, wird später überwachsen.

Herbizidschaden 1

– Blätter hellgrün, untere Blätter gelb, von den Spitzen ausgehend, später Vertrocknen und Verbräunen. Pflanze zeigt Starrtracht, verminderte Bestockung.

Stickstoff-Mangel 62

– Blätter und Blattscheiden rötlichviolett verfärbt, verbräunen und sterben zum Teil ab. Verminderte Bestockung, in kleinen Ähren Kümmerkörner.

Phosphor-Mangel 2

– Jüngere Blätter hellgrün bis gelblich, Spitze knickt um, vertrocknet. Grauverfärbung von sich einrollenden Blättern mit anschließender Einschnürung.

Calcium-Mangel 2

– Stark ausgeprägte Chlorosen an den Blättern, Blattspitze korkenzieherartig eingedreht, trocknet unter Weißverfärbung ein und hängt herab (Weißspitzigkeit, Spitzendürre u. ä.), Ähren im oberen Teil vielfach taub.

Kupfer-Mangel 3, 25

– Chlorosen an älteren Blättern, von Spitze ausgehend, anfangs blaugrün, später graubraune bis dunkelbraune Nekrosen, Vertrocknen, Blätter schlaff herunterhängend (Welketracht).

Kalium-Mangel 43, 63

– Undeutlich erkennbare chlorotische, spindelförmige Strichel oder Streifen. Wachstum und Schossen gehemmt.

Weizenspindelstrichelmosaik, verursacht durch das Weizenspindelstrichelmosaik-Virus . . . 38

– Purpurrote Verfärbung der Blätter, oft auch nur hellrot und mitunter streifig, keine

Blattdeformationen und Wuchshemmungen.
Symptome des Gerstengelbverzwergungs-Virus
an Roggen 26, (44, 65)

- Anfangs kleine, längliche, transparente,
hellgrüne Flecke auf Blättern, später braun
bis schwarz, auf Halmen braune bis
schwarze Streifen. An Befallsstellen kleine
Exsudattröpfchen, trocknen ein, gelblich.

Schwarzspelzigkeit (Spelzenbräune) (*Xanthomonas campestris* pv. *translucens* [Jones, Johnson et
Reddy] Dye) 5

- Auf den Blättern hellgrüne, ovale Flecke,
Durchmesser 4–5 mm, vergrößern sich,
Grau- bis Braunverfärbung, von hellem Hof
umgeben, verschmelzen zum Teil, niemals
wasserdurchsogen, später gesamte Blattspreite gelb.

Ovale Blattfleckigkeit (Bakterielle Blattdürre)
(*Pseudomonas syringae* pv. *coronafaciens* [Elliott]
Young, Dye et Wilkie) 45

- Anfangs weiße, spinnwebartige zarte Pusteln, später watteartige Verdichtung, laufen
zusammen, Verfärbung des Belages weiß bis
gelbgrau, darin kleine, schwarze, kugelartige
Fruchtkörper.

Echter Mehltau (*Erysiphe graminis* DC.) . . 6, 28

- An Blättern, Blattscheiden, Halmen
schwielenartige, dunkle, anfangs bleigraue,
später aufreißende Streifen mit stäubendem
Pulver (Sporen).

Roggenstengelbrand **(Roggenstreifenbrand)**
(*Urocystis occulta* [Wallr.] Rabh.) 7, 41

- Auf den Blättern rostbraune, unregelmäßig angeordnete Pusteln, umgeben von chlorotischen Höfen.

Roggenbraunrost (*Puccinia recondita* Rob. ex
Desm. f. sp. *secalis*) 40

- Ab Mitte Juni zerstreut auftretende ockerbis dunkelbraunfarbene Pusteln, bis 1 cm zusammenfließend, von Epidermis als Häutchen umgeben, reißt auf, stäubend.

Schwarzrost (*Puccinia graminis* Pers.) 40

- An den Blättern von im Wuchs gehemmten Pflanzen ab Ende Mai chlorotische gelbe
Streifen. Später nekrotisch, Mittelrippe
braun, oberstes Internodium am Halm dunkel, oberer Halmknoten eingeschnürt, Weißährigkeit.

Cephalosporium-**Streifenkrankheit** (*Cephalospo-*

rium gramineum Nisikado et Ikata = *Hymenula
cerealis* Ell. et Ev.)
Konidienträger kurz, 4–10 × 1–2 µm, hyalin, am
oberen Ende Bildung einzelliger Konidien von
2–3 × 3–7 µm in großer Zahl in schleimigen
Köpfchen, Myzel systemisch in den Gefäßen der
Planze.

- An den Blattspreiten unterschiedlich geformte Blattflecke, hellbraun, etwas aufgehellte Mitte, kein deutlicher Rand (im Gegensatz zu den Flecken an Gerste). Bei
starkem Befall Zusammenlaufen der Flecke,
auch an Spelzen und Grannen.

Rhynchosporium-**Blattfleckenkrankheit** (*Rhynchosporium secalis* [Oud.] Davis) 28

- Auf den Blattscheiden ovale, linsenförmige bis langgestreckte, etwa 1 mm lange
schwarze und borstige Pilzbeläge (Konidienlager). Borsten dunkelbraun bis schwarz, aufrecht, 1- bis 3zellig, 60–120 µm lang. Konidien spindelförmig und etwas gekrümmt,
1zellig, 18–26 × 3–4 µm.

Anthraknose (*Colletotrichum cereale* Manns.)

- Vor allem an den unteren Blättern und
Blattscheiden gelblichbraune, ovale bis langgestreckte Flecke (siehe zum Vergleich auch
Tafel 10).

Septoria secalis Prill. et Delacr.

- Verschieden gefärbte und unterschiedlich
geformte, vielfach unspezifische Blattflecke,
mitunter mit Absterbeerscheinungen im
fortgeschrittenen Stadium, werden verursacht durch Pilze verschiedener Gattungen,
vor allem

Alternaria spp. 33
Ascochyta spp. 33
Cladosporium spp. 33
Drechslera spp. 10, 31, 46
Fusarium spp. 8
Gerlachia spp. 8
Septoria spp. 10
Stemphylium spp. 33
(Perfektformen und Synonyme siehe bei den Beschreibungen).

- An notreifen, überreifen oder absterbenden Pflanzen treten als Schwäche- und
Schwärzepilze Arten verschiedener Gattungen, vor allem

Alternaria spp. 33
Cladosporium spp. 33
Stemphylium spp. 33

auf. Daneben auch

graue, schimmlige Überzüge aus dünnem Myzel mit aufrechten, einfachen oder verzweigten Konidienträgern, in den Überzügen dunkle Sklerotien von **Grauschimmel** (*Botrytis cinerea* Pers.)

FRASSSCHÄDEN

- Auf den Blattspreiten sind unregelmäßig geformte, meist an der Blattspitze beginnende, vielfach blasenartig ausgeweitete Minen erkennbar, in deren Innerem etwa 4–5 mm lange Fliegenlarven minieren.

Gerstenminierfliege (*Hydrellia griseola* [Fall.]) und andere Minierfliegenarten 37

- Etwa 5 mm lange Gangminen, mitunter auch Fensterfraß, Verletzungen der Infloreszenzen, in deren Folge Weißährigkeit verursachen 10–18 mm lange Schmetterlingslarven.

Getreidewickler (*Cnephasia pumiciana* Zell.)
Ährenwickler (*Cnephasia longana* [Haw.]) . . . 24

- Nadelartiger Loch- oder Fensterfraß bzw. streifenartiger Fensterfraß zwischen den Blattadern wird verursacht durch 1,5–1,8 mm lange, springende Käfer.

Rotbrauner Getreideerdfloh (*Crepidodera ferruginea* [Scop.]),
Gelbstreifiger Getreideerdfloh (*Phyllotreta vittula* [Redt.]),
Halmerdfloh (*Chaetocnema aridula* [Gyll.]) . . 36

- An den Blattspreiten unregelmäßige Fraßkerben an den Rändern durch verschiedene Rüsselkäferarten, vor allem

Luzernerüßler (*Otiorhynchus ligustici* [L.])
Klettenrüßler (*Tanymecus palliatus* [Fabr.])

- Streifenartiger Lochfraß an den Blattspreiten durch 4,5–5 mm lange Käfer, streifenartiger Fensterfraß, bei welchem die Blattunterseite erhalten bleibt, durch 4–5 mm lange nacktschneckenähnliche Larven.

Rothalsiges Getreidehähnchen (*Oulema melanopus* [L.])
Blaues Getreidehähnchen (*Oulema lichenis* [Voet.]). 16

- Unregelmäßige Fraßstellen an den Blättern, meist vom Rand her, aber auch Durchbeißen der Blätter, vielfach waagerecht abgeschnitten erscheinend durch 20–30 mm lange Blattwespenlarven.

Verschiedene **Blattwespenarten**, vor allem der Gattungen
Dolerus spp.
Pachynematus spp.
Selandria spp. 17
(Bestimmung durch Spezialisten).

- An den unteren Blättern unregelmäßige Fraßbeschädigungen. Rand-, Loch-, Skelettierfraß, auch Kahlfraß.

Erdraupen und andere Schmetterlingslarven 24, 35

SAUGSCHÄDEN

- An den Blättern, aber auch an anderen grünen Pflanzenteilen, besonders aber an den Blattunterseiten saugen, vielfach in mehr oder weniger großen Kolonien, verschieden gefärbte Blattläuse. Befallene Blätter mitunter gerollt oder gekräuselt, vergilben oder vertrocknen bei Massenbefall. Vor allem

Getreidelaus (*Macrosiphum avenae* [Fabr.]) . . 14
Bleiche Getreidelaus (*Metopolophium dirhodum* [Walk.]) 14
sowie eine Reihe weiterer Arten 14
(Bestimmung durch Spezialisten).

- Besonders in heißen, trockenen Jahren helle bis violette kleine Saugflecke auf den Blättern.

Zwergzikade (*Macrosteles laevis* Ribaut) und andere Arten 34

- Weißliche Saugflecke auf den Blattspreiten, vielfach verbunden mit Steckenbleiben der Blütenstände in den Blattscheiden und späteren Weißährigkeitserscheinungen verursachen verschiedene Wanzenarten, vor allem aus den Gattungen

Aelia spp. 13
Eurygaster spp. 13
sowie *Calocoris* spp., *Dolycorus* spp., *Exolygus* spp., *Leptopterna* spp., *Notostira* spp., *Stenodema* spp., *Trigonotylus* spp. u. a. 13

- An den Blattscheiden und Blattspreiten weißliche bis silberig glänzende Saugflecke, die sich später gelblich bis bräunlich verfärben. Am Schadort dunkle, punktförmige Kottröpfchen sowie Blasenfüße, besonders

Unbezahnter Getreideblasenfuß (*Limothrips cerealium* Hal.) 74
Bezahnter Getreideblasenfuß (*Limothrips denticornis* [Hal.]) 74

Gemeiner Getreideblasenfuß (*Haplothrips aculeatus* [Fabr.]) sowie eine Reihe anderer Arten . 74

– Mitunter an Blättern, Blattscheiden kleine, helle, unregelmäßig geformte, weißliche bis gelblich-weiße Flecke, meist an den Blattunterseiten 0,3–0,5 mm lange verschieden gefärbte Milben, deren Larven und Eier.

Gemeine Spinnmilbe (*Tetranychus urticae* Koch) (Auf Vorkommen ist besonders zu achten, wenn Stroh als Substrat in Gewächshäuser gebracht werden soll. Kein Getreideschädling).

Vor allem am und im Halm

VERFÄRBUNGEN, FLECKENBILDUNGEN

– Halme mit weißlichen Flecken (Anschlagstellen), knicken an der Anschlagstelle zum Teil um.

Hagelschaden 1

– Bereits gelb werdende Halme treiben aus den unteren Halmknoten neue grüne Halme mit Wurzeln.

Bor-Mangel 3

– Am Halm braune bis schwarze Streifen, unterhalb der Ähre oft vollständig verbräunt. An Befallsstellen kleine Exsudattropfen, die zu gelblichen Körnchen eintrocknen.

Schwarzspelzigkeit (Spelzenbräune) (*Xanthomonas campestris* pv. *translucens* [Jones, Johnson et Reddy] Dye) 5

– Auf den Halmen anfangs weiße, spinnwebartige zarte Pusteln, später watteartige Verdichtung, laufen zusammen, Verfärbung des Belages weiß bis gelbbraun, darin kleine, schwarze, kugelartige Fruchtkörper.

Echter Mehltau (*Erysiphe graminis* DC.) . . 6, 28

– Schwielenartige, dunkle, anfangs bleigraue, später aufreißende Streifen mit stäubendem Pulver (Sporen), Halme mitunter verdreht, reißen auf.

Roggenstengelbrand **(Roggenstreifenbrand)** (*Urocystis occulta* [Wallr.] Rabh.) 41

– Rostbraune, unregelmäßig angeordnete Pusteln, umgeben von chlorotischen Höfen.

Roggenbraunrost (*Puccinia recondita* Rob. ex Desm. f. sp. *secalis*) 40

– Ab Mitte Juni zerstreut auftretende ockerbis dunkelbraunfarbene Pusteln, bis 1 cm zusammenfließend, von Epidermis als Häutchen umgeben, reißt auf, stäubend.

Schwarzrost (*Puccinia graminis* Pers.) 40

– Am Halm, auch an Blattscheide, unregelmäßige nekrotische Flecke, häufig mit hellem, chlorotischem Saum, Halmknoten braun verfärbt, eingesunken, mit kleinen schwarzen Punkten.

Braunfleckigkeit (*Leptosphaeria nodorum* E. Müll.). 11

– Weitere mögliche Erreger von Verfärbungen und Fleckenbildungen am Halm siehe 9, 10, 31, 33

FRASSSCHÄDEN

– An Pflanzen mit kurz bleibenden Halmen erscheint die Blattscheide verdickt, Ährenschieben ist behindert. Nach Entfernen der Blattscheide sattelförmige Querwülste am Halm erkennbar. An den Schadstellen weißliche bis rote, 3–4 mm lange fußlose Larven.

Sattelmücke (*Haplodiplosis marginata* [v. Roser]) 21

– In der Schoßperiode knicken einzelne Halme um, sonst Halmentwicklung verzögert. Nach Entfernen der Blattscheide sind über den unteren beiden Halmknoten Eindellungen festzustellen, verursacht durch 2,5–3 mm lange, weißliche bis gelbe, fußlose Larven. Später an der gleichen Stelle braune 2,5–5 mm lange Puparien.

Hessenfliege (Hessenmücke) (*Mayetiola destructor* [Say.]) 22

– An verkürzten und verdickten Halmen Ähren in der Blattscheide steckengeblieben. Von oberstem Halmglied an im Inneren Fraßgang mit 5–7 mm langer Fliegenlarve, nach unten fortschreitend. Am Ende später Tönnchenpuppe.

Gelbe Weizenhalmfliege (*Chlorops pumilionis* Bjerk.) 20

– Weißährige Halme besitzen nur kleine Ähren, Halme brechen leicht um, im Inneren der Halme ein mit Fraßmehl und Exkrementen angefüllter Fraßgang, der durch die

Knoten bis zum Halmgrund führt. Darin 8–12 mm lange, weißliche bis gelblichweiße, fußlose Larve.

Getreidehalmwespe (*Cephus pygmaeus* [L.]) . **18**

– Im Halm über den unteren beiden Halmknoten frißt eine 4–5 mm lange, weißliche, 6beinige Käferlarve, Ähren bleiben stecken.

Halmerdfloh (*Chaetocnema aridula* [Gyll.]) . . **36**

– Halmausbildung schwach, vielfach Weißährigkeit, in den Halmen Fraßgänge mit Fraßmehl und Kotkrümeln verschiedener Schmetterlingslarven, vor allem

Roggeneule (*Mesapamea secalis* [L.])
(Larve 30 mm lang, mit grünlichem, 2 rötlichen und je einem gelblichen Seitenstreifen),
Gelbliche Wieseneule (*Luperina testacea* [Den. et Schiff.])
(Larve 40 mm lang, bräunlich bis fleischfarben mit dunkler Rückenlinie, gelbem Nacken- und Afterschild),
Halmeule (*Oria musculosa* [Hbn.])
(Larve 25 mm lang, weißlich, später blaßgrün, 4 rötliche Streifen auf dem Rücken),
Graszünsler (*Anerastia lotella* Hbn.)
(Larve 15 mm lang, gelblich, kurz behaart).

– Der Blütenstand von Pflanzen mit Weißährigkeitserscheinungen läßt sich leicht aus der Blattscheide ziehen. Der oberste Halmknoten ist durchgebissen, am Schadort Fraßmehl, Kotkrümel und eine etwa 20 mm lange, hellgelbe Schmetterlingslarve mit braunem Kopf.

Halmmotte (Roggenbohrmotte) (*Ochsenheimeria taurella* Den. et Schiff., *Ochsenheimeria vaculella* Fisch. v. Rösslerst.) **19**

An Ähren und Körnern

VERLETZUNGEN, WUCHSBEEINTRÄCHTIGUNGEN DURCH ABIOTISCHE FAKTOREN

– Ähren schartig, Weißährigkeit oder Weißspitzigkeit.
Spätfrostschaden zur Zeit des Ährenschiebens **1**
Spitzentaubheit, Schartigkeit **1**

– An den Ähren gelbliche, später verbräunende Anschlagstellen, Knickungen, Schartigkeit.
Hagelschaden **1**

– Unterhalb der Ähre ist der Halm bis auf die Epidermis ringförmig ausgefressen, Ähre vertrocknet, knickt um oder bricht ab. Im Halminneren Fraßgang, der später bis etwa 5 cm über den Boden hinabreicht. Darin neben Fraßmehl und Kot eine etwa 10 mm lange, weiße bis gelbe Käferlarve.

Getreidebockkäfer (*Calamobius filum* [Rossi])

SAUGSCHÄDEN

– Das oberste Blütenstandsinternodium ist korkenzieherartig verbildet, Ähren bleiben zum Teil in der Blattscheide stecken. Zwischen Halm und Blattscheide saugen 0,2–0,3 mm lange, zarte, weißliche Milben.

Hafermilbe (*Steneotarsonemus spirifex* [Marchal]) **47**

– Innerhalb der obersten Blattscheide saugen am Halm 0,2–0,25 mm lange, bernsteinfarbene, achtbeinige Weichhautmilben. Blattscheide außen mit braunen Flecken, Wachstumsstockungen und Weißährigkeitserscheinungen.

Grashalmmilbe (*Siteroptes graminum* [Reuter]). **47**

– Steckenbleiben der Ähre, verbunden mit Weißährigkeitserscheinungen kann verursacht werden durch

Getreide- und Gräserwanzen, verschiedene Arten **13**

– An den Halmen saugen, vielfach in mehr oder weniger großen Kolonien, verschieden gefärbte Blattläuse. Bei Massenbefall Vergilbungserscheinungen und Vertrocknen der befallenen Gewebeteile.

Blattläuse, verschiedene Arten **14**

– Spitze der Ähre verkümmert, weißspitzig.
Wuchsbeeinträchtigung vor dem Ährenschieben. Vor allem durch Wassermangel, mangelhafte Nährstoffversorgung u. a. Umweltfaktoren . . . **1**

– Ähren in Windrichtung geknickt.
Sturmschaden

– Ähren klein, mit Kümmerkörnern, die mangelhafte Keimfähigkeit besitzen.
Phosphor-Mangel **2**

– Reife Körner wachsen auf dem Halm aus.
Nässeschaden

VERFÄRBUNGEN, FLECKENBILDUNGEN
- Weißährigkeit
Kann verursacht werden durch eine Vielzahl pilzlicher oder tierischer Schaderreger, abiotischer Faktoren, vielfach auch im Komplex wirksam. Spezifische Diagnose erforderlich.

- Verbunden mit typischen Blattsymptomen auftretende Weißspitzigkeit, Weißährigkeit oder Spitzendürre.
Kupfer-Mangel 3

- Auf den Spelzen parallel verlaufende, eingesunkene Streifen, Grannen schwarz, an Befallsstellen kleine Exsudattropfen, die zu gelblichen Körnchen eintrocknen.
Schwarzspelzigkeit (Spelzenbräune) (*Xanthomonas campestris* pv. *translucens* [Jones, Johnson et Reddy] Dye) 5

- Anfangs weiße, spinnwebartige zarte Pusteln, später watteartige Verdichtung, laufen zusammen, Verfärbung des Belages weiß bis gelbgrau, darin kleine, schwarze, kugelartige Fruchtkörper, dichter Belag auf den Spelzen.
Echter Mehltau (*Erysiphe graminis* DC.) . . **6, 28**

- An Spelzen und Körnern (seltener) ocker- bis dunkelbraunfarbene Pusteln, zum Teil zusammenfließend, von Epidermis als Häutchen umgeben, reißt auf, stäubend.
Schwarzrost (*Puccinia graminis* Pers.) **40**

- Ähren schlecht ausgebildet, einzelne Ährchen bzw. Ährenteile weißlich ausgeblichen, zum Teil mit nekrotischen Flecken, rosa bis karminroter Belag, auch gelblich bis bräunlich an bzw. zwischen den Spelzen.
Ährenfusariose (Partielle Taubährigkeit) (*Fusarium*-Arten) 9

- Dunkle, samtartige, schwarze bis grünschwarze oder graubraune Beläge auf und zwischen den Spelzen (Pilzmyzel mit Konidienlagern) können verursacht werden durch Schwärzepilze, besonders der Gattungen
Alternaria spp. 33
Cladosporium spp. 33
Stemphylium spp. 33
Grauschimmel (*Botrytis cinerea* Pers.)
Aspergillus spp. u. a.

- An den äußeren Spelzen braune, dunkelbraune bis rotbraune Verfärbungen, anfangs punktförmig, später zusammenfließend, im oberen Bereich der Spelzen vielfach mit rot-

braunviolettem Rand, Körner bei starkem Befall geschrumpft.
Spelzenbräune (Braunspelzigkeit) (*Leptosphaeria nodorum* E. Müll.) 10

- Dunkelbraune Verfärbungen an den Spelzen und Grannen, unregelmäßig, Körner an den Spitzen braun verfärbt.
Drechslera sorokiniana (Sacc.) Dubram. et Jain . . . . **31, (46)**

MISSBILDUNGEN
- Ähre wird von gelbem Bakterienschleim umhüllt. Schleimmassen trocknen ein, werden hart und bröckeln ab.
Gelbschleimigkeit (Gelbe Schleimkrankheit) *Clavibacter*-Arten 66

- Die vielfach in den Blattscheiden steckenbleibenden Ähren weisen einen außen schwarzen und innen weißen, später trockenen Pilzbelag auf. Die mehr oder weniger zerstörten Spelzen sind meist noch als solche erkennbar.
Federbuschsporenkrankheit (*Dilophospora alopecuri* Fr.)

- Ähren anfangs blaugrün, Spelzen gespreizt, anstelle der Körner anfangs weiche, blaugrüne, kugelförmige, später dunkel und hart werdende Gebilde (Brandbutten), darinnen nach Heringslake riechende schmierige Sporenmasse.
Roggensteinbrand (*Tilletia secalis* [Cda.] Körn.) und andere *Tilletia*-Arten 7

- An der Ähre zunächst gelber, milchig-trüber, klebriger Tropfen. Später anstelle einzelner Körner blauviolette bis schwarzbraune, gerade oder hornartig gebogene Sklerotien unterschiedlicher Länge (zum Teil bis 40 mm lang).
Mutterkorn (*Claviceps purpurea* [Fr.] Tul.) **39, (68)**
- Anstelle der Körner blaugrün gefärbte Gallen, verfärben sich mit zunehmender Reife braunschwarz, Deckspelzen gespreizt, in den harten Gallen (Radekörner) weiße Substanz, bestehend aus Tausenden von Älchen (Nematoden) im Ruhezustand.
Weizenälchen (*Anguina tritici* [Steinbuch] Filipjev) 11

FRASSSCHÄDEN
- An den reifenden Körnern, oft im Sta-

dium der Milchreife, unregelmäßige Fraßspuren, teils rinnen- oder buchtenförmig, teils Lochfraß, auch anders gestaltet. Zum Teil bleibt nur noch die Kornhülle übrig, verursacht durch verschiedene Insektenarten, vor allem

Getreidelaubkäferarten der Gattung *Anisoplia* 35
Gartenlaubkäfer (*Anomala horticola* [L.] . . . 35
Getreidelaufkäfer (*Zabrus tenebrioides* Goeze) 15
Getreide- und Gräserblattwespenlarven der Gattungen *Dolerus, Pachynematus, Selandria* . 17
Queckeneulen-Larven (*Apamea sordens* [Hufn.]) 24
Gemeiner Ohrwurm (*Forficula auricularia* L.)

- An den Blütenständen von oben nach unten verlaufende Fraßgänge, an den ausgetriebenen Ähren gewundene Fraßfurchen, Kornbesatz der Ähre zum Teil lückig. Zur Zeit des Sichtbarwerdens des Schadbildes Schaderreger nicht mehr nachweisbar.

Lieschgrasfliegen (*Amaurosoma armillatum* [Zett.], *Amaurosoma flavipes* [Fall.]) 75

- An einzelnen Körnern rinnenartige Fraßspuren, in denen sich eine 4–6 mm lange, weißliche, fußlose Larve bzw. eine 3 mm lange, braune Tönnchenpuppe befindet.

Fritfliege (*Oscinella frit* [L.]) und andere *Oscinella*-Arten 48, (60)

- Aus den Ähren, vor allem ab Reifebeginn, mitunter aber auch schon früher, werden Körner herausgefressen, mitunter die Ähren abgebissen.

Vögel, Mäuse, Hamster

SAUGSCHÄDEN

- An den noch grünen Ähren saugen, vielfach in mehr oder weniger großen Kolonien, verschieden gefärbte Blattläuse. Auf den Spelzen helle Saugflecke, Körnerausbildung beeinträchtigt (Schrumpfkörner).

Blattläuse, verschiedene Arten 14

- An Spelzen und Körnern dunkle Stichflecke, die einen hellen Hof aufweisen. Stichstelle auch am durchschnittenen Korn erkennbar. Ausbildung von Schrumpf- oder Schmachtkörnern.

Getreide- und Gräserwanzen, verschiedene Arten 13

- Einzelne Blütchen bleiben taub, Fruchtknoten verkümmert, innerhalb der Spelzen Schmacht- oder Schrumpfkörner, auf den Spelzen weißliche bis silbrig glänzende Saugflecke, die sich später gelblich bis bräunlich verfärben. Am Schadort dunkle, punktförmige Kottröpfchen sowie Blasenfüße, besonders

Unbezahnter Getreideblasenfuß (*Limothrips cerealium* Hal.) 74
Bezahnter Getreideblasenfuß (*Limothrips denticornis* [Hal.]) 74
Gemeiner Getreideblasenfuß (*Haplothrips aculeatus* [Fabr.]) 74
sowie eine Reihe andere Arten 74

- Ähren leicht bogenförmig gekrümmt und schartig. Fruchtknoten zerstört oder in den Spelzen Schmacht- oder Schrumpfkörner, mit Höhlungen. Äußerlich an den Spelzen dunkle Verfärbungen. Am Korn bzw. an der Innenseite der Spelzen mehrere 2–2,5 mm lange, zitronengelbe bzw. orangerote Gallmückenlarven.

Gelbe Weizengallmücke (*Contarinia tritici* [Kirby]) 23
Orangerote Weizengallmücke (*Sitodiplosis mosellana* Géhin) 23

An Wurzeln und am Halmgrund

Krankheiten und Beschädigungen an der Wurzel und am Halmgrund sind vielfach verbunden mit Verfärbungen, Absterben, Notreife, Weißährigkeitserscheinungen an oberirdischen Pflanzenteilen. Für Diagnose siehe daher auch dort.

VERFÄRBUNGEN, FLECKENBILDUNGEN
- Im unteren Bereich der Halme braune, strichartige Verfärbungen, später medaillonartige, mehr oder weniger spitz zulaufende Flecke, von rotbraunem bis braunem Rand umgeben. An grünen Halmen typische Augenflecke, Vermorschen der Halme, Halmbruch, Weißährigkeit, graues Myzel im Halminneren.

Augenflecken-, Medaillonflecken-, Lagerfuß-, Halmbruchkrankheit
(*Pseudocercosporella herpotrichoides* [Fron.] Deight.) 8

- Ähnlicher Augenfleck, jedoch mit breitem Saum, schärfer gegen das gesunde Gewebe abgesetzt als bei *Pseudocercosporella herpotrichoides*. Auch befindet sich im Gegensatz zu *Pseudocercosporella herpotrichoides* im Halminneren kein Myzel, jedoch hell- bis dunkelbraune Sklerotien sind erkennbar, Vermorschen der Halme, Halmbruch, Weißährigkeit.

Spitzer Augenfleck (Lagerfußkrankheit, Halmbruchkrankheit) (*Rhizoctonia* spp., *Thanatephorus cucumeris* [Frank] Donk.) 8

- Von nesterweise absterbenden Pflanzen Wurzeln schwarz, ebenso Halmbasis, später Verfaulen der Wurzeln. Pflanzen notreif, Halme und Ähren werden weiß, lassen sich leicht aus dem Boden ziehen.

Schwarzbeinigkeit (Weißährigkeit) (*Gaeumannomyces graminis* [Sacc.] v. Arx et Olivier var. *tritici* Walker) 8

- Weitere unspezifische Fußkrankheitserreger bzw. Erreger von Wurzel- und Halmfäulen vor allem aus den Pilzgattungen

Ascochyta spp. 33
Drechslera spp. 10, 31
Fusarium spp. 9
Gerlachia spp. 9
Phoma spp. 10
Olpidium spp., *Polymyxa* spp., *Pythium* spp. u. a.

MISSBILDUNGEN
- Nesterweise Wachstumshemmungen im Bestand, an den Wurzelspitzen bogen- oder hufeisenförmige bis spiralige Anschwellungen. Befallene Pflanzen vergilben zum Teil.

Gramineen-Wurzelgallenälchen (*Meloidogyne naasi* Franklin)

- Nesterweise Wachstumshemmungen im Bestand, Wurzeln stark verzweigt, struppig, an den Wurzeln zunächst weiße, später braune, zitronenförmige Zysten (0,6–0,8 mm lang).

Getreidezystenälchen (*Heterodera avenae* Woll.) 11
daneben auch
Heterodera hordecalis Andersson 11

Heterodera mani Mathews 11
(Bestimmung durch Spezialisten).

FRASSSCHÄDEN
- An den Wurzeln und vielfach auch am Halmgrund Fraßbeschädigungen. Pflanzen sterben zum Teil ab oder zeigen Kümmerwuchs, lassen sich mitunter leicht aus dem Boden ziehen.

Engerlinge 35
Drahtwürmer 35
Erdraupen 35
Weitere gelegentlich an Wurzeln fressende
Schmetterlingslarven siehe 24
Schnakenlarven 12
Haarmückenlarven 12
Wurzelfliegenlarven der Gattung *Delia* 19
Maulwurfsgrille (*Gryllotalpa gryllotalpa* [L.])
Tausendfüßer 12
Mäuse

SAUGSCHÄDEN
- Pflanzen kümmern nesterweise im Bestand, Wachstumshemmungen. An den Wurzeln punkt- oder strichförmige Nekrosen, im Wurzelgewebe Nematoden.

Pratylenchus crenatus Loof 42
und andere *Pratylenchus*-Arten 42

- An Wurzelhaaren und Epidermiszellen, meist dicht hinter der Wurzelspitze, saugen Nematoden.

Tylenchorhynchus dubius (Bütschli) Filipjev
(Bestimmung durch Spezialisten).

- Am Halmgrund bräunliche Flecke, besiedelt mit etwa 0,5 mm langen weißlichen bis gelblich glänzenden, stark chitinisierten Milben mit bräunlichen, stark bedornten Beinen.

Wurzelmilbe (*Rhizoglyphus echinopus* Fum. et Rob.)

- Pflanzen bleiben im Wuchs zurück, vielfach mit Absterbeerscheinungen. Im oberen Wurzelbereich und am Halmgrund saugen Blattläuse, meist in Kolonien lebend.

Wurzelläuse, verschiedene Arten 14

Krankheiten und Beschädigungen an Hafer

I. Krankheiten und Beschädigungen während des Auflaufens und an Keimpflanzen

AUFLAUFSCHÄDEN

- Pflanzen laufen nicht oder nur sehr lückig auf, an den Körnern im Boden pilzliche oder tierische Schaderreger nicht nachweisbar.

Schlechte Saatgutqualität, Einwirkung von Herbizidrückständen, extrem ungünstige Boden- und Feuchtigkeitsverhältnisse, langanhaltende Trockenheit.

- Keimfähige Samenkörner keimen nicht im Boden, bzw. junge Keimpflanze stirbt ab, auf Körnern und Keimpflanzen verschiedenfarbener Pilzbelag (Myzel und Konidien).

Keimlingskrankheiten, verursacht durch verschiedene pilzliche Krankheitserreger, vor allem
Alternaria spp. 33
Drechslera spp. 46
Fusarium spp. 9
Pythium-Arten (vor allem *Pythium aphanidermatum* [Eds.] Fitzp., ... 59
Pythium debaryanum Hesse, *Pythium graminicolum* Subrm., *Pythium hypogynum* Middleton, *Pythium irregulare* Buisman, *Pythium ultimum* Trow. u. a.)
(Wachsendes Myzel nicht septiert, endständige, kugelige Zoosporangien, zuweilen auch interkalare Sporen, tonnenförmig, Oosporen rund, glatt, dickwandig).
(Bestimmung durch Spezialisten).

MISSBILDUNGEN

- Keimlinge unter der Bodenoberfläche deformiert, zum Teil am Grunde verdickt, Blätter verdreht.
Herbizidschaden 1

FRASSSCHÄDEN

- Körner und Keimlinge bereits unter der Erdoberfläche an-, aus- oder abgefressen, im Boden im Bereich der geschädigten Pflanzen:

Nacktschnecken, verschiedene Arten 12
Engerlinge 35
Drahtwürmer, Erdraupen 35
Schnakenlarven, Haarmückenlarven 12
Haarfußwurzelfliegenlarven und
Kammschienenwurzelfliegenlarven 19
Tausendfüßer 12

- Körner bzw. Keimlinge sind aus dem Boden gehackt, vielfach entlang der Drillreihe.
Verschiedene **Vogelarten**

- Körner bzw. Keimlinge bereits unter der Bodenoberfläche im Bestand nesterweise be- oder abgefressen, Laufgänge vorhanden.
Mäuse

II. Krankheiten und Beschädigungen junger Pflanzen bis zur Bestockung

VERFÄRBUNGEN, FLECKENBILDUNGEN
- Junge Pflanzen im Wuchs gehemmt, Blätter vergilben, mitunter auch rot verfärbt, oft nesterweise auf nassen Stellen.
Nässeschaden

- Junge Blätter an der Spitze zum Teil weißlich verfärbt, mitunter auch weißlich-gelbe Querbinden („Frostringe", „Frostbinden").
Spätfrostschaden 1
- Blattspitzen vertrocknen, pilzliche bzw.

tierische Schaderreger nicht nachweisbar.
Anhaltende Dürre, trockener Wind

- Auf den Blättern weißliche Anschlagflecke, zum Teil verbunden mit Gewebezerreißungen.
Hagelschaden 1

- Nach Herbizidanwendung Vergilben und
Absterben der Blattspitzen.
Herbizidschaden 1

- Hell- oder dunkel(cyan)rote Verfärbung
der Blätter, rollen sich entlang der Längsachse ein, stehen leicht aufrecht, zum Teil
hellgrüne Streifung.
Symptome des Gerstengelbverzwergungs-Virus
an Hafer (Rotblättrigkeit des Hafers) **26, (44, 65)**

- Auf Blättern von spät gesätem Hafer verstreut kleine, etwa 0,5 mm große, orangefarbene Pusteln.
Haferkronenrost (*Puccinia coronata* Cda.) . . **46**

- An jungen Pflanzen Blattspitzen gelblich
oder rötlich bis rotbraun, Pflanzen im
Wuchs gehemmt. In den Blattscheiden saugen 0,2–0,3 mm lange, zarte, weißliche Milben.
Hafermilbe (*Steneotarsonemus spirifex*
[Marchal]) **47**

WUCHSBEEINTRÄCHTIGUNGEN, MISSBILDUNGEN

- Pflanzen übermäßig stark austreibend, gehemmter Längenwuchs, Triebe an der Basis
angeschwollen, im Pflanzengewebe
1–1,5 mm lange Fadenwürmer mit geknöpftem Mundstachel.
Stock- oder Stengelälchen (*Ditylenchus dipsaci*
[Kühn] Filipjev) **42**

- Pflanzen kümmern nesterweise im Bestand, Wachstumshemmungen. An den
Wurzeln punkt- oder strichförmige Nekrosen, im Wurzelgewebe Nematoden.
Pratylenchus crenatus Loof **42**
und andere *Pratylenchus*-Arten **42**

FRASSSCHÄDEN
(zum Teil verbunden mit Absterbeerscheinungen)
- Herzblatt, mitunter auch die ganze
Pflanze, verfärben sich gelblich, welken, ster-

ben ab. Herzblatt läßt sich leicht herauszie-
hen, am Grunde abgefressen. An der Fraß-
stelle oft noch Larven.
Haarfußwurzelfliege (*Delia liturata* [Meig.]) . **19**
Kammschienenwurzelfliege (*Delia platura*
[Meig.]) **19**
Fritfliege (*Oscinella frit* [L.]) und andere *Oscinella*-
Arten . . . . **48, (60)**
Gelbe Weizenhalmfliege (*Chlorops pumilionis*
Bjerk.) **20**

- Blätter wergartig zerfasert und befressen,
zum Teil in die Erde gezogen, äußere Blätter
vergilben.
Getreidelaufkäfer (*Zabrus tenebrioides* Goeze) **15**

- Streifenartiger Fensterfraß zwischen den
Blattadern, Herzblätter können vergilben,
am Grunde der Triebe frißt Käferlarve.
Rotbrauner Getreideerdfloh (*Crepidodera ferruginea* [Scop.]) **36**

- Nadelartiger Loch- oder Fensterfraß, streifenartiger Fensterfraß durch 1,5–1,8 mm
lange, springende Käfer.
Gelbstreifiger Getreideerdfloh (Phyllotreta vittula [Redt.]),
Halmerdfloh (*Chaetocnema aridula* [Gyll.]) . . **36**

- An den Blättern unregelmäßige Fraßbeschädigungen, Schleimspuren.
Nacktschnecken, verschiedene Arten **12**

- Pflanzen vergilben und sterben ab, Fraß-
beschädigungen an den unteren Blättern so-
wie an unterirdischen Pflanzenteilen, im Bo-
den im Bereich der geschädigten Pflanzen:
Engerlinge **35**
Drahtwürmer, Erdraupen **35**
Schnakenlarven, Haarmückenlarven **12**
Haarfußwurzelfliegenlarven und
Kammschienenwurzelfliegenlarven **19**
Tausendfüßer **12**

- Pflanzen werden abgefressen durch
Mäuse, Wildarten

SAUGSCHÄDEN
- An den Blättern saugen, mitunter verschie-
den gefärbte, Blattlausarten. Blätter mit Ver-
gilbungs- und Vertrocknungserscheinungen,
Fleckenbildung, zum Teil Blattrollungen
und -kräuselungen, Honigtaubelag auf den
Blättern
Blattläuse, verschiedene Arten **14**

III. Krankheiten und Beschädigungen an älteren Pflanzen

Wuchsbeeinträchtigungen der ganzen Pflanze, zum Teil verbunden mit Verfärbungen und Absterbeerscheinungen

(Symptome für Ernährungsstörungen siehe auch bei den anderen Kulturpflanzengruppen)

- Stark verminderte Bestockung, mitunter nur ein Halm ausgebildet. In kleinen Rispen Kümmerkörner, Blattscheiden und Blätter zum Teil rötlichviolett verfärbt.

Phosphor-Mangel 2

- Vor allem am Feldrand Pflanzen mit Kümmerwuchs, Rispen deformiert oder fehlen völlig, obere Blätter mit orangefarbenen bis rotbraunen Flecken. Von der Spitze beginnend verfärbt sich später die ganze Blattspreite.

Rotblättrigkeit des Hafers, verursacht durch das Gerstengelbverzwergungs-Virus 26, 44

- Pflanzen im Wachstum gehemmt, stark bestockt, grasähnlicher Habitus. Blätter dunkelgrün, verdreht, zum Teil mit kleinen Wucherungen (Enationen) an der Blattunterseite entlang der Adern.

Sterile Verzwergung des Hafers, verursacht durch das Virus der Sterilen Verzwergung des Hafers 44, (65)

- Pflanzen im Wachstum gehemmt, stärker bestockt, Blätter dunkel blaugrün, starr aufrecht stehend. Auf Blattunterseiten zahlreiche Wucherungen (Enationen), Rispenbildung schwächer.

Haferblauverzwergung, verursacht durch das Haferblauverzwergungs-Virus 44

- Die Blätter stark bestockter Pflanzen sind verdreht, die Triebe verzweigt, blaugrüne Verfärbung mit schimmelartigem Überzug, Rispen bleiben in der Blattscheide stecken.

Falscher Mehltau (*Sclerospora macrospora* Sacc.) 56

- Triebe stark bestockter Pflanzen am Grunde angeschwollen, gehemmter Längenwuchs, im Pflanzengewebe 1–1,5 mm lange Fadenwürmer mit geknöpftem Mundstachel.

Stock- oder Stengelälchen (*Ditylenchus dipsaci* [Kühn Filipjev) 42

- Im Bestand nesterweise Pflanzen mit Wachstumshemmungen, Vergilbungen und Verbräunungen der äußeren Blätter, vorzeitiges Absterben. Bestockung und Schossen gehemmt, Halme schwach ausgebildet, Ähren klein, lückige Kornausbildung. An den Wurzeln punkt- oder strichförmige Nekrosen, schwarzbraun. Im Wurzelgewebe Nematoden

Nematodenschaden (*Pratylenchus crenatus* Loof u.a.) 42

- Während des Schossens bleiben Pflanzen im Wuchs zurück, mitunter gestaucht, Rispen bleiben in der Blattscheide stecken, Triebe verkürzt und verdickt, im Inneren Fraßgang mit 5–7 mm langer Fliegenlarve.

Gelbe Weizenhalmfliege (*Chlorops pumilionis* Bjerk.) 20

Vor allem an Blättern, Blattscheiden und Halmen

VERFÄRBUNGEN, FLECKENBILDUNGEN

- Braun- bis Weißverfärbung der Blattspitzen, später Vertrocknen, auch Wellungen und Kräuselungen möglich, zum Teil weiße Blattflecke („Frostringe", „Frostbinden").

Spätfrostschaden 1

- An Blättern und Trieben weiße Anschlagstellen, zum Teil Abknicken der jungen Halme, mehr oder weniger starke Gewebezerstörung.

Hagelschaden 1

- Nach Herbizidanwendung Vergilben und Absterben der Blattspitzen, wird später überwachsen.

Herbizidschaden 1

- Blätter hellgrün, untere Blätter gelb, von den Spitzen ausgehend, später Vertrocknen und Verbräunen, Pflanze zeigt Starrtracht, verminderte Bestockung.

Stickstoff-Mangel 62

- Blätter und Blattscheiden rötlichviolett verfärbt, verbräunen und sterben zum Teil ab. Verminderte Bestockung, an kleinen Rispen Kümmerkörner.

Phosphor-Mangel 2

– Jüngere Blätter hellgrün bis gelblich, Spitze knickt um, vertrocknet. Grauverfärbung von sich einrollenden Blättern, mit anschließender Einschnürung.

Calcium-Mangel 2

– Stark ausgeprägte Chlorosen an den Blättern, Blattspitze korkenzieherartig eingedreht, trocknet unter Weißverfärbung ein und hängt herab (Weißspitzigkeit, Spitzendürre). Rispen im oberen Teil vielfach taub. Starke Nachschosserbildung.

Kupfer-Mangel (Heidemoor- oder Urbarmachungskrankheit) 3, 25

– An warmen, sonnigen Tagen Welketracht. Blätter dunkelgrün und glänzend. An älteren, vergilbenden Blättern braune bis rötliche Verfärbung. Bildung von Seitentrieben, „Flissigkeit", Weißährigkeit".

Kalium-Mangel 43, 63

– Blattfläche typisch „getigert", später allgemeine Chlorose, zum Teil mit gelblichen Rändern und Spitzen. Später in chlorotischen Streifen weiße Strichnekrosen.

Magnesium-Mangel 43

– Jüngere Blätter mit Chlorosen, an älteren helle, graue bis graubraune bzw. rötliche Flecke, oft mit dunklem Rand. Quer über das Blatt tritt eine Knickstelle auf, Spitze hängt schlaff nach unten. Rispen taub („flissig").

Mangan-Mangel (Dörrfleckenkrankheit) . . 43

– Grüne Längsstreifen an jüngsten Blättern, die sich scharf vom hellgrünen bis gelblichen Untergrund abheben. Jüngstes Blatt gelbweiß bis weiß, Nervatur bleibt am längsten grün. Später Blatt weiß bis elfenbeinfarben.

Eisen-Mangel 43

– Anfangs kleine, längliche, transparente, hellgrüne Flecke auf Blättern, später braun bis schwarz, auf Halmen braune bis schwarze Streifen. An Befallsstellen kleine Exsudattröpfchen, trocknen ein, gelblich.

Schwarzspelzigkeit (Spelzenbräune) (*Xanthomonas campestris* pv. *translucens* [Jones, Johnson et Reddy] Dye) 5

– Auf den Blättern hellgrüne, ovale Flecke, Durchmesser 4–5 mm, vergrößern sich, Grau- bis Braunverfärbung, von hellem Hof umgeben, verschmelzen zum Teil, niemals wasserdurchsogen, später gesamte Blattspreite gelb.

Ovale Blattfleckigkeit (Bakterielle Blattdürre) (*Pseudomonas syringae* pv. *coronafaciens* [Elliott] Young, Dye et Wilkie) 45

– Auf Blättern eingesunkene, wasserdurchtränkte Flecke, reihenartig angeordnet, vereinigen sich zu langen Streifen, durch schmalen, gelblichen Saum vom gesunden Gewebe abgetrennt. Bei Feuchtigkeit Bakterienexsudat entlang der Flecke, trocknet mit weißem Häutchen ein.

Bakterielle Streifenkrankheit (*Pseudomonas syringae* pv. *striafaciens* [Elliott] Young, Dye et Wilkie) 45

– Anfangs weiße, spinnwebartige zarte Pusteln, später watteartige Verdichtung, laufen zusammen, Verfärbung des Belages weiß bis gelbgrau, darin kleine, schwarze, kugelartige Fruchtkörper.

Echter Mehltau (*Erysiphe graminis* DC.) . . 6, 28

– Auf Oberseite der Blätter kleine, etwa 0,5 mm große orangefarbene Rostpusteln (Uredolager). Später an gleicher Stelle zu mehreren die Uredolager ringförmig umgebende, dunkel- bis schwarzbraune Teleutolager (auch an Blattunterseite).

Haferkronenrost (*Puccinia coronata* Cda.) . . 46

– Auf den Blättern und anderen grünen Pflanzenteilen zerstreut auftretende, ocker- bis dunkelbraunfarbene Pusteln, bis 1 cm zusammenfließend, von Epidermis als Häutchen umgeben, reißt auf, stäubend.

Haferschwarzrost (*Puccinia graminis* Pers. f. sp. *avenae*) 40, 46

– Gelbbraune, nekrotische Blattflecke unterschiedlicher Form und Größe, von braunem Rand begrenzt und von chlorotischem Hof umgeben. Am Halm rotbraune, langgestreckte Nekrosen, in deren Bereich die Halme bei Reife umbrechen.

Septoria-**Blattfleckenkrankheit (Hoher Halmbruch)** (*Septoria avenae* f.sp. *avenae* Frank) . . 46

– Auf Blättern rotbraune Flecke mit hellerem Zentrum (Augenflecken ähnlich), zunächst klein, rund bis oval, später Ausdehnung in Längsrichtung, nekrotische Streifen. Blätter können absterben.

Streifenkrankheit des Hafers (*Drechslera avenae* [Eidam] Scharif) **46**

– Unregelmäßige, nekrotische, später ausgebleichte Flecke, vorwiegend an Blattspitze und vom Rand her, dunkler Saum fehlt.

Ascochyta avenae (Petrak) Sprague et Johnson **33**

– Auf den Blättern graue bis gelblichgraue, zerstreute Flecke, die später zusammenfließen.

Heterosporium avenae Oud., vergleiche hierzu **69**

– Verschieden gefärbte und unterschiedlich geformte, vielfach unspezifische Blattflecke, mitunter mit Absterbeerscheinungen im fortgeschrittenen Stadium, werden verursacht durch Pilze verschiedener Gattungen bzw. Arten, vor allem

Alternaria spp. **33**
Drechslera spp. **10, 31, 46**
Fusarium spp. **8**
Septoria spp. **10**
(Perfektformen und Synonyme siehe bei den Beschreibungen).

– An notreifen, überreifen oder absterbenden Pflanzen treten als Schwäche- und Schwärzepilze Arten verschiedener Pilzgattungen auf, vor allem

Alternaria spp. **33**
Cladosporium spp. **33**
Daneben auch graue, schimmlige Überzüge aus dünnem Myzel mit aufrechten, einfachen oder verzweigten Konidienträgern, in den Überzügen dunkle Sklerotien von **Grauschimmel** (*Botrytis cinerea* Pers.)

FRASSSCHÄDEN
– Auf den Blattspreiten sind unregelmäßig geformte, meist an der Blattspitze beginnende, vielfach blasenartig ausgeweitete Minen zu erkennen, in deren Innerem etwa 4–5 mm lange Fliegenlarven minieren.

Gerstenminierfliege (*Hydrellia griseola* [Fall.]) und andere Minierfliegenarten **37**

– Nadelartiger Loch- oder Fensterfraß bzw. streifenartiger Fensterfraß zwischen den Blattadern wird verursacht durch 1,5–1,8 mm lange, springende Käfer.

Rotbrauner Getreideerdfloh (*Crepidodera ferruginea* [Scop.]),
Gelbstreifiger Getreideerdfloh (*Phyllotreta vittula* [Redt.]),
Halmerdfloh (*Chaetocnema aridula* [Gyll.]) . . **36**

– An den Blattspreiten unregelmäßige Fraßkerben an den Rändern durch verschiedene Rüsselkäferarten, vor allem

Luzernerüßler (*Otiorhynchus ligustici* [L.]),
Maisrüßler (*Tanymecus dilaticollis* Gyll.) u. a.

– Streifenartiger Lochfraß an den Blattspreiten durch 4,5–5 mm lange Käfer, streifenartiger Fensterfraß, bei welchem die Blattunterseite erhalten bleibt, durch 4–5 mm lange, nacktschneckenähnliche Larven.

Rothalsiges Getreidehähnchen (*Oulema melanopus* [L.]),
Blaues Getreidehähnchen (*Oulema lichenis* [Voet.]) **16**

– Streifiger Fensterfraß, der von Blattnerven begrenzt ist. Untere Epidermis bleibt als „Fenster" erhalten. Fraß durch 6–10 mm lange, schwarzglänzende Käfer und ihre 8–10 mm langen, schwärzlichen Larven.

Rainfarnblattkäfer (*Galeruca tanaceti* [L.])

– Unregelmäßige Fraßstellen an den Blättern, meist vom Rand her, aber auch Durchbeißen der Blätter, vielfach waagerecht abgeschnitten erscheinend durch 20–30 mm lange Blattwespenlarven.
Verschiedene **Blattwespenarten**, vor allem der Gattungen
Dolerus spp.
Pachynematus spp.
Selandria spp. **17**
(Bestimmung durch Spezialisten).

– An den unteren Blättern unregelmäßige Fraßbeschädigungen. Rand-, Loch-, Skelettierfraß, auch Kahlfraß.

Erdraupen und andere Schmetterlingslarven **24, 35**

SAUGSCHÄDEN
– An den Blättern, aber auch an den anderen grünen Pflanzenteilen, besonders an den Blattunterseiten saugen, vielfach in mehr oder weniger großen Kolonien, verschieden gefärbte Blattläuse. Befallene Blätter mitunter gerollt oder gekräuselt, vergilben oder vertrocknen bei Massenbefall. Vor allem

Getreidelaus (*Macrosiphum avenae* [Fabr.]) . . **14**
Hafer- oder Traubenkirschenlaus (*Rhopalosiphum padi* [L.]) **14**
Bleiche Getreidelaus (*Metopolophium dirhodum* [Walk.]) **14**
sowie eine Reihe weiterer Arten **14**
(Bestimmung durch Spezialisten).

Besonders in heißen, trockenen Jahren helle bis violette, kleine Saugflecke auf den Blättern.

Spornzikade (*Javesella pellucida* Fabr.) **34**
Zwergzikade (*Macrosteles laevis* Ribaut) . . . **34**
und andere Arten **34**

- Weißliche Saugflecke auf den Blattspreiten, vielfach verbunden mit Steckenbleiben der Blütenstände in den Blattscheiden und späteren Weißährigkeitserscheinungen ver-

Vor allem am und im Halm

VERFÄRBUNGEN, FLECKENBILDUNGEN
- Halme mit weißlichen Flecken (Anschlagstellen), knicken an der Anschlagstelle zum Teil um.

Hagelschaden **1**

- Bereits gelb werdende Halme treiben aus den unteren Halmknoten neue grüne Halme und Wurzeln.

Bor-Mangel **3**

- Am Halm braune bis schwarze Streifen, unterhalb der Rispe oft vollständig verbräunt. An Befallsstellen kleine Exsudattropfen, die zu gelblichen Körnchen eintrocknen.

Schwarzspelzigkeit (Spelzenbräune) (*Xanthomonas campestris* pv. *translucens* (Jones, Johnson et Reddy] Dye) **5**

- Auf den Halmen anfangs weiße, spinnwebartige zarte Pusteln, später watteartige Verdichtung, laufen zusammen, Verfärbung des Belages weiß bis gelbbraun, darin kleine, schwarze, kugelartige Fruchtkörper.

Echter Mehltau (*Erysiphe graminis* DC.) . . **6, 28**

- Kleine, etwa 0,5 mm große orangefarbene Rostpusteln (Uredolager). Später an gleicher Stelle zu mehreren die Uredolager ringförmig umgebende, dunkel- bis schwarzbraune Teleutolager.

Haferkronenrost (*Puccinia coronata* Cda.) . . **46**

ursachen verschiedene Wanzenarten, vor allem aus den Gattungen

Aelia spp. *Eurygaster* spp. **13**
sowie *Calocoris* spp., *Dolycorus* spp., *Exolygus* spp., *Leptopterna* spp., *Notostira* spp., *Stenodema* spp., *Trigonotylus* spp. u.a. **13**

- An Blattscheiden und Blattspreiten weißliche bis silberig glänzende Saugflecke, die sich später gelblich bis bräunlich verfärben. Am Schadort dunkle, punktförmige Kottröpfchen sowie Blasenfüße, besonders

Unbezahnter Getreideblasenfuß (*Limothrips cerealium* Hal.) **74**
Bezahnter Getreideblasenfuß (*Limothrips denticornis* [Hal.]) **74**
Gemeiner Getreideblasenfuß (*Haplothrips aculeatus* [Fabr.]) **74**
sowie eine Reihe andere Arten **74**

- Zerstreut auftretende, ocker- bis dunkelbraunfarbene Pusteln, bis 1 cm zusammenfließend, von Epidermis als Häutchen umgeben, reißt auf, stäubend.

Haferschwarzrost (*Puccinia graminis* Pers. f. sp. *avenae*) **40, 46**

FRASSSCHÄDEN
- An Pflanzen mit kurz bleibenden Halmen erscheint die Blattscheide verdickt, Rispenschieben ist behindert. Nach Entfernen der Blattscheide sattelförmige Querwülste am Halm erkennbar. An den Schadstellen weißliche bis rote, 3–4 mm lange, fußlose Larven.

Sattelmücke (*Haplodiplosis marginata* [v. Roser]) **21**

- Im Bereich der unteren Halmknoten Anschwellungen. Zwischen Halm und Blattscheide eine 3 mm lange, gelblich weiße Fliegenlarve oder braune Tönnchenpuppe. Halm knickt an Befallsstelle vielfach um.

Hafergallmücke (*Mayetiola avenae* [March.])
- An verkürzten und verdickten Halmen Ähren in der Blattscheide steckengeblieben. Von oberstem Halmglied an im Inneren Fraßgang mit 5–7 mm langer Fliegenlarve, nach unten fortschreitend. Am Ende später Tönnchenpuppe.

Gelbe Weizenhalmfliege (*Chlorops pumilionis* Bjerk). **20**

- Weißrispige Halme besitzen nur kleine Rispen, Halme brechen leicht um. Im Inneren der Halme ein mit Fraßmehl und Exkrementen angefüllter Fraßgang, der durch die Knoten bis zum Halmgrund führt. Darin 8–12 mm lange, weißliche bis gelblich weiße, fußlose Larve.
  Getreidehalmwespe (*Cephus pygmaeus* [L.]) . **18**
- Im Halm über den unteren beiden Halmknoten frißt eine 4–5 mm lange, weißliche, 6beinige Käferlarve, Rispen bleiben stecken.
  Halmerdfloh (*Chaetocnema aridula* [Gyll.]) . . **36**
- Halmausbildung schwach, vielfach Weißrispigkeit, in den Halmen Fraßgänge mit Fraßmehl und Kotkrümeln von Schmetterlingslarven, vor allem
  Gelbliche Wieseneule (*Luperina testacea* [Den. et Schiff.]),
  (Larve 40 mm lang, bräunlich bis fleischfarben mit dunkler Rückenlinie, gelbem Nacken- und Afterschild),
  Graszünsler (*Anerastia lotella* Hbn.)
  (Larve 15 mm lang, gelblich, kurz behaart).

SAUGSCHÄDEN
- Das oberste Blütenstandsinternodium ist korkenzieherartig verbildet, Rispen bleiben zum Teil in der Blattscheide stecken. Zwischen Halm und Blattscheide saugen 0,2–0,3 mm lange, zarte, weißliche Milben.
  Hafermilbe (*Steneotarsonemus spirifex* [Marchal]) **47**
- Innerhalb der obersten Blattscheide saugen am Halm 0,2–0,25 mm lange, bernsteinfarbene, achtbeinige Weichhautmilben. Blattscheiden außen mit braunen Flecken, Wachstumsstockungen, Weißrispigkeit.
  Grashalmmilbe (*Siteroptes graminum* [Reuter]) **47**
- Steckenbleiben der Rispen, verbunden mit Weißrispigkeit, kann verursacht werden durch
  Getreide- und Gräserwanzen, verschiedene Arten **13**
- An den Halmen saugen, vielfach in mehr oder weniger großen Kolonien, verschieden gefärbte Blattläuse. Bei Massenbefall Vergilbungserscheinungen und Vertrocknen der befallenen Gewebeteile.
  Blattläuse, verschiedene Arten **14**

An Rispen und Körnern

VERLETZUNGEN, WUCHSBEEINTRÄCHTIGUNGEN DURCH ABIOTISCHE FAKTOREN
- An den Rispen gelbliche, später verbräunende Anschlagstellen, Knickungen, scheinbare Flissigkeit.
  Hagelschaden **1**
- Spitze der Rispe verkümmert, weißspitzig oder flissig.
  Wuchsbeeinträchtigungen vor dem Rispenschieben, vor allem durch Wassermangel, mangelhafte Nährstoffversorgung u. a. Umweltfaktoren . . . **1**
  Flissigkeit **1**
- Reife Körner wachsen auf dem Halm aus.
  Nässeschaden
- Rispen klein, mit Kümmerkörnern, die mangelhafte Keimfähigkeit besitzen.
  Phosphor-Mangel **2**

VERFÄRBUNGEN, FLECKENBILDUNGEN
- Weißrispigkeit, Flissigkeit (auch partielle) kann verursacht werden durch eine Vielzahl pilzlicher oder tierischer Schaderreger sowie abiotischer Faktoren, vielfach auch im Komplex wirksam. Spezifische Diagnose erforderlich.
- Verbunden mit typischen Blattsymptomen auftretende Weißspitzigkeit oder Flissigkeit, Spitzendürre.
  Kupfer-Mangel **3**
- Auf den Spelzen parallel verlaufende, eingesunkene dunkle Streifen, an Befallsstellen kleine Exsudattropfen, die zu gelblichen Körnchen eintrocknen.
  Schwarzspelzigkeit (Spelzenbräune) (*Xanthomonas campestris* pv. *translucens* [Jones, Johnson et Reddy] Dye) **5**
- Anfangs weiße, spinnwebartige zarte Pusteln, später watteartige Verdichtung, laufen zusammen, Verfärbung des Belages weiß bis gelbgrau, darin kleine, schwarze, kugelartige Fruchtkörper, dichter Belag auf den Spelzen.
  Echter Mehltau (*Erysiphe graminis* DC.) . . **6, 28**

– Auf Spelzen und Körnern (seltener) okker- bis dunkelbraunfarbene Pusteln, zum Teil zusammenfließend, von Epidermis als Häutchen umgeben, reißt auf, stäubend.

Haferschwarzrost (*Puccinia graminis* Pers. f. sp. *avenae*) **40, 46**

– Rispen schlecht ausgebildet, einzelne Rispenteile weißlich ausgeblichen, zum Teil mit nekrotischen Flecken, rosa bis karminroter Belag, auch gelblich bis bräunlich, an und zwischen den Spelzen.

Fusariose (Partielle Taubrispigkeit) (*Fusarium*-Arten) . . . .

– Dunkle, samtartige, schwarze bis grünschwarze oder graubraune Beläge auf und zwischen den Spelzen (Pilzmyzel mit Konidienlagern) können verursacht werden durch Schwärzepilze, besonders der Gattungen

Alternaria spp. **33**
Cladosporium spp. **33**
Stemphylium spp. **33**
Grauschimmel (*Botrytis cinerea* Pers.)
Aspergillus spp. u. a.

MISSBILDUNGEN

– Bevorzugt am Feldrand Pflanzen mit deformierten Rispen, schwach entwickelt oder völlig fehlend. Pflanzen mit Kümmerwuchs. Bei typischen Blattsymptomen:

Symptome des Gerstengelbverzwergungs-Virus **26, 44**

– An den Rispen anstelle der länglichen Ährchen runde, schwarze Sporenmassen, die schnell ausstäuben. Die leeren Rispenäste bleiben zurück.

Haferflugbrand (*Ustilago avenae* [Pers.] Rostr.) **46**

– Körner, Deck- und Vorspelzen, zum Teil die Hüllenspelzen zerstört. Dafür Ausbildung von Brandsporen, die von Hüllspelzen als dünnes Häutchen umschlossen werden, erhärten zu Brandbutten.

Gedeckter Haferbrand (*Ustilago kolleri* Wille) **46**

– Anstelle einzelner Körner blauviolette bis schwarzbraune, gerade oder hornartig gebogene Sklerotien (selten).

Mutterkorn (*Claviceps purpurea* [Fr.] Tul.) . . . . **39, (68)**

FRASSSCHÄDEN

– An den reifenden Körnern, oft schon im Stadium der Milchreife, unregelmäßige Fraßspuren, teils rinnen- oder buchtenförmig, teils Lochfraß, auch anders gestaltet, zum Teil bleibt nur noch die Kornhülle übrig, verursacht durch verschiedene Insektenarten, vor allem

Getreidelaubkäfer der Gattung *Anisoplia* . . . **35**
Getreidelaufkäfer (*Zabrus tenebrioides* Goeze) **15**
Getreide- und Gräserblattwespenlarven der Gattungen *Dolerus, Pachynematus, Selandria* **17**
Queckeneulen-Larven (*Apamea sordens* [Hufn.]) **24**
Gemeiner Ohrwurm (*Forficula auricularia* L.)

– An einzelnen Körnern rinnenartige Fraßspuren, in denen sich eine 4–6 mm lange, weißliche, fußlose Larve bzw. eine 3 mm lange, braune Tönnchenpuppe befindet.

Fritfliege (*Oscinella frit* [L.]) und andere *Oscinella*-Arten . . . . **48, (60)**

– Aus den Rispen, vor allem ab Reifebeginn, mitunter aber auch schon früher, werden Körner herausgefressen, mitunter die Rispen abgebissen.

Vögel
Mäuse
Hamster

SAUGSCHÄDEN

– An den grünen Rispen saugen, vielfach in mehr oder weniger großen Kolonien, verschieden gefärbte Blattläuse. Auf Spelzen helle Saugflecke, Körnerausbildung beeinträchtigt (Schrumpfkörner).

Blattläuse, verschiedene Arten **14**

– An Spelzen und Körnern dunkle Stichflecke, die einen hellen Hof aufweisen. Stichstelle auch am durchschnittenen Korn erkennbar. Ausbildung von Schrumpf- oder Schmachtkörnern.

Getreide- und Gräserwanzen, verschiedene Arten **13**

– Einzelne Blütchen bleiben taub, Fruchtknoten verkümmert, innerhalb der Spelzen Schmacht- oder Schrumpfkörner, auf Spelzen weißliche bis silberig glänzende Saugflecke, die sich später gelblich bis bräunlich verfärben. Am Schadort dunkle, punktförmige Kottröpfchen sowie Blasenfüße, besonders

Unbezahnter Getreideblasenfuß (*Limothrips cerealium* Hal.) **74**

An Wurzeln und am Halmgrund

Krankheiten und Beschädigungen an Wurzeln und am Halmgrund sind vielfach verbunden mit Verfärbungen, Absterben, Notreife, Weißrispigkeitserscheinungen an oberirdischen Pflanzenteilen. Für Diagnose siehe daher auch dort.

VERFÄRBUNGEN, FLECKENBILDUNGEN

– Im unteren Bereich der Halme braune, strichartige Verfärbungen, später medaillonartige, mehr oder weniger spitz zulaufende Flecke, von rotbraunem bis braunem Rand umgeben, an grünen Halmen typische Augenflecke, Vermorschen der Halme, Halmbruch, Weißrispigkeit, graues Myzel im Halminneren.

Augenflecken-, Medaillonflecken-, Lagerfuß-, Halmbruchkrankheit (*Pseudocercosporella herpotrichoides* [Fron.] Deight) **8**

– Ähnlicher Augenfleck, jedoch mit breiterem Saum, schärfer gegen das gesunde Gewebe abgesetzt als bei *Pseudocercosporella herpotrichoides*. Auch befindet sich im Gegensatz zu *Pseudocercosporella herpotrichoides* im Halminneren kein Myzel, jedoch sind hell- bis dunkelbraune Sklerotien festzustellen, Vermorschen der Halme, Halmbruch, Weißrispigkeit.

Spitzer Augenfleck (Lagerfußkrankheit, Halmbruchkrankheit) (*Rhizoctonia* spp., *Thanatephorus cucumeris* [Frank] Donk.) **8**

– Von nesterweise absterbenden Pflanzen Wurzeln schwarz, ebenso Halmbasis, später Verfaulen der Wurzeln. Pflanzen notreif, Halme und Rispen werden weiß. Pflanzen lassen sich leicht aus dem Boden ziehen.

Schwarzbeinigkeit (Weißährigkeit) (*Gaeumannomyces graminis* [Sacc.] v.Arx. et Olivier var. *avenae* E.M. Turner) **8**

– Weitere unspezifische Fußkrankheitserreger bzw. Erreger von Wurzel- und Halmfäulen, vor allem den Pilzgattungen

Ascochyta spp. **33**

Bezahnter Getreideblasenfuß (*Limothrips denticornis* [Hal.]) **74**
Gemeiner Getreideblasenfuß (*Haplothrips aculeatus* [Fabr.]) **74**
sowie eine Reihe andere Arten **74**

Drechslera spp. **10, 31, 46**
Fusarium spp. **9**

MISSBILDUNGEN

– Nesterweise Wachstumshemmungen im Bestand, Wurzeln stark verzweigt, struppig, an den Wurzeln zunächst weiße, später braune, zitronenförmige Zysten (0,6 bis 0,8 mm lang).

Getreidezystenälchen (*Heterodera avenae* Woll.) **11**
(bzw. Artenkomplex: siehe Beschreibung zu Tafel 11)

FRASSSCHÄDEN

– An den Wurzeln und vielfach auch am Halmgrund Fraßbeschädigungen. Pflanzen sterben zum Teil ab oder zeigen Kümmerwuchs, lassen sich mitunter leicht aus dem Boden ziehen.

Engerlinge **35**
Drahtwürmer **35**
Erdraupen **35**
Weitere gelegentlich an Wurzeln fressende
Schmetterlingslarven siehe **24**
Schnakenlarven **12**
Haarmückenlarven **12**
Wurzelfliegenlarven der Gattung *Delia* **19**
Maulwurfsgrille (*Gryllotalpa gryllotalpa* [L.])
Tausendfüßer **12**
Mäuse

SAUGSCHÄDEN

– Pflanzen kümmern nesterweise im Bestand, Wachstumshemmungen. An den Wurzeln punkt- oder strichförmige Nekrosen, im Wurzelgewebe Nematoden.

Pratylenchus crenatus Loof **42**
und andere *Pratylenchus*-Arten **42**

– An Wurzelhaaren und Epidermiszellen, meist dicht hinter der Wurzelspitze, saugen Nematoden.

Tylenchorhynchus dubius (Bütschli) Filipjev (Bestimmung durch Spezialisten).

– Am Halmgrund bräunliche Flecke, besiedelt mit etwa 0,5 mm langen, weißlichen bis gelblichen, glänzenden Milben mit bräunlichen, stark bedornten Beinen.

Wurzelmilbe (*Rhizoglyphus echinopus* Fum. et Rob.)

- Pflanzen bleiben im Wuchs zurück, vielfach mit Absterbeerscheinungen. Im oberen Wurzelbereich und am Halmgrund saugen Blattläuse, meist in Kolonien lebend.

Wurzelläuse, verschiedene Arten 14

Krankheiten und Beschädigungen an Mais

I. Krankheiten und Beschädigungen während des Auflaufens und an Keimpflanzen

AUFLAUFSCHÄDEN
- Pflanzen laufen nicht oder nur sehr lückig auf, an den Körnern im Boden pilzliche oder tierische Schaderreger nicht nachweisbar.
Schlechte Saatgutqualität, Einwirkung von Herbizidrückständen, extrem ungünstige Boden- und Feuchtigkeitsverhältnisse, anhaltende Trokkenheit.

- Körner bzw. Keimlinge im Boden von pilzlichen Krankheitserregern, meist mit Verfärbungen, befallen, zum Teil mit nekrotischen Streifen entlang der Mittelrippe, kleinen elliptischen Nekrosen, zum Teil Absterben der Keimlinge vor dem Auflaufen.
Keimlingskrankheiten, verursacht durch verschiedene pilzliche Krankheitserreger, vor allem
Alternaria spp. 33
Drechslera maydis (Nisik.) Subram. et Jain . . 59
Drechslera sorokiniana (Sacc.) Subram. et Jain 31
Drechslera turcica (Pass.) Subram. et Jain. . . . 59
Drechslera zeicola (Stout) Subram. et Jain . . . 59
Fusarium spp. 9, 59
Stenocarpella macrospora (Earle) Sutton 59
Stenocarpella maydis (Berk.) Sutton 59
Pythium-Arten (vor allem *Pythium aphanidermatum* [Eds.] Fitzp., ... 59
Pythium debaryanum Hesse, *Pythium graminicolum* Subrm., *Pythium irregulare* Buisman, *Pythium ultimum* Trow)
(Wachsendes Myzel nicht septiert, endständige, kugelige Zoosporangien, zuweilen auch interkalare Sporen, tonnenförmig, Oosporen rund, glatt,

dickwandig. Nähere Bestimmung durch Spezialisten).

MISSBILDUNGEN
- Keimlinge unter der Bodenoberfläche verdickt oder korkenzieherartig verdreht.
Düngerschaden
Herbizidschaden
Bodenverkrustung

FRASSSCHÄDEN
- Körner und Keimlinge bereits unter der Erdoberfläche an-, aus- oder abgefressen, im Boden im Bereich der geschädigten Pflanzen:
Nacktschnecken, verschiedene Arten 12
Engerlinge 35
Drahtwürmer 35
Erdraupen 35
Schnakenlarven 12
Haarmückenlarven 12
Haarfußwurzelfliegenlarven und
Kammschienenwurzelfliegenlarven 19
Tausendfüßer 12

- Körner bzw. Keimlinge sind aus dem Boden gehackt, vielfach entlang der Drillreihe.
Verschiedene **Vogelarten**

- Körner bzw. Keimlinge bereits unter der Bodenoberfläche im Bestand nesterweise be- oder abgefressen, Laufgänge vorhanden.
Mäuse

II. Krankheiten und Beschädigungen an den Pflanzen etwa vom 3-Blattstadium an

Wuchsbeeinträchtigungen der ganzen Pflanze, zum Teil verbunden mit Verfärbungen und Absterbeerscheinungen
(Symptome für Ernährungsstörungen siehe auch bei den anderen Kulturpflanzengruppen)

– Nesterweises Absterben der jungen Pflanzen zum Teil mit Vergilbung auf nassen Stellen im Bestand.

Nässeschaden

– Allgemeine Wachstumshemmung, mitunter mit Deformationen an den Blättern, zum Teil mit Tütenbildung.

Herbizidschaden

– Pflanzen gestaucht, Internodien verkürzt, chlorotische Streifen auf den jüngsten Blättern, die noch nicht entfalteten Blätter bereits hellgelb bis weiß („Weißknospigkeit").
Zink-Mangel 53

– Internodien auffällig gestaucht, jüngste Blätter verdreht und eingerollt, Austreiben neuer Sprosse aus den Blattachseln des absterbenden Haupttriebes, Rispen mißgestaltet.
Bor-Mangel 54

– Starker Kümmerwuchs, Internodien verkürzt, unterer Stengelteil verdickt. Chlorotische Strichel auf den Blättern, blattunterseits rauh, mit zahlreichen gallenartigen Auswüchsen.
Maisrauhverzwergung, verursacht durch das Maisrauhverzwergungs-Virus 55

– Pflanzen im Wachstum stark gehemmt, Beeinträchtigung der Kolbenentwicklung.

Parallel zu den Blattadern hellgrüne Flecke und Strichel, unregelmäßig angeordnet. Spitzenblatt teilweise eingerollt.
Maisverzwergung (Europäisches Maismosaik) verursacht durch das Maisverzwergungs-Virus 55

– Wuchsdepression der gesamten Pflanze, unregelmäßige, meist bogenförmige Blattrandkerbungen, Blätter purpurrot verfärbt, von Spitze beginnend, auch als Streifung, kleine, chlorotische und unregelmäßige Flecke auf den Blättern.
Symptome des Gerstengelbverzwergungs-Virus an Mais 26, 44, 65

– Blätter eingerollt, verdickt und verkrüppelt, Wuchshemmung der ganzen Pflanze. Auf Blättern und Blattscheiden chlorotische Flecke mit spärlichem weißgrauem Belag. Kolben deformiert, keine Kornbildung.
Falscher Maismehltau (*Sclerospora graminicola* Schroeter) 56
Falscher Mehltau (*Sclerospora macrospora* Sacc.) 56

– An Pflanzen mit gehemmtem Längenwachstum Blätter gerollt und verdreht, Triebe mit Anschwellungen. Im Pflanzengewebe 1–1,5 mm lange Fadenwürmer mit geknöpftem Mundstachel.
Stock- oder Stengelälchen (*Ditylenchus dipsaci* [Kühn] Filipjev) 42

Vor allem an Blättern und Blattscheiden

(auch an Stengeln und Kolbenhüllblättern)

VERFÄRBUNGEN, FLECKENBILDUNGEN
– Blätter zunächst wäßrig, später graugrün, herabhängend, mitunter auch gelbliche Flecke oder Ringe an den Blättern, nach längerer Einwirkung von Temperaturen unter + 5 °C.
Kälte- oder Frostschaden

– Blattspitzen vertrocknen, pilzliche bzw. tierische Schaderreger nicht nachweisbar, zuweilen graugrüne Verfärbung der ganzen Pflanze.
Anhaltende Dürre, trockener Wind

– Auf den Blättern weißlichgelbe Anschlagflecke, zum Teil verbunden mit Gewebezerreißungen.
Hagelschaden 1

- Nach Herbizidanwendung Vergilben und Absterben der Blattspitzen.

- Blaßgrüne bis gelbliche Verfärbung von Blättern und Stengeln, Starrtracht, Wuchshemmungen. Besonders an älteren Blättern Vergilbungs- und Absterbeerscheinungen, häufig wie ein „V" von der Blattspitze ausgehend.

- Die relativ kleinen Blätter dunkel- bis blaugrün verfärbt mit herabhängender Spitze erscheinen starr aufgerichtet. Zum Teil begleitet von rötlich-violetten Färbungen. Absterben der eingedrehten Blätter an älteren Pflanzen unter Eindrehen und brauner bis braunroter Verfärbung.

- Hellbraune bis dunkelbraune Nekrosen an Blattspitze und -rand älterer Blätter („Blattrandverbrennung"). Es bildet sich ein umgekehrtes „V" heraus. Welketracht der Pflanzen. Lagern.

- Blattfarbe deutlich gehemmter Pflanzen dunkelgrün. An eingerissenen Blattspitzen junger Blätter hellgrüne bis weißliche Flecke, Einschnüren und Abknicken der Blattspitze.

- Die jüngsten, sich entfaltenden Blätter mit chlorotischen, nicht unterbrochenen Streifen zwischen den Blattadern. Hauptadern bleiben grün abgesetzt, später auch diese chlorotisch. Auf Blattfläche braune Nekrosen, später Absterben der Blätter.

- Im Gegensatz zum Eisen-Mangel jüngste Blätter normale grüne Farbe, ältere mit chlorotischer Aufhellung, im mittleren Teil gelbgrüne streifenartige Chlorosen, später hellbraun, zum Teil Abknicken der geschädigten Blätter.

- Entlang der Blattadern perlschnurartige Marmorierung, später mit weißen bis weißbraunen, streifigen Nekrosen, an Blattspitzen und -rändern weißbraune Verfärbungen und Nekrosen, zum Teil mit purpurner Pigmentierung.

- An den jüngsten Blättern auffällig gestauchter Pflanzen Chlorosen, später auf der hellgrünen Blattfläche weiße, durchsichtige, schmale Streifen. Die jüngsten Blätter bleiben unter Ausscheidung einer sirupartigen Substanz verdreht und eingerollt.

- An den Blättern von Pflanzen mit Kümmerwuchs chlorotische Strichel auf den Blättern, blattunterseits rauh, mit zahlreichen gallenartigen Auswüchsen.

- Auf den jüngsten Blättern parallel zu den Blattadern unregelmäßige hellgrüne Flecke und Strichel. Rotverfärbungen und Nekrosen möglich.

- Blätter von Pflanzen mit starken Wuchsdepressionen purpurrot verfärbt, von Spitze beginnend, auch als Streifung, kleine, chlorotische und unregelmäßige Flecke auf den Blättern.

- Ab Ende Juni auf beiden Blattseiten zerstreut etwa 1 mm lange, zimtbraune Rostpusteln, Epidermis erst spät spaltförmig aufgerissen.

- Ähnliche Pusteln werden verursacht durch

- Elliptische, graue bis gelblich-bräunliche, sich vergrößernde Flecke, mit bräunlichem Saum, in das Gewebe eingesenkte Pyknidien.

- Langgestreckte, strichartige, nekrotische Flecke, ohne Saum und chlorotischen Hof.

- Spindelförmige oder unregelmäßig geformte Flecke mit aufgehelltem Zentrum und scharfem, rotbraunem Saum, am Stengelgrund schwarze, zum Teil stengelumfassende Streifen.

Anthraknose (*Colletotrichum graminicola* [Ces.] Wils. f. sp. *zeae* Messiaen) **56**

– Auf den Blättern 1–4 mm große, vorwiegend runde Flecke, zunächst ölig durchscheinend, später nekrotisch, von dunkel purpurfarbenem Saum umgeben. Das nekrotische Zentrum trocknet ein, bricht heraus.

Kabatiella-zeae-**Augenfleckkrankheit**, verursacht durch *Kabatiella zeae* Narita et Hiratsuka . . . **56**

– Teerschwarze, aufgeworfene Flecke von wenigen mm Durchmesser. Nekrotische Höfe um die Flecke mit feiner brauner Begrenzung.

Teerflecke (*Phyllachora maydis* Maubl.) **56**

– Chlorotische Streifen auf Blattspreiten und Blattscheiden, Blätter gerollt, verdickt, darauf spärlicher weißgrauer Pilzbelag.

Falscher Maismehltau (*Sclerospora graminicola* Schroeter) **56**

– Auf älteren Blättern durch Blattadern begrenzte, bis 2,5 cm lange, graubraune bis rötlichbraune Flecke mit rotbraunem Rand, zum Teil mit Zonierung.

Drechslera maydis (Nisik.) Subram. et Jain. . . **59**

– An Blättern bis zu 10 cm langgestreckte, bis 4 cm breite, dunkelbraune Streifen, trocknen später aus und werden heller, von dunkelbraunem Rand begrenzt.

Drechslera turcica (Pass.) Subram. et Jain. . . . **59**

– Ovale bis rundliche, etwa 2,5 cm im Durchmesser, hellgrüne, später gelbbraune oder dunkelbraune, konzentrisch gezonte, eingetrocknete Flecke mit rotem Rand.

Drechslera zeicola (Stout.) Subram. et Jain. . . **59**

– Ovale bis längliche, dunkelbraune, von hellem Hof umgebene, scharf begrenzte Blattflecke.

Helminthosporium-**Fuß- und Blattfleckenkrankheit** (*Drechslera sorokiniana* [Sacc.] Subram. et Jain.) **31**

MISSBILDUNGEN
(siehe auch unter „Wuchsbeeinträchtigungen der ganzen Pflanze")

– An Blättern, Stengeln, Rispen sowie Kol-

ben unterschiedlich große, blasige Beulen, anfangs von weißgrauer, derber Hülle umgeben, später aufreißend. Innen schmierigfeuchte Sporenmasse, später ausstäubend.

Maisbeulenbrand (*Ustilago maydis* [DC.] Corda) **57**

FRASSSCHÄDEN

– Unregelmäßige Fraßverletzungen an Blättern, diese mitunter verdreht und zum Teil zerfasert. Mitunter auf der Blattspreite längliche, glattrandige Löcher mit hellem, gelblichem Hof.

Fritfliege (*Oscinella frit* [L.]) und andere *Oscinella*-Arten . . . . **(48), 60**

– Auf den Blattspreiten sind unregelmäßig geformte, meist an der Blattspitze beginnende, vielfach blasenartig ausgeweitete Minen zu erkennen, in deren Innerem etwa 4–5 mm lange Fliegenlarven minieren.

Gerstenminierfliege (*Hydrellia griseola* [Fall.]) und andere Minierfliegenlarven **37**

– Etwa 5 mm lange Gangminen, mitunter auch Fensterfraß, Verletzungen der Infloreszenzen, in der Folge Weißährigkeit, verursachen 10–18 mm lange Schmetterlingslarven.

Getreidewickler (*Cnephasia pumiciana* Zell.), **Ährenwickler** (*Cnephasia longana* [Haw.]) . . . **24** **Schattenwickler** (*Cnephasia wahlbomiana* L.)

– Blätter wergartig zerfasert und befressen, zum Teil in die Erde gezogen, äußere Blätter vergilben.

Getreidelaufkäfer (*Zabrus tenebrioides* Goeze) **15**

– An den Blattspreiten unregelmäßige Fraßkerben an den Rändern durch verschiedene Käferarten, vor allem

Nebliger Schildkäfer (*Cassida nebulosa* L.), **Maisrüßler** (*Tanymecus dilaticollis* Gyll.)

– Nadelartiger Loch- oder Fensterfraß bzw. streifenartiger Fensterfraß zwischen den Blattadern wird verursacht durch springende Käfer.

Rotbrauner Getreideerdfloh (*Crepidodera ferruginea* [Scop.]) . . . . **36** **Gelbstreifiger Getreideerdfloh** (*Phyllotreta vittula* [Redt.]) . . . . **36** **Halmerdfloh** (*Chaetocnema aridula* [Gyll.]) . . **36** **Gartenerdfloh** (*Chaetocnema hortensis* [Geoffr.])

– Streifenartiger Lochfraß an den Blattspreiten durch 4,5–5 mm lange Käfer, streifenartiger Fensterfraß, bei welchem die Blattunterseite erhalten bleibt, durch 4–5 mm lange, nacktschneckenähnliche Larven.

– An den unteren Blättern unregelmäßige Fraßbeschädigungen. Rand-, Loch-, Skelettierfraß, auch Kahlfraß.

– An den Blättern unregelmäßige Fraßbeschädigungen, Schleimspuren.

– Pflanzen vergilben und sterben ab, Fraßbeschädigungen an den unteren Blättern sowie an unterirdischen Pflanzenteilen, im Boden im Bereich der geschädigten Pflanzen:

– Pflanzen werden abgefressen durch
Mäuse
Wildarten

SAUGSCHÄDEN
– An den Blättern kleine, helle, unregelmäßig geformte, später gelblichgraue bis bräunliche Flecke (Sprenkelung). Bei starkem Befall Vertrocknen der Blätter. An den Schadstellen, vor allem blattunterseits, 0,3–0,5 mm lange, gelbgrüne bis organgerote

Vor allem am und im Stengel

(vgl. auch „An Wurzeln und am Stengelgrund")

VERFÄRBUNGEN, FLECKENBILDUNGEN
– Stengel mit weißlichen Flecken (Anschlagstellen), Gewebezerreißungen, mitunter auch Abknicken an der Anschlagstelle.

Milben sowie deren Larven und Eier.

Gemeine Spinnmilbe (*Tetranychus urticae* Koch)

– An den Blättern, aber auch an anderen grünen Pflanzenteilen, besonders an den Blattunterseiten, saugen, vielfach in mehr oder weniger großen Kolonien, verschieden gefärbte Blattläuse. Befallene Blätter mitunter gerollt oder gekräuselt, vergilben oder vertrocknen bei Massenbefall. Vor allem

(Bestimmung durch Spezialisten).

– Besonders in heißen, trockenen Jahren helle bis violette kleine Saugflecke auf den Blättern, bei starkem Befall Verwelken der Blattspitzen.

– An Blattspreiten weißliche Saugflecke, verursacht durch verschiedene Wanzenarten, vor allem

– An Blattscheiden und Blattspreiten weißliche bis silberig glänzende Saugflecke, die sich später gelblich bis bräunlich verfärben. Am Schadort dunkle, punktförmige Kottröpfchen sowie Blasenfüße, besonders

– Elliptische, graue bis gelblich-bräunliche, sich vergrößernde Flecke, mit bräunlichem Saum, in das Gewebe eingesenkte Pyknidien.

- Flecke und Verfärbungen unterschiedlicher Gestalt und Färbung werden verursacht durch

Drechslera spp. 59

Weitere Erreger von Verfärbungen und Fleckenbildungen siehe unter „Fäulen".

FÄULEN

- Etwa von der Milchreife an vergilben untere Blätter, Blattscheiden, Stengel und Lieschblätter, unterstes Internodium braun, Stengel brechen um. Im Inneren grauweißes bis schmutzig-rotes Pilzmyzel.

Fusarium-**Stengelfäule** (*Fusarium* spp.) 59

- Stengel an den unteren Internodien unterhalb der Knoten braun verfärbt, mehr oder weniger gegen das grüne Gewebe abgegrenzt. Stengel vermorschen, brechen leicht um.

Diplodia-**Stengelfäule** (*Stenocarpella* spp.) . . . 59

- Ähnliches Schadbild durch

Pythium aphanidermatum (Eds.) Fitzp. 59
Cephalosporium acremonium Cda. sensu Fr. . . 59

MISSBILDUNGEN

- An Stengeln unterschiedlich große, blasige Beulen, anfangs von weißgrauer, derber Hülle umgeben, später aufreißend. Innen

schmierigfeuchte Sporenmasse, später ausstäubend.

Maisbeulenbrand (*Ustilago maydis* [DC.] Corda) 57

FRASSSCHÄDEN

- Im Bestand umgebrochene Stengel bzw. Fahnen, unterhalb der Bruchstelle Bohrlöcher mit gelbem Fraßmehl und Kot. Im Stengelmark Fraßgänge, braun, darin 25–30 mm lange, gelbliche bis graubraune Schmetterlingslarve.

Maiszünsler (*Ostrinia nubilalis* [Hbn.]) 61

- Im Stengel frißt von oben nach unten eine etwa 40 mm lange, fleischfarbene Schmetterlingslarve. Sie zeigt eine dunkle Rückenlinie und kleine schwarze Warzen.

Kartoffelbohrer (*Hydroecia micacea* [Esp.]).

- Im Stengel von unten nach oben fressen etwa 30 mm lange Schmetterlingslarven, rötlichgelb mit gelbbraunem Kopf.

Hirsestengelbohrer (*Sesamia cretica* Led.)

SAUGSCHÄDEN

- Innerhalb der obersten Blattscheide saugen am Stengel 0,2–0,25 mm lange, bernsteinfarbene, achtbeinige Weichhautmilben. Blattscheiden außen mit braunen Flecken, Wachstumsstockungen.

Grashalmmilbe (*Siteroptes graminum* [Reut.]) **47**

An Rispen, Kolben, Lieschblättern und Körnern

VERLETZUNGEN, WUCHSBEEINTRÄCHTIGUNGEN DURCH ABIOTISCHE FAKTOREN

- Kolben schartig, meist einseitig, Lieschblätter zerrissen, Rispen zum Teil abgeknickt, Anschlagstellen vorhanden.

Hagelschaden 1

- Am Kolben sind unregelmäßig verteilt einzelne Körner nicht ausgebildet, Schartigkeit.

Ungünstige Wachstums- und Entwicklungsbedingungen zur Zeit der Befruchtung

- An der Spitze der Kolben keine Körner ausgebildet. Die Spitze ist trocken und kahl, extrem stark zugespitzt.

Kahlspitzigkeit durch ungünstige Befruchtungs- bzw. Blühbedingungen

- Mangelhafte Kolbenausbildung kann verursacht werden durch Nährstoffmangel 50, 51, 53

VERFÄRBUNGEN, FLECKENBILDUNGEN (siehe auch unter „Fäulen")

- Auf den Körnern schwarze, ovale bis langgestreckte borstige Flecke (Konidienlager), etwa 1 mm groß.

Anthraknose (*Colletotrichum graminicola* [Ces.] Wils. f. sp. *zeae* Messiaen) 56

- Weißliche bis rötliche Überzüge auf den Körnern (Pilzmyzel) werden verursacht durch

Fusarium-**Kolbenfäuleerreger** (*Fusarium* spp.) 59

- Verfärbungen der Kornschildchen sowie schimmlige Pilzbeläge auf den Körnern verursachen Pilze der Gattungen

Aspergillus spp., *Penicillium* spp., *Rhizopus* spp. u. a.

MISSBILDUNGEN

- Die Kolben sind deformiert, keine Kornausbildung. Männliche Blütenstände vergrünt.

- An Rispen und Kolben unterschiedlich große, blasige Beulen, anfangs von weißgrauer, derber Hülle umgeben, später aufreißend. Innen schmierigfeuchte Sporenmasse, später ausstäubend.

- Es werden nur die Blütenstände befallen, wobei diese in Brandsporenmassen verwandelt werden, zunächst von zartem, schnell aufreißendem Häutchen umgeben. Männliche Blütenstände verlängert und mißgebildet.

- An männlichen Blütenständen 5–8 mm große, dunkelbraune Sklerotien und dunkelolivbraune Konidienmassen. Hierdurch wird ein „brandähnliches" Schadbild bewirkt.

- Anstelle einzelner Körner graubraune bis schwarzbraune, gerade oder hornartig gebogene Sklerotien unterschiedlicher Länge (mehrere cm lang).

FÄULEN

(siehe auch „Verfärbungen, Fleckenbildungen")

- Innere Hüllblätter kleben fest am Kolben, Kolbenspitze braun, faulig, zwischen den Kornzeilen verschieden gefärbte Pilzüberzüge.

- Ähnliches Schadbild, vielfach weißgrauer Pilzbelag, von Kolbenspitze ausgehende Trockenfäule durch

- Auf den Kolben und Körnern schwarzer Pilzbelag (Kolben „verkohlen").

- Kolbenfäule mit dunklem Myzelbelag und Bildung kleiner, bis zu 0,3 mm großer Sklerotien.

FRASSSCHÄDEN

- An Rispen, Kolben und Körnern Fraßbeschädigungen, Fraßmehl und Kot an den Fraßstellen. Rispen knicken um.

- Ähnliches Schadbild durch Fraß von Larven der

Sonnenblumenmotte (*Homoeosoma nebulellum* [Hbn.]).
(Larve bis 25 mm lang, schmutziggrünlich, mit violetten Längslinien)

- Die Körner werden aus den Kolben gefressen durch
Vögel
Mäuse, Hamster

SAUGSCHÄDEN

- An Rispen, Kolben und Lieschblättern, vielfach in mehr oder weniger großen Kolonien verschieden gefärbte Blattläuse.

(Siehe unter „Saugschäden an Blättern und Blattscheiden").

An Wurzeln und am Stengelgrund

Krankheiten und Beschädigungen an Wurzeln und am Stengelgrund sind vielfach verbunden mit Verfärbungen, Absterben, Notreife an oberirdischen Pflanzenteilen. Für

Diagnose siehe daher auch dort. Krankheiten und Beschädigungen am Stengelgrund siehe auch unter „Vor allem am und im Stengel".

MISSBILDUNGEN

– An den oberen Wurzeln und am Stengelgrund unterschiedlich große, blasige Beulen, anfangs von weißgrauer derber Hülle umgeben, später aufreißend. Innen schmierig-feuchte Sporenmasse, später ausstäubend.

Maisbeulenbrand (*Ustilago maydis* [DC. Corda]) 57

WURZELFÄULEN

– Unspezifische Wurzelfäulen werden verursacht durch zahlreiche Pilzgattungen und Arten, vor allem der Gattungen

Drechslera spp. 59
Fusarium spp. 9, 59
Pythium spp. (siehe unter „Auflaufschäden")
Stenocarpella spp. 59

FRASSSCHÄDEN

– An den Wurzeln, vielfach auch am Stengelgrund, Fraßbeschädigungen. Pflanzen sterben mitunter ab oder zeigen Kümmerwuchs, lassen sich bei starken Fraßschäden leicht aus dem Boden ziehen.

Engerlinge 35
Drahtwürmer 35
Erdraupen 35
Weitere gelegentlich an Wurzeln fressende

Schmetterlingslarven siehe 24
Schnakenlarven 12
Haarmückenlarven 12
Haarfußwurzelfliegenlarven und
Kammschienenwurzelfliegenlarven 19
Tausendfüßer 12
Mäuse

SAUGSCHÄDEN

– Pflanzen kümmern nesterweise im Bestand, Wachstumshemmungen, an den Wurzeln punkt- oder strichförmige Nekrosen. Im Wurzelgewebe Nematoden.

Pratylenchus crenatus Loof 42
und andere *Pratylendus*-Arten 42

– Am Stengelgrund bräunliche Flecke, besiedelt mit etwa 0,5 mm langen, weißlich bis gelblich glänzenden stark chitinisierten Milben mit bräunlichen, stark bedornten Beinen.

Wurzelmilbe (*Rhizoglyphus echinopus* Fum. et Rob.)

– Pflanzen bleiben im Wuchs zurück, vielfach mit Absterbeerscheinungen. Im oberen Wurzelbereich und am Halmgrund saugen Blattläuse, meist in Kolonien lebend.

Wurzelläuse (*Byrsocrypta personata* C. Börn.) und andere Arten 14

Krankheiten und Beschädigungen an Futtergräsern

Besondere Berücksichtigung finden folgende Arten: *Agrostis alba* L. (Weißes Straußgras), *Alopecurus pratensis* L. (Wiesenfuchsschwanz), *Arrhenatherum elatius* (L.) I. et C. Presl. (Glatthafer), *Bromus inermis* Leyss. (Wehrlose Trespe), *Dactylis glomerata* L. (Knaulgras), *Festuca* spp. (Schwingelarten), *Lolium* spp. (Weidelgrasarten), *Phalaris arundinacea* L. (Rohrglanzgras), *Phleum pratense* L. (Wiesenlieschgras, Lieschgras, Timothee), *Poa pratensis* L. (Wiesenrispe), *Trisetum flavescens* (L.) P. B. (Goldhafer).

I. Krankheiten und Beschädigungen während des Auflaufens und an Keimpflanzen

AUFLAUFSCHÄDEN

- Pflanzen laufen nicht oder nur sehr lückig auf, Samenkörner im Boden nicht mehr auffindbar oder an ihnen pilzliche oder tierische Schaderreger nicht nachweisbar.

Schlechte Saatgutqualität, Einwirkung von Herbizidrückständen, extrem ungünstige Boden- und Feuchtigkeitsverhältnisse, langanhaltende Trockenheit

- Keimlinge erreichen nur zum Teil die Bodenoberfläche, mitunter korkenzieherartig gekrümmt, auf Samenkörnern und Keimlingen verschieden gefärbter Pilzbelag.

Keimlingskrankheiten, verursacht durch verschiedene pilzliche Krankheitserreger, vor allem

Drechslera spp. 31
Fusarium spp. 9
Pythium-Arten (vor allem *Pythium graminicolum* Subrm., *Pythium ultimum* Trow. u. a.)
(Wachsendes Myzel nicht septiert, endständige, kugelige Zoosporangien, zuweilen auch interkalare Sporen, tonnenförmig, Oosporen rund, glatt, dickwandig).
(Bestimmung durch Spezialisten).

MISSBILDUNGEN

- Keimlinge unter der Bodenoberfläche korkenzieherartig gekrümmt, ungleichmäßiges Auflaufen der Saat.

Schneeschimmel (*Gerlachia nivalis* [Ces. ex Sacc.] W. Gams et E. Müll.) 9

FRASSSCHÄDEN

- Samenkörner und Keimlinge bereits unter der Erdoberfläche an-, aus- oder abgefressen, im Boden im Bereich der geschädigten Pflanzen:

Nacktschnecken, verschiedene Arten 12
Engerlinge 35
Drahtwürmer 35
Erdraupen 35
Schnakenlarven 12
Wurzelfliegenlarven der Gattung *Delia* 19
Tausendfüßer 12

- Samenkörner bzw. Keimlinge sind aus dem Boden gehackt, vielfach entlang der Drillreihe.

Verschiedene **Vogelarten**

- Samenkörner bzw. Keimlinge bereits unter der Bodenoberfläche im Bestand nesterweise be- oder abgefressen, Laufgänge vorhanden.

Mäuse

II. Krankheiten und Beschädigungen junger Pflanzen bis zur Bestockung einschließlich Auswinterung

ABSTERBEN DER PFLANZEN
(siehe auch unter „Verfärbungen, Fleckenbildungen", „Fraßschäden")

- Gegen Ende des Winters mehr oder weniger flächenartiges Vergilben und Absterben bzw. Vertrocknen der Pflanzen, pilzliche oder tierische Schaderreger nicht nachweisbar.

Nichtparasitäre Auswinterung **1, 70**

- Abgestorbene Pflanzen nach der Schneeschmelze nesterweise dem Boden dicht aufliegend, mit weißem, später rötlichgrauem oder schmutzig-weißem Belag überzogen, in diesem zum Teil hell- bis dunkelbraune Sklerotien.

Schneeschimmel (*Gerlachia nivalis* [Ces. ex Sacc.] W.Gams et W.Müll.) **9, 70**
Myriosclerotinia borealis (Bub. et Vleug.) Kohn **70**
Typhula incarnata Lasch ex Fr. **30, 70**
Typhula hyperborea Ekstrand
Typhula ishikariensis Imai (*Typhula idahoensis* Remsb.)
verschiedene *Fusarium*-Arten **9, 70**

- Absterbende bzw. abgestorbene Pflanzen ohne auffälligen Pilzbelag, zuweilen mit einseitigen Nekrosen.

Cercosporella-**Auswinterung,** verursacht durch *Pseudocercosporella herpotrichoides* (Fron.) Deight **8**

VERFÄRBUNGEN, FLECKENBILDUNGEN

- Jungpflanzen im Wuchs gehemmt, Blätter vergilben oft nesterweise auf nassen Stellen des Bestandes.

Nässeschaden

- Junge Blätter an der Spitze zum Teil weißlich verfärbt, mitunter auch weißlichgelbe Querbinden („Frostringe", „Frostbinden").

Frostschaden **1**

- Blattspitzen vertrocknen, pilzliche bzw. tierische Schaderreger nicht nachweisbar.

Anhaltende Dürre, trockener Wind

- Auf den Blättern weißlichgelbe Anschlagflecke, zum Teil verbunden mit Gewebezerreißungen.

Hagelschaden **1**

- Nach Herbizidanwendung Vergilbung und Absterben der Blattspitzen.

Herbizidschaden **1**

- Auf den Blättern hellorangefarbene, mitunter in Streifen angeordnete, stäubende Pusteln.

Gelbrost (*Puccinia striiformis* West.) **7**

- Unterschiedlich gefärbte und angeordnete, ähnliche Pusteln, oft spezifisch für die einzelnen Futtergrasarten.

Verschiedene *Puccinia*- und *Uromyces*-**Arten** . **71**

WUCHSBEEINTRÄCHTIGUNGEN, MISSBILDUNGEN

- Pflanzen übermäßig stark austreibend, gehemmter Längenwuchs, Triebe an der Basis angeschwollen, im Pflanzengewebe 1–1,5 mm lange Fadenwürmer mit geknöpftem Mundstachel.

Stock- oder Stengelälchen (*Ditylenchus dipsaci* [Kühn] Filipjev) **42**

- Auf den Blättern, vor allem von *Agrostis*-Arten, in der Nähe der Blattbasis grüngelbe bis purpurrote bzw. schwarzviolette Gallen von 1–15 mm Länge. Darin weißliche oder weißlichgelbe, 1,4–2,5 mm lange Nematoden.

Anguina graminophila (Goodey) Thorne **72**

- Pflanzen klein und gestaucht, Blattscheiden zum Teil gewellt, Blätter vergilben, verbräunen. An den Wurzeln hakenförmige Gallen von 0,5–6,0 mm Länge.

Graswurzelälchen (*Subanguina radicicola* [Greef]) **73**

- Im Bestand nesterweise Wachstumshemmungen, geringe Bestockungsneigung, struppige Wurzelausbildung, an den Wurzeln weißliche, später braune, zitronenförmige Zysten (0,6–0,8 mm lang).

Getreidezystenälchen (*Heterodera avenae* Woll.) bzw. Artenkomplex **11**
(bzw. Artenkomplex siehe Beschreibung zu Tafel 11)

- Ein ähnliches Schadbild, aber an den Wurzeln birnenförmige, etwa 0,5 mm lange Zysten.

Gräserzystenälchen (*Heterodera punctata* Thorne)

- Pflanzen kümmern nesterweise im Bestand, Wachstumshemmungen. An den Wurzeln punkt- oder strichförmige Nekrosen, im Wurzelgewebe Nematoden.

Pratylenchus crenatus Loof 42
und andere *Pratylenchus*-Arten 42

FRASSSCHÄDEN

- Herzblatt, mitunter auch die ganze Pflanze, verfärben sich gelblich, welken, sterben ab. Herzblatt läßt sich leicht herausziehen, am Grunde abgefressen. An der Fraßstelle oft noch Larven.

Brachfliege (*Delia coarctata* [Fall.]) 19
Triebfliegen, verschiedene Arten 19
Haarfußwurzelfliege (*Delia liturata* [Meig.]) . 19
Kammschienenwurzelfliege (*Delia platura* [Meig.]) 19
Hessenfliege (*Mayetiola destructor* [Say.]) . . . 22
Fritfliege (*Oscinella frit* [L.])
und andere *Oscinella*-Arten 48, (60)
Gelbe Weizenhalmfliege (*Chlorops pumilionis* Bjerk.) 20

- Blätter wergartig zerfasert und befressen, zum Teil in die Erde gezogen, äußere Blätter vergilben.

Getreidelaufkäfer (*Zabrus tenebrioides* Goeze) 15

- Streifenartiger Fensterfraß zwischen den Blattadern, Herzblätter können vergilben, am Grunde der Triebe frißt Käferlarve.

Rotbrauner Getreideerdfloh (*Crepidodera ferruginea* [Scop.]) 36

- Nadelartiger Loch- oder Fensterfraß, streifenartiger Fensterfraß durch 1,5–1,8 mm lange, springende Käfer.

Gelbstreifiger Getreideerdfloh (*Phyllotreta vittula* [Redt.]) 36
Halmerdfloh (*Chaetocnema aridula* [Gyll.]) . . 36

- An den Blättern unregelmäßige Fraßbeschädigungen, Schleimspuren.

Nacktschnecken, verschiedene Arten 12

- Pflanzen vergilben und sterben ab, Fraßbeschädigungen an den unteren Blättern sowie an unterirdischen Pflanzenteilen, im Boden im Bereich der geschädigten Pflanzen:

Engerlinge 35
Drahtwürmer 35
Erdraupen 35
Schnakenlarven 12
Haarmückenlarven 12
Haarfußwurzelfliegenlarven und
Kammschienenwurzelfliegenlarven 19
Tausendfüßer 12

- Pflanzen werden abgefressen durch
Mäuse, Wildarten

SAUGSCHÄDEN

- Helle bis violette, kleine Saugflecke, bei starkem Befall Vertrocknen und Absterben der Blätter, verursacht durch springende Insekten.

Zikaden, verschiedene Arten 34

- An den Blättern saugen, oft in Kolonien, verschieden gefärbte Blattlausarten, Blätter mit Vergilbungs- und Vertrocknungserscheinungen, Fleckenbildungen, zum Teil Blattrollungen und -kräuselungen, Honigtaubelag auf den Blättern.

Blattläuse, verschiedene Arten 14

III. Krankheiten und Beschädigungen an älteren Pflanzen

Wuchsbeeinträchtigungen der ganzen Pflanze, zum Teil verbunden mit Verfärbungen und Absterbeerscheinungen
(Symptome für Ernährungsstörungen siehe auch bei den anderen Kulturpflanzengruppen)

- Stark verminderte Bestockung, mitunter nur Ausbildung eines Halmes. In kleinen Rispen oder Ähren Kümmerkörner, Blattscheiden und Blätter zum Teil rötlichviolett verfärbt.

Phosphor-Mangel 2

- Pflanzen mit erheblichen Wachstumsdepressionen (Verzwergung) und verstärkter Bestockung, Vergilbungen, Steckenbleiben der Blütenstände.

Symptome des Gerstengelbverzwergungs-Virus an Futtergräsern **26, 44, 65**

- Weidelgras-Pflanzen im Wuchs gehemmt, extreme Verzwergung, stärker bestockt, Blätter dunkel blaugrün, starr aufrecht stehend. Auf Blattunterseiten zahlreiche Wucherungen (Enationen), schwächere Ausbildung der Blütenstände.

Symptome der sterilen Verzwergung des Hafers an *Lolium*, verursacht durch den Virus der Sterilen Verzwergung des Hafers **44, 65**

- Pflanzen mit Zwergwuchs, Halme und Blütenstände verkürzt, teilweise gewellt und verdreht. An Pflanzenteilen gelber Bakterienschleim, trocknet ein, bröckelt ab.

Gelbschleimigkeit (Gelbe Schleimkrankheit) *Clavibacter*-Arten **66**

- Ganze Pflanze verkrüppelt, Rispen bzw. Ähren bleiben in der Blattscheide stecken und weisen einen außen schwarzen und innen weißen, später trockenen Pilzbelag auf.

Federbuschsporenkrankheit (*Dilophospora alopecuri* Fr.)

- Die Blätter stark bestockter Pflanzen sind verdreht, die Triebe verzweigt, blaugrüne Verfärbung mit schimmelartigem Überzug, Blütenstände bleiben in der Blattscheide stecken.

Falscher Getreidemehltau (*Sclerospora macrospora* Sacc.) **56**

- Extrem starke Halmverkürzung an stark bestockten Pflanzen, Körner in den Rispen bzw. Ähren zu kleinen „Brandbutten" umgebildet.

Zwergsteinbrand (*Tilletia controversa* Kühn) **7, 70**

- Triebe stark bestockter Pflanzen am Grunde angeschwollen, gehemmter Längenwuchs, im Pflanzengewebe 1–1,5 mm lange Fadenwürmer mit geknöpftem Mundstachel.

Stock- oder Stengelälchen (*Ditylenchus dipsaci* [Kühn] Filipjev) **42**

- Im Bestand nesterweise Pflanzen mit Wachstumshemmungen, Vergilbungen und Verbräunungen der äußeren Blätter, vorzeitiges Absterben. Bestockung und Schossen gehemmt, Halme schwach ausgebildet, Ähren klein, lückige Kornausbildung. An den Wurzeln punkt- oder strichförmige Nekrosen, schwarzbraun. Im Wurzelgewebe Nematoden.

Nematodenschaden (*Pratylenchus crenatus* Loof u. a.) **42**

- Während des Schossens bleiben Pflanzen im Wuchs zurück, mitunter gestaucht, Blütenstände bleiben in der Blattscheide stecken, Triebe verkürzt und verdickt, im Inneren Fraßgang mit 5–7 mm langer Fliegenlarve.

Gelbe Weizenhalmfliege (*Chlorops pumilionis* Bjerk.) **20**

Vor allem an Blättern und Blattscheiden

VERFÄRBUNGEN, FLECKENBILDUNGEN
- Braun- bis Weißverfärbung der Blattspitzen, später Vertrocknen, auch Wellungen und Kräuselungen möglich, zum Teil weiße Blattflecke („Frostringe", „Frostbinden").

Frostschaden **1**

- An Blättern und Trieben weiße Anschlagstellen, zum Teil Abknicken der Halme, mehr oder weniger starke Gewebezerstörung.

Hagelschaden **1**

- Nach Herbizidanwendung Vergilbung und

Absterben der Blattspitzen, wird überwachsen.

Herbizidschaden **1**

- Blätter hellgrün, untere Blätter gelb, von den Spitzen ausgehend, später Vertrocknen und Verbräunen, Pflanze zeigt Starrtracht, verminderte Bestockung.

Stickstoff-Mangel **62**

- Stark ausgeprägte Chlorosen an den Blättern, Blattspitze korkenzieherartig eingedreht, trocknet unter Weißverfärbung ein und hängt herab (Spitzendürre), Rispen bzw.

Ähren im oberen Teil vielfach taub.
Kupfer-Mangel 3, 62

- Auf älteren Blättern streifenförmige Chlorosen, äußere Blätter mit chlorotischen Aufhellungen, später Vergilbungen mit Nekrosen, vielfach von der Blattspitze ausgehend.
Magnesium-Mangel 43, 52, 62

- Chlorosen an älteren Blättern, von Spitze ausgehend, anfangs blaugrün, später graubraun bis rotbraun (ähnlich wie Blattrandverbrennungen), Nekrosen, Vertrocknen. Welketracht.
Kalium-Mangel 43, 63

- Auf den Blättern von *Dactylis glomerata* Scheckung, die später stark chlorotisch wird. Absterben der Blätter von der Spitze her. Pflanzen können absterben.
Knaulgrasscheckung, verursacht durch das Knaulgrasscheckungs-Virus 64

- An den jüngeren Blättern von *Dactylis glomerata* hellgrüne Strichel, später dunkel- bis hellgrüne Mosaikstreifung. Wachstum, Blüten- und Samenbildung beeinträchtigt.
Strichelkrankheit des Knaulgrases, verursacht durch das Knaulgrasstrichel-Virus 64

- Ebenfalls an *Dactylis glomerata* strichel- oder streifenförmige Aufhellungen an den Blättern, verbunden mit schwachem diffusem, gelblichem Mosaik. Zum Teil Nekrosen an den Blattspitzen.
Mildes Mosaik des Knaulgrases, verursacht durch das Milde Knaulgrasmosaik-Virus . . . 64

- An *Lolium*-Arten hellgrüne, chlorotische oder nekrotische Strichel und Streifen.
Trespenmosaik, verursacht durch das Trespenmosaik-Virus 27, 65

- Auf den jüngeren Blättern von *Lolium*-Arten hellgrüne Strichelung, später chlorotische oder stark nekrotische Streifen.
Raygrasmosaik, verursacht durch das Raygrasmosaik-Virus 65

- Blätter vergilben, Pflanzen mit erheblichen Wachstumsdepressionen (Verzwergung) und verstärkter Bestockung, Steckenbleiben der Blütenstände.
Symptome des Gerstengelbverzwergungs-Virus an Futtergräsern, Beispiel am Weidelgras . . 65

- Anfangs kleine, längliche, transparente, hellgrüne Flecke auf Blättern, später braun bis schwarz, auf Halmen braune bis schwarze Streifen. An Befallsstellen kleine Exsudattröpfchen, trocknen ein, gelblich.
Schwarzspelzigkeit (Spelzenbräune) (*Xanthomonas campestris* pv. *translucens* [Jones, Johnson et Reddy] Dye) 5

- Junge Blätter werden bei kühler Witterung chlorotisch, welken, kräuseln. Später auf den Blättern chlorotische Flecke, werden nekrotisch, dehnen sich über das gesamte Blatt aus. Im Hohlraum der Halme gelbe, schleimige Tropfen.
Bakterielle Welke (*Xanthomonas campestris* pv. *graminis* [Egli, Goto et Schmidt] Dye) 67

- Nesterweise rötliche Verfärbung der Grasnarbe. Auf den Pflanzen weißer bis rosafarbener Pilzbelag mit nadelartigen, verzweigten, roten Myzelsträngen, zum Teil mehrere cm lang.
Rotfadenkrankheit (*Laetisaria fuciformis* [McAlp.] Burds.) 70

- Anfangs weiße, spinnwebartige zarte Pusteln, später watteartige Verdichtung, laufen zusammen, Verfärbung des Belages weiß bis gelbgrau, darin kleine, schwarze, kugelartige Fruchtkörper.
Echter Mehltau (*Erysiphe graminis* DC.) . . 6, 28

- An Blättern und Blattscheiden schwielenartige, dunkle, anfangs bleigraue, später aufreißende Streifen mit stäubendem Pulver (Sporen).
Streifenbrand (Blattbrand) (*Urocystis agropyri* [Preuss.] Schroet.) 7, 41, 70

- Auf Blättern und Blattscheiden lange, bleigraue, von Epidermis bedeckte Streifen, reißen auf. Darin braunschwarze Sporenmasse, stäubend.
Streifenbrand der Gräser (*Ustilago striiformis* [West.] Niessl.) 70

- Hellorangefarbene, mitunter in Streifen angeordnete stäubende Pusteln.
Gelbrost (*Puccinia striiformis* West.) 7

- Ab Mitte Juni zerstreut auftretende ocker- bis dunkelbraunfarbene Pusteln, bis 1 cm zusammenfließend, von Epidermis als Häutchen umgeben, reißt auf, stäubend.
Schwarzrost (*Puccinia graminis* Pers.) 40

- Weitere Rostkrankheiten mit unterschiedlich gefärbten bzw. angeordneten Pusteln auf den grünen Pflanzenteilen, zum Teil spezialisiert auf bestimmte Futtergrasarten, werden verursacht durch verschiedene Pilzarten der Gattungen

Puccinia spp., *Uromyces* spp. **71**

- An den Blättern von im Wuchs gehemmten Pflanzen ab Ende Mai chlorotische gelbe Streifen. Später nekrotisch, Mittelrippe braun, oberstes Internodium am Halm dunkel, oberer Halmknoten eingeschnürt, Weißährigkeit.

Cephalosporium–**Streifenkrankheit** (*Cephalosporium gramineum* Nisikado et Ikata = *Hymenula cerealis* Ell. et Ev.)
Konidienträger kurz, 4 bis 10 × 1 bis 2 µm, hyalin, am oberen Ende Bildung einzelliger Konidien von 2 bis 3 × 3 bis 7 µm in großer Zahl in schleimigen Köpfchen, Myzel systematisch in den Gefäßen der Pflanzen.

- Auf Blättern und Blattscheiden wenige mm große, längliche, rotbraune bis braune Flecke, zum Teil zusammenlaufend. Bei Feuchtigkeit im Zentrum weißer Belag (Konidienträger und Konidien). Flecke von gelbem Hof umgeben. Blätter sterben später von Spitze her ab.

Mastigosporium-**Blattfleckenkrankheit,** verursacht durch verschiedene, auf bestimmte Futtergrasarten spezialisierte Arten der Pilzgattung
Mastigosporium spp. **69**

- Unregelmäßig geformte, hellbraune Flecke auf den Blättern mit feinem braunem Rand.

Rhynchosporium-**Blattfleckenkrankheit** (*Rhynchosporium secalis* [Oud.] Davis, *Rhynchosporium orthosporum* Caldwell) **28**

- An Blättern von *Phleum pratense* 1–4 mm lange Flecke mit hellem Zentrum und feinem, dunklem Pilzbelag (Konidienträger und Konidien) und schmalem, rotem bis rotbraunem Saum.

Cladosporium phlei (C.T. Gregory) de Vries . . **69**

- Rundliche, ovale bis strichförmige, schwarze glänzende Flecke, die von der Epidermis bedeckt und mitunter bucklig sind.

Teerflecke (*Phyllachora graminis* Fuckel)

- Blätter vergilben und vertrocknen, rollen sich zusammen, bleiben mit der Spitze in der darunterliegenden Blattscheide stecken. Sind mit zahlreichen, 1–2 mm großen, zunächst hellen, später schwarzen Sklerotien perlschnurartig besetzt.

Perlschnurkrankheit (*Sclerotium rhizodes* Auersw.)

- Verschieden gefärbte und unterschiedlich geformte, vielfach unspezifische Blattflecke, mitunter mit Absterbeerscheinungen im fortgeschrittenen Stadium werden verursacht durch Pilze verschiedener Gattungen, vor allem

Alternaria spp. **33**
Ascochyta spp. **33**
Cladosporium spp. **33, 69**
Drechslera spp. **10, 31, 46, 71**
Fusarium spp. **9**
Gerlachia spp. **9**
Phoma spp. **10**
Septoria spp. **10**
Stemphylium spp. **33**
(Perfektformen und Synonyme siehe bei den Beschreibungen).

- Hinsichtlich weiterer, oft streng auf bestimmte Wirtspflanzenarten spezialisierter, pilzlicher Blattfleckenerreger wird auf die weiterführende Literatur verwiesen. Wirtschaftlicher Schaden in der Regel unbedeutend, Vorkommen nur in bestimmten Jahren.

MISSBILDUNGEN

- Auf den Blättern, vor allem an *Agrostis*-Arten, in der Nähe der Blattbasis grüngelbe bis purpurrote bzw. schwarzviolette Gallen von 1–15 mm Länge. Darin weißliche oder weißlichgelbe, 1,4–2,5 mm lange Nematoden.

Anguina graminophila (Goodey) Thorne **72**
Anguina graminis (Hardy) Filipjev **72**

FRASSSCHÄDEN

- Auf den Blattspreiten sind unregelmäßig geformte, meist an der Blattspitze beginnende, vielfach blasenartig ausgeweitete Minen zu erkennen, in deren Innerem etwa 4–5 mm lange Fliegenlarven minieren.

Gerstenminierfliege (*Hydrellia griseola* [Fall.]) und andere Minierfliegenarten **37**

- Nadelartiger Loch- oder Fensterfraß bzw. streifenartiger Fensterfraß zwischen den

Blattadern wird verursacht durch 1,5-1,8 mm lange, springende Käfer.

Rotbrauner Getreideerdfloh (*Crepidodera ferruginea* [Scop.]) 36
Gelbstreifiger Getreideerdfloh (*Phyllotreta vittula* [Redt.]) 36
Halmerdfloh (*Chaetocnema aridula* [Gyll.]) . . 36

- Streifenartiger Lochfraß an den Blattspreiten durch 4,5-5 mm lange Käfer, streifenartiger Fensterfraß, bei welchem die Blattunterseite erhalten bleibt, durch 4-5 mm lange, nacktschneckenähnliche Larven.

Rothalsiges Getreidehähnchen (*Oulema melanopus* [L.]) 16
Blaues Getreidehähnchen (*Oulema lichenis* [Voet.]) 16

- Unregelmäßige Fraßstellen an den Blättern, meist vom Rand her, aber auch Durchbeißen der Blätter, vielfach waagerecht abgeschnitten erscheinend durch 20-30 mm lange Blattwespenlarven.

Verschiedene **Blattwespenarten**, vor allem der Gattungen
Dolerus spp.
Pachynematus spp.
Selandria spp. 17
(Bestimmung durch Spezialisten).

- An *Phleum pratense* und an *Alopecurus pratensis* zusammengesponnene Blätter, in den Gespinsten fressen etwa 25 mm lange, grüne, später schwarze und weiß behaarte Schmetterlingslarven. Auch Fensterfraß möglich.

Lieschgraswickler (*Aphelia paleana* Hbn.)

- An den unteren Blättern unregelmäßige Fraßbeschädigungen. Rand-, Loch-, Skelettierfraß, auch Kahlfraß.

Erdraupen und andere Schmetterlingslarven 24, 35

SAUGSCHÄDEN

- An jungen Trieben und Blättern hellgrüne, später gelbe, rundliche Flecken, Blütenstände mit Vergrünungs- oder Verlaubungserscheinungen, mitunter auch Gallenbildungen.

Verschiedene **Gallmilbenarten**, vor allem
Aceria tenuis Nal. (Syn.: *Eriophyes tenuis* Nal., *Phytoptus tenuis* Nal.), *Aceria tulipae* Keif. (Syn.: *Eriophyes tulipae* Keif.), *Phytocoptes dubius* Nal. (Syn.: *Phyllocoptes dubius* Nal., *Vasates dubius* Nal.), *Phytocoptes hystrix* Nal. (Syn.: *Abacarus hystrix* Nal.,

Epitrimerus hystrix Nal.).
(Bestimmung durch Spezialisten).

- An Blättern und Blattscheiden kleine, helle, unregelmäßig geformte weißliche bis gelblichweiße Flecke, meist an den Blattunterseiten 0,3-0,5 mm lange, verschieden gefärbte Milben, Larven und Eier.

Gemeine Spinnmilbe (*Tetranychus urticae* Koch),
Bryobia cristata Dugès,
Petrobia latens Müll.
(Bestimmung durch Spezialisten).

- An den Blättern, aber auch an anderen grünen Pflanzenteilen, besonders an den Blattunterseiten, saugen, vielfach in mehr oder weniger großen Kolonien, verschieden gefärbte Blattläuse. Befallene Blätter mitunter gerollt oder gekräuselt, vergilben oder vertrocknen bei Massenbefall. Vor allem

Getreidelaus (*Macrosiphum avenae* [Fabr.]) . . 14
Hafer- oder Traubenkirschenlaus (*Rhopalosiphum padi* [L.]) 14
Bleiche Getreidelaus (*Metopolophium dirhodum* [Walk.]) 14
sowie eine Reihe weiterer Arten 14
(Bestimmung durch Spezialisten).

- Besonders in heißen, trockenen Jahren helle bis violette kleine Saugflecke auf den Blättern. Mitunter Pflanzen mit Verzwergungserscheinungen, Hemmung der Blütentriebe und Störungen bei der Samenausbildung.

Spornzikade (*Javesella pellucida* Fabr.) 34
Zwergzikade (*Macrosteles laevis* Ribaut) . . . 34
und andere Arten 34
Mitunter auch mit schaumartigem Gebilde an Blättern und Trieben:
Gemeine Schaumzikade (*Philaenus spumarius* L.) 34

- Weißliche Saugflecke auf den Blattspreiten, vielfach verbunden mit Steckenbleiben der Blütenstände in den Blattscheiden und späteren Weißährigkeitserscheinungen verursachen verschiedene Wanzenarten, vor allem aus den Gattungen

Aelia spp. 13
Eurygaster spp. 13
Calocoris spp., *Dolycorus* spp., *Exolygus* spp., *Leptopterna* spp., *Notostira* spp., *Stenodema* spp., *Trigonotylus* spp. u.a. 13

- An Blattscheiden und Blattspreiten weißliche bis silberig glänzende Saugflecke, die

sich später gelblich bis bräunlich verfärben. Am Schadort dunkle, punktförmige Kottröpfchen sowie Blasenfüße, besonders
Unbezahnter Getreideblasenfuß (*Limothrips cerealium* Hal.) **74**

Vor allem am und im Halm

VERFÄRBUNGEN, FLECKENBILDUNGEN

- Halme mit weißlichen Flecken (Anschlagstellen), knicken an der Anschlagstelle zum Teil um.
Hagelschaden **1**

- Bereits gelb werdende Halme treiben aus den unteren Halmknoten neue grüne Halme mit Wurzeln.
Bor-Mangel **3, 54**

- Am Halm braune bis schwarze Streifen, unterhalb des Blütenstandes oft vollständig verbräunt. An Befallsstellen kleine Exsudattropfen, die zu gelblichen Körnchen eintrocknen.
Schwarzspelzigkeit (Spelzenbräune) (*Xanthomonas campestris* pv. *translucens* [Jones, Johnson et Reddy] Dye) **5**

- Im Hohlraum der Halme von Pflanzen, deren Blätter chlorotische, später nekrotische Blattflecke aufweisen, gelbe schleimige Tröpfchen.
Bakterielle Welke (*Xanthomonas campestris* pv. *graminis* [Egli, Goto et Schmidt] Dye) **67**

- Auf den Halmen anfangs weiße, spinnwebartige zarte Pusteln, später watteartige Verdichtung, laufen zusammen, Verfärbung des Belages weiß bis gelbbraun, darin kleine, schwarze, kugelartige Fruchtkörper.
Echter Mehltau (*Erysiphe graminis* DC.) . . **6, 28**

- Schossende Halme kolbenartig von dichtem, weißem, bis zu 10 cm lang werdendem Belag umschlossen. Verfärbung des Belages später gelborange oder graugelb.
Erstickungsschimmel (*Epichloë typhina* [Pers.] Tul.) **70**

- Schwielenartige, dunkle, anfangs bleigraue, später aufreißende Streifen mit stäubendem Pulver (Sporen), Halme mitunter verdreht, reißen auf.
Streifenbrand (Blattbrand) (*Urocystis agropyri* [Preuss.] Schroet.) **7, 41**

- Hellorangefarbene, mitunter in Streifen angeordnete, stäubende Pusteln.
Gelbrost (*Puccinia striiformis* West.) **7**

- Weitere Rostkrankheiten mit unterschiedlich gefärbten bzw. angeordneten Pusteln an Halmen, zum Teil spezialisiert auf bestimmte Futtergrasarten, werden verursacht durch verschiedene Pilzarten der Gattungen
Puccinia spp., *Uromyces* spp. **71**

- Weitere mögliche Erreger von Verfärbungen und Fleckenbildungen am Halm siehe .
. . . **9, 10, 31, 33**

MISSBILDUNGEN

- An extrem verzwergten Weidelgras-Pflanzen Halme mit zahlreichen Wucherungen (Enationen) sowie Verkrümmung der Blütentriebe.
Symptome der sterilen Verzwergung des Hafers an Weidelgras, verursacht durch das Virus der sterilen Verzwergung des Hafers **44, 65**

- Halme und Blütenstände von Pflanzen mit Zwergwuchs, verkürzt, teilweise gewellt und verdreht. An Halmen und Blütenständen gelber Bakterienschleim, trocknet ein, bröckelt ab.
Gelbschleimigkeit (Gelbe Schleimkrankheit) *Clavibacter*-Arten **66**

- Blütenstände mit Vergrünungs- und Verlaubungserscheinungen. Blätter mit hellgrünen, später gelben, rundlichen Flecken (Saugschäden).
Verschiedene **Gallmilbenarten** (siehe unter: „Saugschäden" an Blättern und Blattscheiden)

FRASSSCHÄDEN

- An Pflanzen mit kurz bleibenden Halmen erscheint die Blattscheide verdickt, Rispenbzw. Ährenschieben ist behindert. Nach Entfernen der Blattscheide sattelförmige Querwülste am Halm erkennbar. An den Schadstellen weißliche bis rote, 3–4 mm lange, fußlose Larven.

Sattelmücke (*Haplodiplosis marginata* [v. Roser]) **21**

– In der Schoßperiode knicken einzelne Halme um, sonst Halmentwicklung verzögert. Nach Entfernen der Blattscheide sind über den unteren beiden Halmknoten Eindellungen festzustellen, verursacht durch 2,5–3 mm lange, weißliche bis gelbe, fußlose Larven. Später an der gleichen Stelle braune, 2,5–5 mm lange Puparien.

Hessenfliege (Hessenmücke) (*Mayetiola destructor* [Say.]) **22**

– An einzelnen Halmen am Grunde der obersten Blattscheiden blasenförmige Auftreibungen. Wachstumsstockung, Hemmung des Rispen- oder Ährenschiebens. Nach Ablösen der Blattscheide am Halm Eindellungen oder Wülste mit 3–4 mm langen weißlichen bis rötlichen Fliegenlarven erkennbar.

Stengelgallmücken der Gräser (Arten der Gattungen *Mayetiola, Lasioptera*) **75**

– An verkürzten und verdickten Halmen Rispen oder Ähren in der Blattscheide steckengeblieben. Von oberstem Halmglied an im Inneren Fraßgang mit 5–7 mm langer Fliegenlarve, nach unten fortschreitend. Am Ende später Tönnchenpuppe.

Gelbe Weizenhalmfliege (*Chlorops pumilionis* Bjerk.) **20**

– Weißährige Halme besitzen nur kleine Rispen oder Ähren. Halme brechen leicht um, im Inneren der Halme ein mit Fraßmehl und Exkrementen angefüllter Fraßgang, der durch die Knoten bis zum Halmgrund führt. Darin 8–12 mm lange, weißliche bis gelblichweiße, fußlose Larve.

Getreidehalmwespe (*Cephus pygmaeus* [L.]) . **18**

– Im Halm über den unteren beiden Halmknoten frißt eine 4–5 mm lange, weißliche, 6beinige Käferlarve, Rispen oder Ähren bleiben stecken.

Halmerdfloh (*Chaetocnema aridula* [Gyll.]) . . **36**

– Halmausbildung schwach, vielfach Weißährigkeit, in den Halmen Fraßgänge mit Fraßmehl und Kotkrümeln verschiedener Schmetterlingslarven, vor allem

Roggeneule (*Mesapamea secalis* [L.]) (Larve 30 mm lang, mit grünlichem, 2 rötlichen und je einem gelblichen Seitenstreifen),

Gelbliche Wieseneule (*Luperina testacea* [Den. et Schiff.]) (Larve 40 mm lang, bräunlich bis fleischfarben mit dunkler Rückenlinie, gelbem Nacken- und Afterschild),

Halmeule (*Oria musculosa* [Hbn.]) (Larve 25 mm lang, weißlich, später blaßgrün, 4 rötliche Streifen auf dem Rücken),

Graszünsler (*Anerastia lotella* Hbn.) (Larve 15 mm lang, gelblich, kurz behaart), vor allem an Knaulgras und Wiesenfuchsschwanz:

Triebeule (*Oligia strigilis* Clerck) (Larven etwa 20–30 mm lang, rötlich bis braun, mit einer weißen Rücken- und zwei weißen Seitenlinien)

– Triebe werden etwa 2 cm über der Bodenoberfläche abgebissen. An den verbliebenen Stümpfen fressen 30–40 mm lange, erdbraune und mit 3 hellen Rückenlinien versehene, schwarzköpfige Schmetterlingslarven.

Graseule (*Cerapteryx graminis* [L.])

– Der Blütenstand von Pflanzen mit Weißährigkeitserscheinungen läßt sich leicht aus der Blattscheide ziehen. Der oberste Halmknoten ist durchgebissen, am Schadort Fraßmehl, Kotkrümel und eine etwa 20 mm lange, hellgelbe Schmetterlingslarve mit braunem Kopf.

Halmmotte (Roggenbohrmotte) (*Ochsenheimeria taurella* Den. et Schiff., *Ochsenheimeria vaculella* Fisch v. Rösslerst.) **19**

SAUGSCHÄDEN

– An Pflanzen mit totaler Weißährigkeit läßt sich der Blütenstand leicht aus der Blattscheide ziehen. Einschnürungen und Schrumpfungen am Blütenstandsinternodium. Zwischen Halm und Blattscheide saugen 0,2–0,3 mm lange, zarte, weißliche Milben.

Hafermilbe (*Steneotarsonemus spirifex* [Marchal]) **47**

– In ähnlicher Weise schädigen die Weichhautmilbenarten

Tarsonemus confusus Ewing.,
Tarsonemus lacustris Schaarschm.,
Tarsonemus mühlei Wetzel.

- Innerhalb der obersten Blattscheide saugen am Halm 0,2–0,25 mm lange, bernsteinfarbene, achtbeinige Weichhautmilben. Blattscheide außen mit braunen Flecken. Totale Weißährigkeit bzw. Weißrispigkeit. Am oberen Halmteil Schrumpfungen, Einschnürungen oder schwarze Verfärbungen erkennbar.

Grashalmmilbe (*Siteroptes graminum* [Reut.]) **47**

- Steckenbleiben der Rispen bzw. Ähren,

An Rispen, Ähren und Körnern

VERLETZUNGEN, WUCHSBEEINTRÄCHTIGUNGEN DURCH ABIOTISCHE FAKTOREN
- Rispen oder Ähren schartig, Weißrispigkeit, Weißährigkeit, Weißspitzigkeit.

Spätfrostschaden zur Zeit des Rispen- oder Ährenschiebens 1
Spitzentaubheit, Schartigkeit 1

- An Rispen oder Ähren gelbliche, später verbräunende Anschlagstellen, Knickungen, Schartigkeit.

Hagelschaden 1

- Spitze der Rispe oder Ähre verkümmert, weißspitzig.

Wuchsbeeinträchtigungen vor dem Rispen- oder Ährenschieben, vor allem durch Wassermangel, mangelhafte Nährstoffversorgung u. a. Umweltfaktoren 1

- Rispen oder Ähren in Windrichtung geknickt.

Sturmschaden

- Reifende Samenkörner wachsen auf dem Halm aus.

Nässeschaden

- Rispen oder Ähren klein, mit Kümmerkörnern, die mangelhafte Keimfähigkeit besitzen.

Phosphor-Mangel 2

VERFÄRBUNGEN, FLECKENBILDUNGEN
- Weißrispigkeit, Weißährigkeit
Kann verursacht werden durch eine Vielzahl pilzlicher oder tierischer Schaderreger sowie abiotischer Faktoren, vielfach auch im Komplex wirksam. Spezifische Diagnose erforderlich.

- Verbunden mit typischen Blattsymptomen verbunden mit Weißrispigkeit oder Weißährigkeit, kann verursacht werden durch

Getreide- und Gräserwanzen, verschiedene Arten 13

- An den Halmen saugen, vielfach in mehr oder weniger großen Kolonien, verschieden gefärbte Blattläuse. Bei Massenbefall Vergilbungserscheinungen und Vertrocknen der befallenen Gewebeteile.

Blattläuse, verschiedene Arten 14

auftretende Weißfärbung der Rispen- oder Ährenspitzen. Ährchenbildung gehemmt, diese meist taub.

Kupfer-Mangel 3, 62

- Auf den Spelzen parallel verlaufende, eingesunkene, dunkle Streifen, Grannen schwarz, an Befallsstellen kleine Exsudattropfen, die zu gelblichen Körnchen eintrocknen.

Schwarzspelzigkeit (Spelzenbräune) (*Xanthomonas campestris* pv. *translucens* [Jones, Johnson et Reddy] Dye.) 5

- Blütenstände von Pflanzen mit Zwergwuchs von gelbem Bakterienschleim umhüllt. Dieser trocknet ein, bröckelt ab.

Gelbschleimigkeit (Gelbe Schleimkrankheit) *Clavibacter*-Arten 66

- Anfangs weiße, spinnwebartige zarte Pusteln, später watteartige Verdichtung, laufen zusammen, Verfärbung des Belages weiß bis gelbgrau, darin kleine, schwarze, kugelartige Fruchtkörper, dichter Belag auf den Spelzen.

Echter Mehltau (*Erysiphe graminis* DC.) . . 6, 28

- Auf Außen- und Innenseite der Spelzen hellorangefarbene, stäubende Pusteln.

Gelbrost (*Puccinia striiformis* West.) 7

- Weitere Rostkrankheiten mit unterschiedlich gefärbten bzw. angeordneten Pusteln auf Rispen, Ähren, Spelzen, zum Teil spezialisiert auf bestimmte Futtergrasarten, werden verursacht durch verschiedene Pilzarten der Gattungen

Puccinia spp., *Uromyces* spp. 71

- Rispen oder Ähren schlecht ausgebildet,

einzelne Ährchen bzw. Ährenteile weißlich ausgeblichen, zum Teil mit nekrotischen Flecken, rosa bis karminroter Belag, auch gelblich bis bräunlich, an bzw. zwischen den Spelzen.

Ährenfusariose (Partielle Taubährigkeit), (*Fusarium*-Arten) 9

– Bei *Lolium* spp. unter den Spelzen rötlicher Konidienschleim an den Körnern, trocknet ein, bildet wachsartigen Belag, zum Teil Kornbildung gehemmt, Keimfähigkeit vermindert.

Blind seed disease (*Gloeotinia temulenta* [Prill. et Delacr.] Wilson, Noble et Gray) 70

MISSBILDUNGEN

– Ähre wird von gelbem Bakterienschleim umhüllt. Schleimmassen trocknen ein, werden hart und bröckeln ab.

Gelbschleimigkeit (Gelbe Schleimkrankheit) *Clavibacter*-Arten 66

– Bei *Arrhenatherum elatius* sind an den Rispen die Blüten zu schwarzbrauner Sporenmasse umgewandelt, verstäubt zur Blütezeit.

Rispenbrand des Glatthafers (*Ustilago avenae* f.sp. *perennans* [Rostr.] Boer. et Verhoev.) . . . 70 (siehe auch „Haferflugbrand") 46

– Ähren anfangs blaugrün, Spelzen gespreizt, anstelle der Körner anfangs weiche, blaugrüne, kugelförmige, später dunkel und hart werdende Gebilde (Brandbutten), darinnen nach Heringslake riechende, schmierige schwarze Sporenmasse.

Steinbrand (Stinkbrand) (*Tilletia caries* [DC.] Tul.) 7, 70
Zwergsteinbrand (*Tilletia controversa* Kühn) 7, 70 sowie pflanzenartspezifische *Tilletia*-Arten . . 70

– Anstelle der Samenkörner schwarzbraune, mehr oder weniger gebogene Sklerotien von unterschiedlicher Größe, je nach Wirtspflanzenart.

Mutterkorn (*Claviceps purpurea* [Fr.] Tul.) **39, 68**

– Die vielfach in den Blattscheiden steckenbleibenden Rispen oder Ähren weisen außen schwarzen und innen weißen, später trockenen Pilzbelag auf. Die mehr oder weniger zerstörten Spelzen sind meist noch als solche erkennbar.

Federbuschsporenkrankheit (*Dilophospora alopecuri* Fr.)

– Blütenrispen gestaucht, mit mehr oder weniger zahlreichen Blütengallen. Die verlängerten Hüllspelzen umschließen die ebenfalls verlängerten Deckspelzen, in deren Mitte eine anfangs grüne, später purpurrote, flaschenförmige Älchengalle sichtbar wird.

Grasblütenälchen (*Anguina agrostis* [Steinbuch] Filipjev) 72

FRASSSCHÄDEN

– An den reifenden Samenkörnern unregelmäßige Fraßspuren, verursacht durch verschiedene Insektenarten, vor allem

Getreidelaubkäferarten der Gattung *Anisoplia* 35
Getreidelaufkäfer (*Zabrus tenebrioides* Goeze) 15
Getreide- und Gräserblattwespenlarven . . . 17
Queckeneulen-Larven (*Apamea sordens* [Hufn.]) 24
Gemeiner Ohrwurm (*Forficula auricularia* L.)

– An den Blütenständen von oben nach unten verlaufende Fraßgänge, an den ausgetriebenen Ähren gewundene Fraßfurchen, Kornbesatz der Ähre zum Teil lückig. Zur Zeit des Sichtbarwerdens des Schadbildes Schaderreger nicht mehr nachweisbar.

Lieschgrasfliegen (*Amaurosoma armillatum* [Zett.], *Amaurosoma flavipes* [Fall.]) 75

– An einzelnen Körnern rinnenartige Fraßspuren, in denen sich eine 4–6 mm lange, weißliche, fußlose Larve bzw. eine 3 mm lange braune Tönnchenpuppe befindet.

Fritfliege (*Oscinella frit* [L.] und andere *Oscinella*-Arten 48, (60)

– Aus Rispen und Ähren werden die Samenkörner gefressen.
Vögel
Mäuse
Hamster

SAUGSCHÄDEN

– An den noch grünen Rispen oder Ähren saugen, vielfach in mehr oder weniger großen Kolonien, verschieden gefärbte Blattläuse. Auf den Spelzen helle Saugflecke, Körnerausbildung beeinträchtigt (Schrumpfkörner).

Blattläuse, verschiedene Arten 14

- An Spelzen und Samenkörnern dunkle Stichflecke, die einen hellen Hof aufweisen. Stichstelle auch am durchschnittenen Korn nachweisbar. Ausbildung von Schrumpf- oder Schmachtkörnern.

Getreide- und Gräserwanzen, verschiedene Arten 13

- Einzelne Blütchen bleiben taub, Fruchtknoten verkümmert, innerhalb der Spelzen Schrumpf- oder Schmachtkörner, auf den Spelzen weißliche bis silbrig glänzende Saugflecke, die sich später gelblich bis bräunlich verfärben. Am Schadort dunkle, punktförmige Kottröpfchen sowie Blasenfüße, besonders

Unbezahnter Getreideblasenfuß (*Limothrips cerealium* Hal.) 74
Bezahnter Getreideblasenfuß (*Limothrips denticornis* [Hal.]) 74

An Wurzeln und am Halmgrund

Krankheiten und Beschädigungen an Wurzeln und am Halmgrund sind vielfach verbunden mit Verfärbungen, Absterben, Notreife, Weißrispigkeit, Weißährigkeit. Für Diagnose siehe daher auch dort.

VERFÄRBUNGEN, FLECKENBILDUNGEN

- Im unteren Bereich der Halme braune, strichartige Verfärbungen, später medaillonartige, mehr oder weniger spitz zulaufende Flecke, von rotbraunem bis braunem Rand umgeben, an grünen Halmen typische Augenflecke, Vermorschen der Halme, Halmbruch, Weißrispigkeit, Weißährigkeit, graues Myzel im Halminneren.

Augenflecken-, Medaillonflecken-, Lagerfuß-, Halmbruchkrankheit (*Pseudocercosporella herpotrichoides* [Fron.] Deight) 8

- Ähnlicher Augenfleck, jedoch mit breiterem Saum, schärfer gegen das gesunde Gewebe abgesetzt als bei *Pseudocercosporella herpotrichoides*. Auch befindet sich im Gegensatz zu *Pseudocercosporella herpotrichoides* im Halminneren kein Myzel, jedoch sind hell- bis dunkelbraune Sklerotien erkennbar, Vermorschen der Halme, Halmbruch, Weißrispigkeit, Weißährigkeit.

Spitzer Augenfleck, Lagerfußkrankheit, Halm-

Gemeiner Getreideblasenfuß (*Haplothrips aculeatus* [Fabr.]) 74

- Ähren leicht bogenförmig gekrümmt und schartig. Fruchtknoten zerstört oder in den Spelzen Schmacht- oder Schrumpfkörner, mit Höhlungen. Am Korn bzw. an der Innenseite der Spelzen mehrere 2–2,5 mm lange, zitronengelbe bzw. orangerote Gallmückenlarven.

Gelbe Weizengallmücke (*Contarinia tritici* [Kirby]), **Orangerote Weizengallmücke** (*Sitodiplosis mosellana* [Géhin]) 23

- Samenbildung ausgeblieben, Fruchtknoten geschrumpft oder die sich entwickelnden Samen verkümmert (Taubährigkeit). Innerhalb der Spelzen tauber Blüten 2–3 mm lange gelbe bis rote Gallmückenlarven.

Blütengallmücken der Gräser, verschiedene Arten 75

bruchkrankheit (*Rhizoctonia* spp., *Thanatephorus cucumeris* [Frank] Donk.) 8

- Von nesterweise absterbenden Pflanzen Wurzeln schwarz, ebenso Halmbasis, später Verfaulen der Wurzeln, Pflanzen notreif, Halme und Ähren werden weiß. Pflanzen lassen sich leicht aus dem Boden ziehen.

Schwarzbeinigkeit (Weißährigkeit) (*Gaeumannomyces graminis* [Sacc.] v. Arx et Olivier var. *graminis* bzw. var. *avenae*) 8

- Weitere unspezifische Fußkrankheitserreger bzw. Erreger von Wurzel- und Halmfäulen vor allem aus den Pilzgattungen

Ascochyta spp. 33
Drechslera spp. 10, 31, 71
Fusarium spp. 9
Gerlachia spp. 9

MISSBILDUNGEN

- An den Wurzeln im Wuchs zurückgebliebener Pflanzen hakenförmig gekrümmte Gallen von 0,5–6,0 mm Länge, die keine Wurzelhaare tragen.

Graswurzelälchen (*Subanguina radicicola* [Greef]) 73

- Nesterweise Wachstumshemmungen im Bestand, an den Wurzelspitzen bogen- oder hufeisenförmige bis spiralige Anschwellungen. Befallene Pflanzen vergilben zum Teil.

Gramineen-Wurzelgallenälchen (*Meloidogyne naasi* Franklin)

– Nesterweise Wachstumshemmungen im Bestand, Wurzeln stark verzweigt, struppig, an den Wurzeln zunächst weiße, später braune, zitronenförmige Zysten (0,6–0,8 mm lang).

– Ein ähnliches Schadbild, aber an den Wurzeln birnenförmige, etwa 0,5 mm lange Zysten.

Gräserzystenälchen (*Heterodera punctata* Thorne)

FRASSSCHÄDEN

– An den Wurzeln und vielfach auch am Halmgrund Fraßbeschädigungen. Pflanzen sterben zum Teil ab oder zeigen Kümmerwuchs, lassen sich mitunter leicht aus dem Boden ziehen.

– In Grassamenbeständen fressen 20–25 mm lange, rötliche oder braune Schmetterlingslarven mit ringförmig gestellten Hakenkränzen auf den Bauchfüßen an den Wurzeln und Pflanzenteilen in Bodennähe.

Verschiedene **Zünslerarten,** vor allem *Crambus hortellus* Hbn., *Crambus pascuellus* L., *Crambus pratellus* L., *Crambus perlellus* Scop., *Agriphila culmella* L.

SAUGSCHÄDEN

– Pflanzen kümmern nesterweise im Bestand, Wachstumshemmungen. An den Wurzeln punkt- oder strichförmige Nekrosen, im Wurzelgewebe Nematoden.

– An Wurzelhaaren und Epidermiszellen, meist dicht hinter der Wurzelspitze, saugen Nematoden.

Tylenchorhynchus dubius (Bütschli) Filipjev. (Bestimmung durch Spezialisten).

– Am Halmgrund bräunliche Flecke, besiedelt mit etwa 0,5 mm langen, weißlich bis gelblich glänzenden, stark chitinisierten Milben mit bräunlichen, stark bedornten Beinen.

Wurzelmilbe (*Rhizoglyphus echinopus* Fum. et Rob.)

– Pflanzen bleiben im Wuchs zurück, vielfach mit Absterbeerscheinungen. Im oberen Wurzelbereich und am Halmgrund saugen Blattläuse, meist in Kolonien lebend.

Beschreibungen und Bildtafeln der Krankheiten und Beschädigungen an Getreide, Mais und Futtergräsern

Nichtparasitäre Auswinterung, Spätfrostschaden

(Auch an Gerste, Hafer, Roggen, Mais, Futtergräsern)

SCHADBILD

Gegen Ende des Winters treten, über den Bestand verteilt, zum Teil auch nesterweise, vergilbte und verbräunte Pflanzen auf, die später absterben. Die Erscheinung ist vielfach sortenspezifisch. Krankheitserreger nicht nachweisbar. Auftreten vor allem, wenn bei fehlender Schneedecke der Winterweizen Temperaturen von −20 °C, Winterroggen von −25 °C und Wintergerste von −15 °C ausgesetzt waren. Durch starke Temperaturschwankungen im Frühjahr bei noch gefrorenem Boden kann es zum Vertrocknen der Pflanzen kommen, ebenso durch häufigen Wechsel zwischen Auftauen und Frieren des Bodens (Abreißen der Wurzeln, „Auffrieren der Pflanzen"). Spätfröste können zur Braun- bis Weißverfärbung der Blattspitzen führen (1 b–c). Später vertrocknen die Spitzen. Wellungen und Kräuselungen der Blätter sowie Zerreißen sind möglich, mitunter auch weiße Blattflecke („Frostringe", „Frostbinden") (1 d). Spätfröste zur Zeit des Ährenschiebens können zum Steckenbleiben der Ähren führen. Kurz vor der Blüte bewirken sie Schartigkeit (z. B. an Roggen 1 a), Weißährigkeit oder Weißspitzigkeit, letzteres vor allem bei Weizen.

Herbizidschaden

(Auch an Gerste, Hafer, Roggen, Mais, Futtergräsern)

SCHADBILD

Nach Anwendung von Blattherbiziden, besonders bei zu hoher Konzentration, fehlerhaftem Anwendungszeitpunkt, spezifischer Sortenempfindlichkeit, kommt es zur Weiß- oder Gelbbraunverfärbung von Blatteilen bzw. der Blattspitzen (2 a–b). Schäden werden meist rasch überwachsen. Durch Rückstände von Bodenherbiziden zur Vorkultur, aber auch durch falsche Wirkstoffwahl, treten Deformierungen der Keimpflanzen, oft verbunden mit Anschwellungen und Verdickungen der Keimlingsbasis (2 c–e) auf. Die Triebkraft der jungen Pflanzen ist beeinträchtigt. Auch andere Wuchsdeformationen sind möglich.

Spitzentaubheit, Schartigkeit des Weizens, der Gerste und des Roggens, Flissigkeit des Hafers

SCHADBILD

Einzelne Blütenstände der Getreidearten, bei Hafer vor allem die unteren, bei den anderen Arten vor allem die obersten Ährchen, verfärben sich weiß und bleiben taub (3). Auch totale Weißährigkeit ist möglich. Sofern Hagelbeschädigungen, pilzliche Krankheitserreger oder tierische Schädlinge ausgeschlossen werden können, kommen als Ursachen Störungen im Wasser- und Nährstoffhaushalt, ungünstige Witterung in Frage (siehe auch Beschreibung zu Tafel 3).

Hagelschaden

SCHADBILD

Blätter und Ähren zeigen zunächst gelbliche, später verbräunende Anschlagstellen, Halme knicken zum Teil um (4 a–b). Ähren oft durch den Hagelschlag deformiert (4 b) oder schartig (4 c).

1

Phosphor-Mangel

SCHADBILD

Allen unter Phosphor-Mangel leidenden Weizenpflanzen ist gemeinsam eine zum Teil stark verminderte Bestockung, die im Extremfall nur zur Ausbildung eines Halmes führen kann. Die Halme selbst bleiben klein und sind bei mäßigem Durchmesser schwach entwickelt. In den kleinen Ähren bilden sich nur Kümmerkörner aus, die eine mangelhafte Keimfähigkeit besitzen. Blätter und Blattscheiden sind bei einigen Sorten besonders auffällig rötlichviolett verfärbt, während die steil aufgerichteten Blätter häufig dunkelgrün, bei herabhängenden Blattspitzen sind. Die älteren Blätter vertrocknen von der Spitze ausgehend und sterben unter Braunfärbung frühzeitig ab (1 a–b).

Calcium-Mangel

SCHADBILD

Calcium-Mangel macht sich auch bei Winterweizen zuerst an den jüngsten bis jüngeren Organen bemerkbar und kann unter bestimmten Voraussetzungen in jedem Entwicklungsstadium auftreten. Zwischen Bestockung und Schossen beobachtet man an den jüngsten, noch eingerollten Blättern wenige Zentimeter unterhalb der Spitze eine Graufärbung mit nachfolgender Einschnürung. Im Schoßstadium ist eine Verwechslung mit Fritfliegenbefall möglich. Die so geschädigte Blattspitze knickt um und hängt oft wie ein Fähnchen herab oder nimmt die sogenannte Wegweiserstellung ein (2 a–b).
Verwechslung mit Cu-Mangel sollte ausgeschlossen werden (siehe Beschreibung zu Tafel 3).
Kurz vor dem Ährenschieben können an der Spitze des Fahnenblattes oder auch des darunter angeordneten Blattes gelbliche bis hellbraune Verfärbungen bei leichter Einschnürung und hakenförmiger Abwärtskrümmung auftreten.
Die Ährenausbildung kann unter andauernden Mangelbedingungen in starkem Maße gehemmt sein (2 b). Die Spelzen sind dann vollkommen leer.
Die Wurzeln bleiben auffällig kurz und sterben von der Spitze her ab.

2

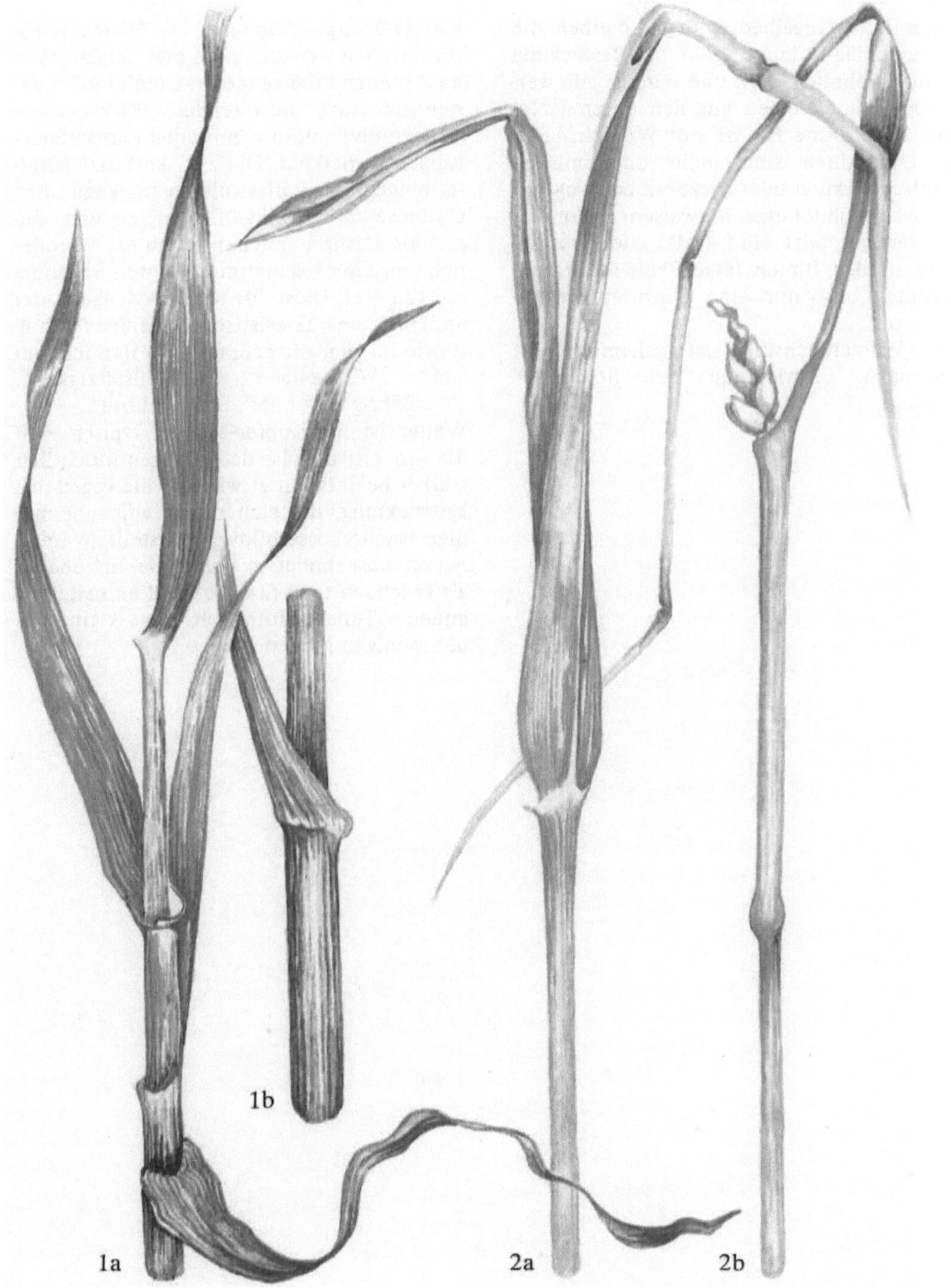

Bor-Mangel

SCHADBILD (an Sommerweizen)

Unter Bor-Mangelbedingungen bleiben die Ähren zunächst länger grün, die Bestockung ist ungewöhnlich stark und bereits gelb werdende Halme treiben aus den unteren Nodien neue grüne Halme mit Wurzeln (1 a–b). Die Ähren sind mehr oder minder deutlich verkürzt oder verkümmert (1 c) und können Mißbildungen aufweisen, indem die Spelzen gespreizt sind (1 d). Die überwiegend sterilen Blüten lassen keine Kornentwicklung bzw. nur eine Schrumpfkornbildung zu.

Das Wurzelwachstum ist gehemmt, mit anormaler Entwicklung der Seitenwurzeln.

Kupfer-Mangel

SCHADBILD (an Sommerweizen)

Kupfer-Mangelsymptome bei Weizenpflanzen machen sich zuerst an den jungen, aktiv wachsenden Pflanzengeweben mit mehr oder weniger stark auftretenden Welkeerscheinungen und chloroseähnlichen Farbveränderungen bemerkbar. Die z. T. korkenzieherartig eingedrehten Blattspitzen trocknen ohne Chlorose unter Weißverfärbung ein und hängen als kleine Fähnchen herab (2 b–d) oder nehmen eine sogenannte Wegweiserstellung ein (2 a + e). Diese für Kupfer-Mangel unter anderem charakteristische Weißverfärbung führte zu den oft gebrauchten Bezeichnungen „Weißseuche", „Weißspitzigkeit", „Weißährigkeit" oder „Spitzendürre".

Weiter ist für Kupfer-Mangel typisch, daß die generative Phase der Pflanzen wesentlich stärker beeinträchtigt wird als die vegetative Entwicklung, die sich durch eine übermäßige Nachschosserbildung darstellt. Werden Ähren ausgebildet, so sind sie im oberen Teil vielfach taub (2 a, 2 c) und enthalten in anderen Teilen häufig sehr viele kleine neben wenigen großen Samen.

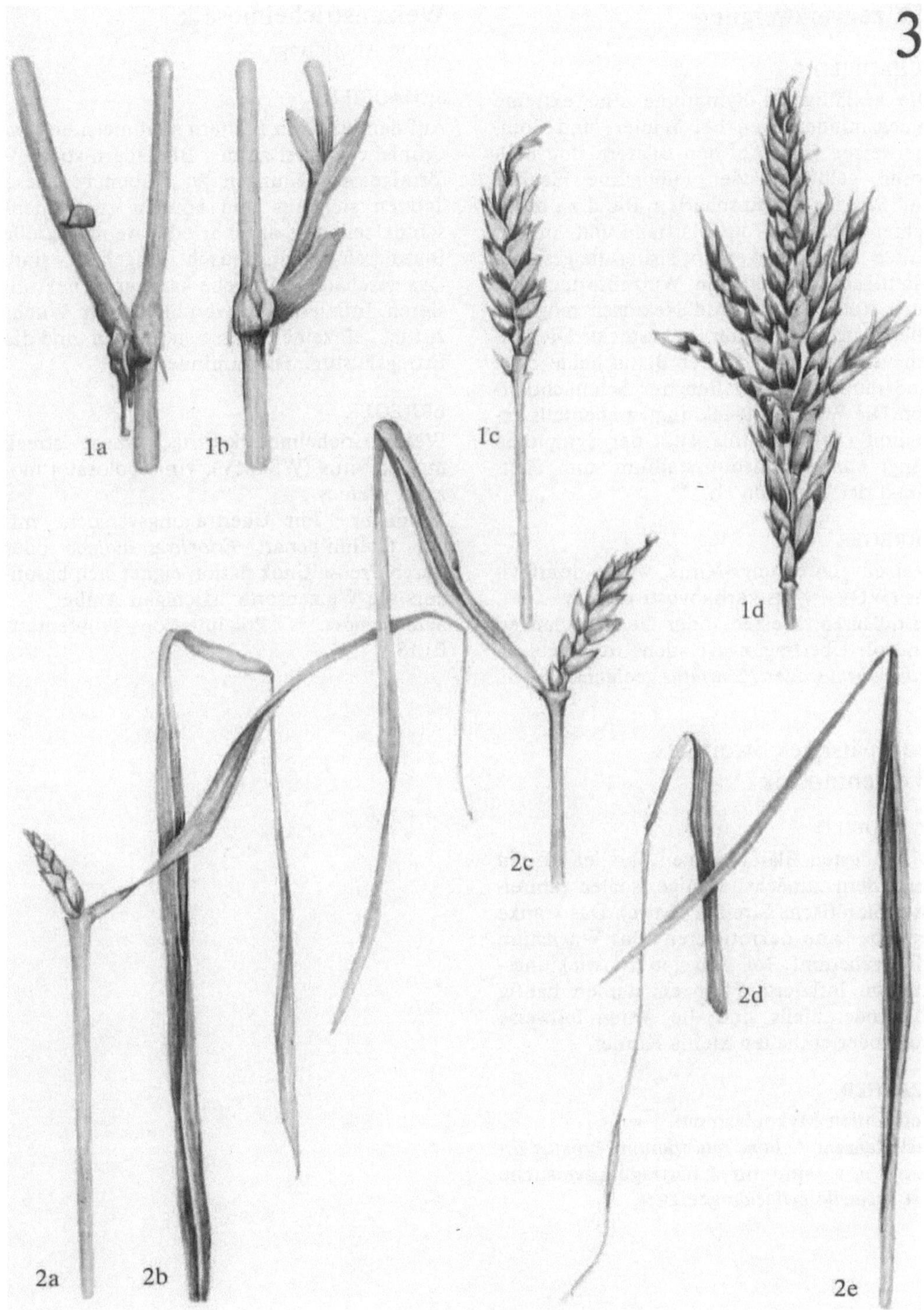

Weizenverzwergung

SCHADBILD

Die auffälligsten Symptome sind extreme Wuchsminderungen bei Winter- und Sommerweizen (1 a). Auf den Blättern sind hellgrüne, gelbliche oder gelbbraune Flecken und Streifen mit unscharfem Rand zu beobachten (1 b, 1 c). Vom Blattrand und von der Spitze beginnend vergilbt später die gesamte Blattfläche. Bei einigen Weizensorten sind auch Rotfärbungen und Nekrosen möglich. Die Pflanzen sind stärker bestockt. Die Ähren verbleiben oft in der Blattscheide bzw. sind taub oder enthalten nur Schmachtkörner. Die Wurzelentwicklung ist ebenfalls gehemmt (1 a). Die Intensität der Symptome hängt vom Wachstumsstadium zum Zeitpunkt der Infektion ab.

ERREGER

Weizenverzwergungs-Virus, wheat dwarf virus (WDV), virus karlikovosti pšenicy
Testpflanzen: Weizen- oder Gerstenpflanzen sind für Übertragungsversuche mit *Psammotettix alienus* oder *P. striatus* geeignet.

Europäisches Streifiges Weizenmosaik

SCHADBILD

Die jüngsten Blätter zeigen parallel zu den Blattadern zunächst wenige, später zahlreiche chlorotische Streifen (2 a–c). Das kranke Gewebe kann nekrotisieren. Das Wachstum wird gehemmt. Im jüngsten Entwicklungsstadium infizierte Pflanzen sterben häufig ab. Anderenfalls sind die Ähren teilweise steril oder enthalten kleine Körner.

ERREGER

Vermutlich Mykoplasmen.
Testpflanzen: *Lolium multiflorum, Bromus arvensis* u. a. sind für Übertragungsversuche mit *Javesella pellucida* geeignet.

Weizenstrichelmosaik
(ohne Abbildung)

SCHADBILD

Auf den jüngeren Blättern sind meist erst im Frühjahr parallel zu den Blattadern strichelförmige Aufhellungen zu erkennen. Diese dehnen sich aus und können zusammenschmelzen, so daß mehr oder weniger große Blattbereiche chlorotisch aufgehellt sind. Das geschädigte Gewebe kann auch nekrotisieren. Infizierte Pflanzen bleiben im Wuchs zurück, einzelne Sprosse sterben ab, und die Ertragsleistung ist vermindert.

ERREGER

Weizenstrichelmosaik-Virus, wheat streak mosaic virus (WSkMV), virus polosatoj mozaiki pšenicy
Testpflanze: Für Übertragungsversuche mit der Gallmilbenart *Eriophyes tulipae* oder durch Preßsaftinokulation eignet sich besonders die Weizensorte 'Michigan Amber'.
Serodiagnose: Präzipitations-Tropfentest, ELISA

4

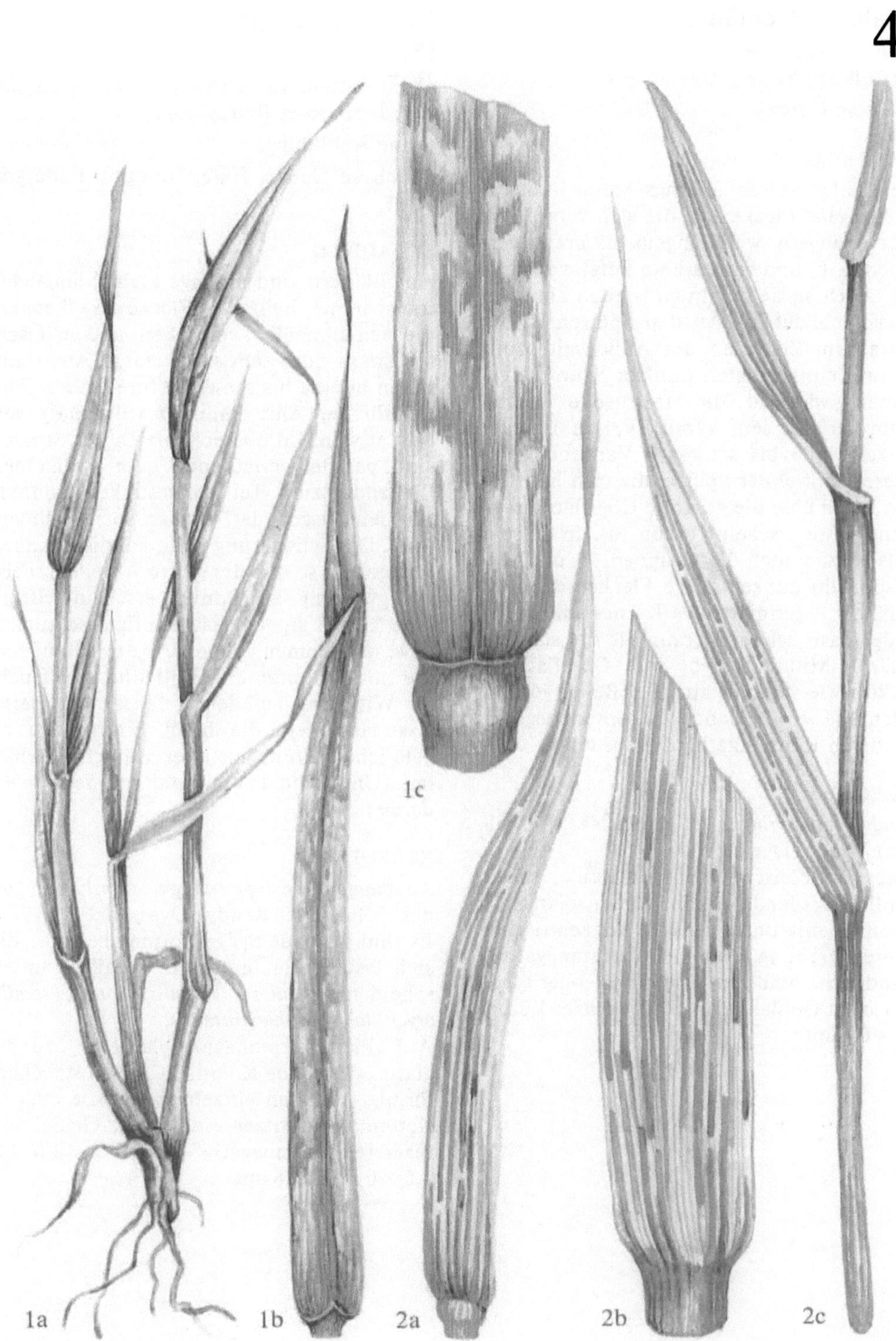

Basale Spelzenfäule

(*Pseudomonas syringae* pv. *atrofaciens* [McCulloch] Young, Dye et Wilkie)
(Auch an Gerste)

SCHADBILD

Die Blätter weisen anfangs kleine, wasserdurchsogene Flecke auf, die sich vergrößern und verlängern, weißlichgelb bis braun verfärben (a, b) und bei starkem Befall vertrocknen. Auch an den Halmen werden ähnliche Flecke gebildet (c). An den Spelzen ist bei schwachem Befall an der Außenseite zum Teil nur ein schmaler, dunkler Saum zu erkennen, während die Innenseite bereits braun verfärbt sein kann. Typisch ist eine dunkelbraune bis schwarze Verfärbung im unteren Drittel der Spelze, die sich bei starkem Befall über die gesamte Oberfläche ausdehnt. Ähre erscheint braun (d). In diesem Falle weisen auch die Grannen (e) und Ährenspindeln dunkelbraune Flecke auf. Ähre ist häufig deformiert. Die Körner sind meist an der Basis schwach braun bis tief schwarz verfärbt. Mitunter sieht ihre Oberflächenstruktur wie verkohlt aus. Bei Befall vor der Milchreife werden Schmachtkörner ausgebildet, deren Keimlinge häufig absterben.

ERREGER

Pseudomonas syringae pv. *atrofaciens* (McCulloch) Young, Dye et Wilkie
Bildet auf Fleischpeptonagar weiße, später grünlich werdende runde, glatte, glänzende Kolonien mit unregelmäßig konzentrischer innerer Streifung. Zellen sind gramnegative, zylindrische Stäbchen, die mono- oder bipolar 1 bis 4 Geißeln tragen. Zellgröße: 1,0 bis 2,7 × 0,6 µm

Schwarzspelzigkeit (Spelzenbräune)

(*Xanthomonas campestris* pv. *translucens* [Jones, Johnson et Reddy] Dye)
(ohne Abbildung)
(Auch an Gerste, Hafer, Roggen, Futtergräsern)

SCHADBILD

Auf Blättern sind anfangs kleine, längliche, transparente, hellgrüne Flecke zu erkennen, die sich allmählich vergrößern und gelb, später braun oder schwarz werden. Am Halm treten braune bis schwarze Streifen auf. Unterhalb der Ähre kann er vollständig verbräunt sein. Im oberen Bereich der Spelzen sind parallel verlaufende oder ineinanderfließende, zum Teil eingesunkene, dunkle Streifen ausgebildet, ebenso auf der Innenseite. Die Schwärzung kann auf die Grannen übergehen, so daß die ganze Ähre, die meist zwergwüchsig ist, dunkel erscheint. Befallene Körner an der Basis häufig geschrumpft bzw. mit kleinen, wabenartigen Höhlungen, die mit Bakterien angefüllt sind. Bei feuchter Witterung auf den Befallsstellen kleine Exsudattropfen, die beim Eintrocknen zu gelblichen Körnchen oder Häutchen erhärten. (Unterschied zum Befall mit *Septoria nodorum*).

ERREGER

Xanthomonas campestris pv. *translucens* (Jones, Johnson et Reddy) Dye
Es sind folgende Spezialformen bekannt, die sich fast nur in ihrer Wirtsspezifität unterscheiden: *undulosa, cerealis, hordei, secalis, oryicola* und *phleipratensis*.
Auf Fleischpeptonagar blaßgelbe, runde, glatte, glänzende Kolonien. Zellen stäbchenförmig, kommen einzeln, paarweise oder in Ketten vor, besitzen eine polare Geißel und reagieren gramnegativ. Zellgröße: 1,0 bis 2,5 × 0,5 bis 0,8 µm.

5

87

Echter Mehltau

(*Erysiphe graminis* DC.)
(Auch an Gerste, Hafer, Roggen, Futtergräsern)

SCHADBILD

Anfangs weiße, spinnwebartig zarte Pusteln unterschiedlicher Größe, bestehend aus Myzel und Konidienträgern mit Konidien, auf Blattober- auch Blattunterseite, an Blattscheiden und Halmen (a, e). Später watteähnliche Verdichtung der Pusteln, die über größere Flächen zusammenlaufen können (b, c, d). Verfärbung des Belages von weiß nach fahl- bis gelbgrau, an den Ähren dichter Belag auf den Spelzen (g), gerade erkennbare, schwarze, kugelartige Fruchtkörper (Kleistothezien) in den Belag eingebettet (d, f, h).
Erste Symptome bereits im Herbst an Ausfallgetreide und gut entwickelten Herbstsaaten erkennbar. Weitere Symptome im Frühjahr an anfälligen Sorten und in dicht gedrillten Beständen, deutliche Befallszunahme bei Weizen ab Anfang Juni. Möglichkeiten der Symptombildung bei resistenten Sorten: ohne Symptome, Nekrosen, Chlorosen, kleine Pusteln, geringe Pustelzahl, deutlicher Befallsrückgang auf den oberen Blättern, Befall nur an den Blattscheiden (siehe Beschreibung zu Tafel 28).

ERREGER

Erysiphe graminis DC.
Befällt Getreide und Gräser, bildet formae speciales und Pathotypen, an Weizen: *Erysiphe graminis* DC. f. sp. *tritici* March. Myzel: farblos, als Belag weiß erscheinend, septiert, ektoparasitisch wachsend, mit Beginn der Kleistothezienbildung umgeformt zu Borsten (i), gerade, unregelmäßig oder sichelförmig gebogen, 200 bis 400 × 4 bis 7 µm, nicht septiert. Konidien: hyalin, einzellig, ellipsoidisch, an den Enden mitunter leicht zugespitzt, Größe variiert nach Alter und Reife 17,5 bis 47,5 × 15 (8,3 bis 25,0) µm, Bildung in Ketten von 6 bis 8 Konidien an myzelartigen Konidienträgern mit birnenartig verdickter Fußzelle (typisch für *Erysiphe graminis*) und Sporenmutterzelle (l). Kleistothezien: schwarz, eingebettet in Borsten, anfangs kugelig mit einem Durchmesser von 114 bis 254 µm, später zusammengedrückt, fast schüsselförmig, Wandzellen undeutlich erkennbar, Anhängsel kurz, myzelartig, keine vorgebildete Öffnung, platzt zur Reife vorwiegend in der Äquatorialebene auf (j), Asci: eiförmig bis zylindrisch, mehr oder weniger deutlich gestielt, 70 bis 100 × 25 bis 40 µm, mit 8 (selten 4) Ascosporen (k), ellipsoidisch, gelbbraun, etwa 20 bis 24 × 10 bis 14 µm.

6

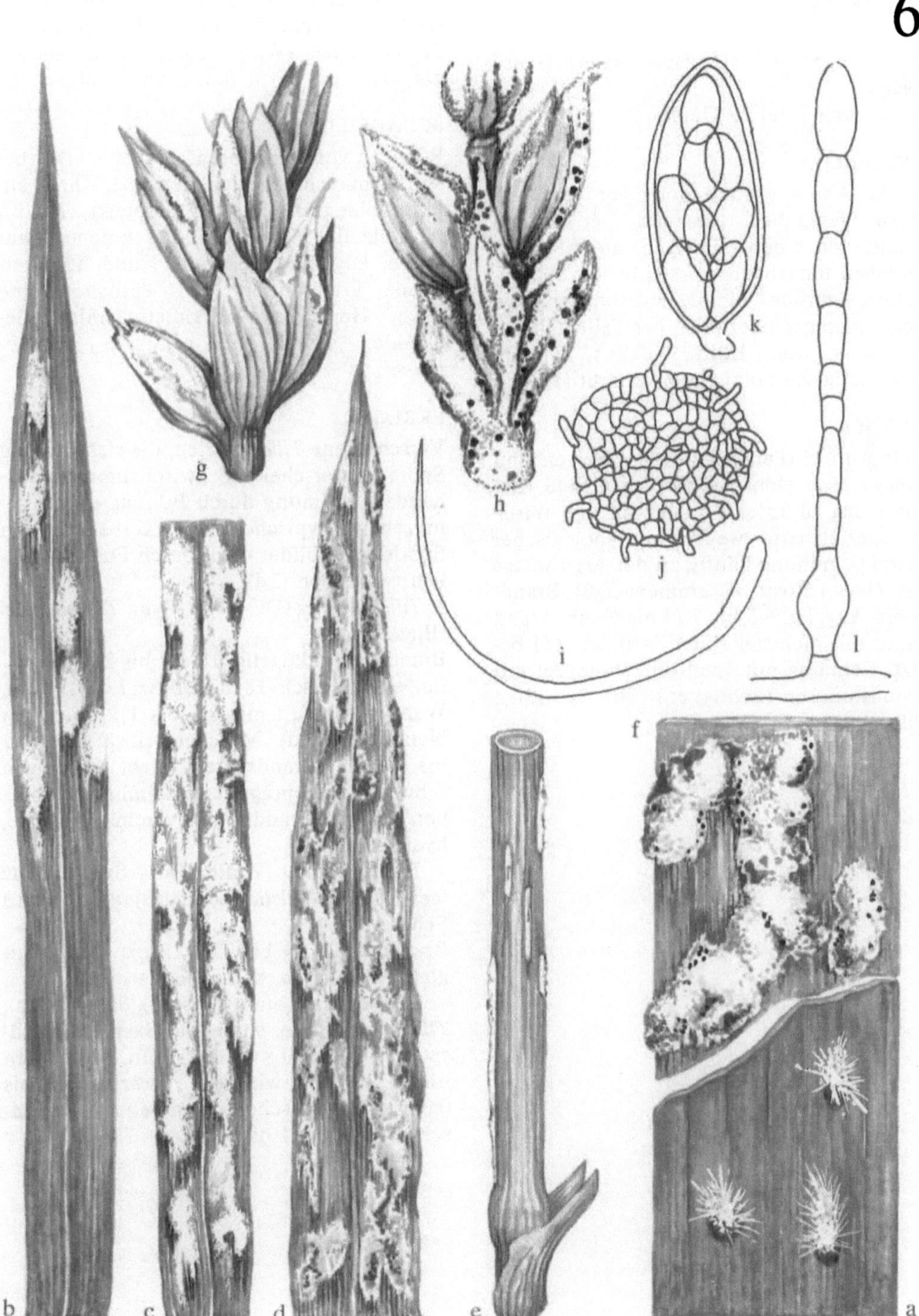

Brandkrankheiten

Weizenflugbrand (*Ustilago nuda* [Jens.] Rostr.)
(Siehe auch Tafel 29 Gerste)

SCHADBILD

Kranke Ähren werden noch vor gesunden Ähren geschoben, anstelle der Blüten dunkle, von einem silbrigen, aufreißenden Häutchen umgebene, ausstäubende Sporenmassen, zurück bleibt aufrechtstehende, nackte Ährenspindel (1a), bei Teilbefall der Ähre stets untere Hälfte befallen, Fahnenblatt häufig schmutzig gelb verfärbt (1b).

ERREGER

Ustilago tritici (Pers.) Rostr. an Weizen und *Ustilago nuda* (Jens.) Rostr. an Gerste (Beschreibung zu Tafel 29) sind auf ihre Wirtsart spezialisiert, wegen morphologischer Übereinstimmung häufig zu der Art *Ustilago nuda* (Jens.) Rostr. zusammengefaßt. Brandsporen: kugelig, 6,5 bis 7 (5 bis 9) µm, Wand braun, mit dichtstehenden Warzen (1c) besetzt, Keimung mit 4zelligem Promyzel mit Fusionsbrücken (Schnallen) (1d), Sporidien fehlen.

- Steinbrand (Stinkbrand) *Tilletia caries* (DC.) Tul. (Tafel 7) (auch an Futtergräsern), *Tilletia foetida* (Wallr.) Liro, *Tilletia intermedia* (Gassner) Savul. (ohne Abbildung)

SCHADBILD

Pflanzen vor dem Ährenschieben stärker bestockt, manchmal leicht verkürzt, Ähren anfangs blaugrün, Spelzen gespreizt (2a, b). Anstelle der Körner anfangs weiche, blaugrüne, kugelförmige, dunkel und hart werdende Brandbutten (2c), enthalten eine nach Heringslake (Trimethylamin) riechende, schmierige, schwarze Sporenmasse.

ERREGER

Verschiedene *Tilletia*-Arten, die sich in ihren Sporen unterscheiden, Zwischenformen vorhanden. Keimung durch Bildung eines Promyzels mit typischem Kranzkörper, der von Sporidien gebildet wird, durch Fusionsbrücken verbunden (2d):
- *Tilletia caries* (DC.) Tul., Syn.: *Tilletia tritici* (Bjerk.) Wint.
Brandsporen: kugelig, 18 (12 bis 22) µm, selten ellipsoidisch 18 bis 25 × 17 bis 24 µm, Wand gelbbraun mit 0,5 bis 1,5 µm hohen Netzleisten (2d), Maschenweite 2 bis 4 (2 bis 7) µm, Brandsporen nicht oder von schwach ausgeprägter Schleimhülle umgeben, in den Brandbutten vereinzelt sterile, hyaline Sporen.
- *Tilletia foetida* (Wallr.) Liro, Syn.: *Tilletia laevis* Kühn, *Tilletia foetens* (Bjerk. et Curt.) Schroet.
Brandsporen: 14 bis 27 × 12 bis 18 µm, mit glatter Membran, keine Netzleisten.
- *Tilletia intermedia* (Gassner) Savul., Syn.: *Tilletia tritici* f. sp. *intermedia* Gassner. Brandsporen: 15 bis 20 × 14 bis 18 µm, Netzleisten nicht so hoch wie bei *T. caries*, 0,2 bis 0,3 µm, Netzmaschen in größerer Zahl, Maschenweite nur 1 bis 2 µm.

- Zwergsteinbrand (*Tilletia controversa* Kühn, Syn.: *Tilletia brevifaciens* Fischer, *Tilletia nanifica* (Wagner) Savul., *Tilletia pancicii* Bub. et Ranoj., *Tilletia tritici-repentis* (DC.) Liro)
(ohne Abbildung)
(Auch an Futtergräsern)

SCHADBILD

Wie beschrieben, zusätzlich extrem starke Halmverkürzung, stärkere Bestockung, kleinere Brandbutten.

ERREGER

Tilletia controversa Kühn,
Brandsporen: gelbbraun, kugelig, 17 bis 22 µm, bis elliptisch 19 bis 23 × 19 bis 22 µm, Netzleisten 1,5 bis 3 µm, wichtigstes Unterscheidungsmerkmal zu *Tilletia caries* ist eine 1,5 bis 5 µm dicke, deutlich erkennbare Schleimhülle um die Sporen.

- Karnalbrand (*Neovossia indica* [Mit.] Mund., Syn.: *Tilletia indica* Mit.)
(ohne Abbildung)

SCHADBILD

Wie bei *T. caries,* aber häufig nicht alle Körner einer Ähre befallen, Brandbutten nicht immer vollständig mit Brandsporen gefüllt, Kornteile mitunter noch erhalten. Überdauerung im Boden.

ERREGER

Neovossia indica (Mit.) Mund.
Brandsporen: dunkelbraun, größer als von *T. caries,* 22 bis 49 µm, Netzleisten, deutlich erkennbare Schleimhülle, Kranzkörper besteht aus über 100 Sporidien, die zweikernig sind und ohne Fusion infektionstüchtiges Myzel bilden.

- Streifenbrand (Blattbrand) (*Urocystis agropyri* [Preuss.] Schroet.) (Auch an Gerste, Futtergräsern)
(ohne Abbildung)

SCHADBILD

Entspricht dem des Roggenstengelbrandes (Tafel 41)

ERREGER

Urocystis agropyri (Preuss.) Schroet.
Brandsporen 10 bis 20 µm, mit glatter, brauner Wand, 1 bis 4 fertile Sporen in Ballen, vollständig von einer Hülle aus sterilen Zellen (Tafel 41 [2]) von 6 bis 12 × 3 bis 7 µm umgeben. Durchmesser der Sporenballen 18 bis 40 µm (siehe auch Beschreibung zu Tafel 41).

Rostkrankheiten
(Siehe Tafeln 28, 40, 46)

– Gelbrost (Streifenrost) (*Puccinia striiformis* West., Syn.: *Puccinia glumarum* Erikss. et Henn.)
(ohne Abbildung)
(Auch an Gerste, Futtergräsern)

SCHADBILD

Auf jungen Pflanzen hell orangefarbene Uredosporenlager vereinzelt auf Ober- und Unterseite der Blattspreiten. Ab Schossen linienartige Anordnung zitronen- bis eigelber Uredolager in bis zu 10 cm langen Strichen auf Blattspreiten, Blattscheiden, Halmen, auf Spelzen, Grannen und Körnern, später vorwiegend an Blattscheiden und Halmen strichförmige, an den Spelzen zerstreute, schwarzbraune, dünne, schwielenartige, von der Epidermis bedeckte Teleutosporenlager. Bei warmer, trockener Witterung sowie bei resistenten Sorten mitunter nur ausgeblichene, trockene Streifen auf den Blättern.

ERREGER

Puccinia striiformis West.
Bildung von Pathotypen, die auf Weizen oder auf Gerste spezialisiert sind. In Ausnahmefällen können Weizengelbrostrassen auch hochanfällige Gerstensorten befallen und umgekehrt. Wechselwirt unbekannt. Uredosporenlager: 0,5 (0,2 bis 1,0) × 0,3 (0,2 bis 0,5) mm, anfangs vereinzelt, später streifenförmig angeordnet, Uredosporen: kugelig, kurz elliptisch, quellen schnell, lufttrocken gemessen: 20,8 (14 bis 36) × 17,3 (13 bis 23) µm, in Wasser gemessen: 28,6 (18,7 bis 37,4) × 24,0 (14,6 bis 32,2) µm, Sporenwand farblos, 1 µm dick, im Abstand von 1,0 bis 1,5 µm mit Stachelwarzen besetzt, 8 bis 10 (5 bis 14) Keimsporen, Sporeninhalt gelborange. Teleutosporenlager: schwarzbraun, erscheinen in der Vielzahl aneinandergereiht als dünne, schwarze Streifen bis zu 10 cm Länge, von der Epidermis bedeckt, durch Paraphysen in einzelne Fächer geteilt, Teleutosporen: keulenförmig, kurz gestielt, am Scheitel abgeflacht oder mit 1 bis 2 stumpfen Fortsätzen, zweizellig, Scheitelzelle zylindrisch bis rundlich, dunkelbraun,

Basalzelle, konisch, heller, 44 bis 52 (24 bis 73) × 15 bis 18 (13 bis 24) µm, gelegentlich einzellige Mesosporen.

– Weizenbraunrost (*Puccinia recondita* Rob. ex Desm. f. sp. *tritici*, Syn.: *Puccinia triticina* Erikss., *Puccinia rubigovera* Wint.)
(ohne Abbildung)

SCHADBILD

An Blattspreiten, seltener an Blattscheiden, Halmen, sehr selten an Grannen, zerstreut auftretende orangefarbene Uredosporenlager. Einzelne Lager ringförmig von weiteren Lagern umgeben, bei resistenten Sorten auch Ausbildung kleinerer Uredosporenlager mit chlorotischen Höfen. Auf abreifenden Pflanzen (bei resistenten Sorten auch früher) schwarzbraune, von der Epidermis bedeckte, kleine, selten in Reihen angeordnete Teleutosporenlager, vorwiegend an der Blattunterseite, auch an Blattscheiden und Halmen.

ERREGER

Puccinia recondita Rob. ex Desm. f. sp. *tritici*.
Bildung von Pathotypen, Wechselwirt: *Thalictrum* spp. Uredosporenlager: orange bis okkerbraun, etwas größer als bei *Puccinia striiformis*, 0,9 (0,3 bis 2,2) × 0,7 (0,3 bis 1,4) mm, Uredosporen: kugelig bis ellipsoidisch, 20,5 (16,6 bis 29,0) × 17,9 (12,5 bis 20,8) µm, Sporenwand gelb bis schwach braun, 1 bis 1,5 µm dick, im Abstand von 1,5 bis 2 µm mit feinen Stachelwarzen besetzt, 8 bis 10 Keimsporen. Teleutosporenlager: schwarzbraun, von der Epidermis bedeckt, punktförmig, selten kurze Striche, mitunter durch Paraphysen unterteilt, Teleutosporen: zweizellig, länglich, keulenförmig, am Scheitel abgestumpft oder schräg abgestutzt, untere Zelle schmaler, Stiel kurz, Wand 1 µm, am Scheitel 3 bis 4 µm dick, am Scheitel und an der Querwand dunkelbraun, 30 bis 42 (26 bis 55) × 14 bis 17 (13 bis 24) µm. Spermogonien und Aecidien: auf *Thalictrum*-Arten.

– Weizenschwarzrost (*Puccinia graminis* Pers. f. sp. *tritici*) Erst ab Mitte bis Ende Juni an Weizen zu finden (Beschreibung zu Tafel 40).

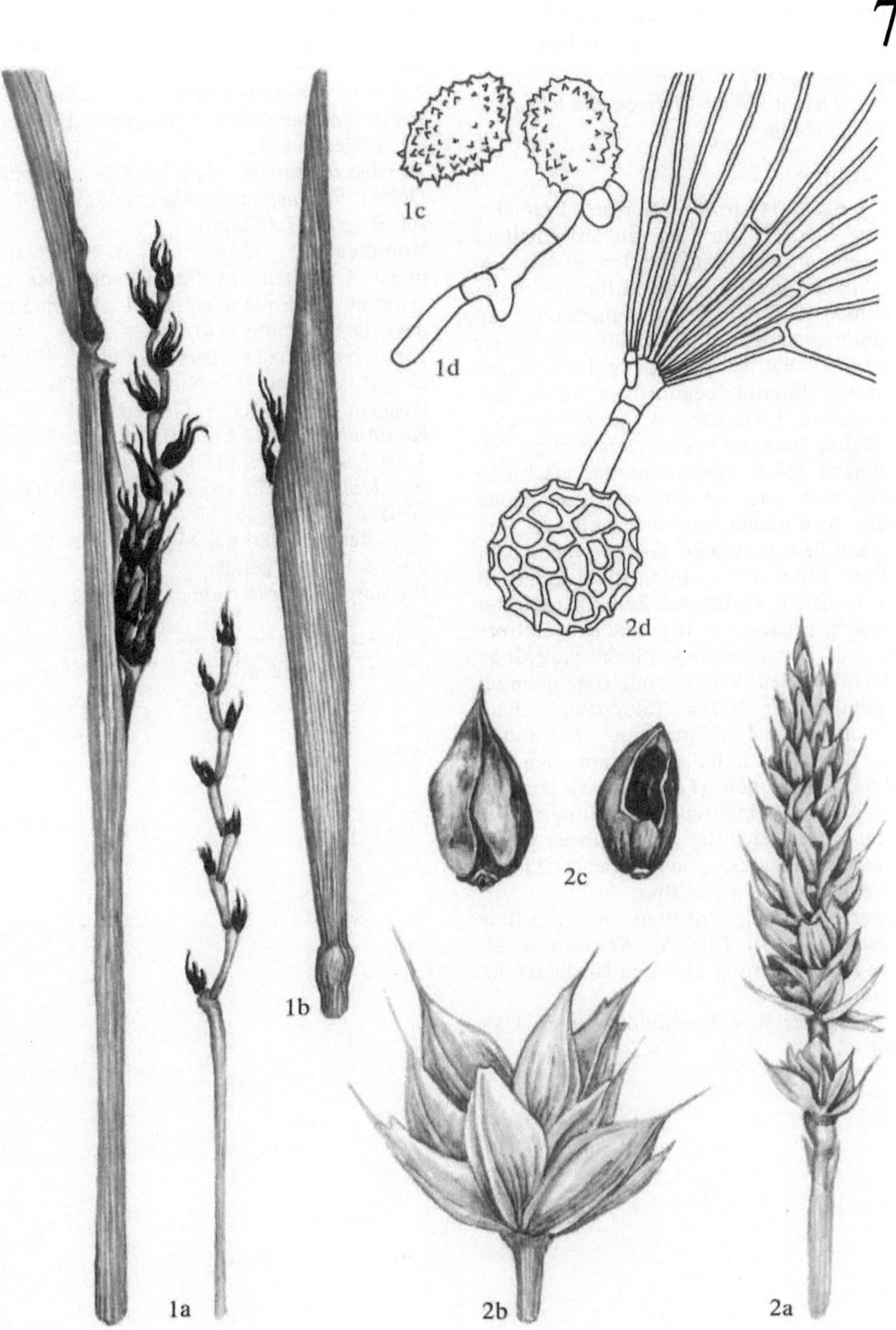
1c
1d
2d
2c
1b
1a
2b
2a

Augenflecken-, Medaillonflecken-, Lagerfuß-, Halmbruchkrankheit

Pseudocercosporella herpotrichoides (Fron.) Deight., Syn.: *Cercosporella herpotrichoides* (Fron.)

SCHADBILD

An jungen Pflanzen (Herbst, Frühjahr) braune Flecke, zum Teil mit aufgehelltem Zentrum, an den Blattscheiden, die an diesen Stellen häufig einige Millimeter längs aufreißen. Rißstelle leicht aufgespreizt, an darunterliegender Blattscheide mitunter braune, strichartige Verfärbung. Herbstbefall kann Auswinterung begünstigen, an der heranwachsenden Pflanze im unteren Bereich der Halme zunächst braune, strichartige Verfärbungen, später medaillonartige, nach den Enden mehr oder weniger spitz zulaufende Flecke. Von einem rotbraunen bis braunen, oft nach dem gesunden Gewebe mehr oder weniger diffus verlaufenden Rand umgeben (1a), in den nekrotischen Zentren mitunter schwarze, kleine, unregelmäßig geformte Stromata. Typische Augenflecke an grünen Halmen am deutlichsten, mit zunehmender Vergilbung der Halme (Stoppeln) Schadstelle oft nur an dunklem Saum zu erkennen (1b). Bei starkem Befall Vermorschen der Halme, Halmbruch (1c), schwach entwickelte Ähren, Weißährigkeit. Im Inneren des Halmes im Bereich der Verfärbungen mausgraues, graublaues, graugrünliches Myzel. Die Wurzeln sind befallsfrei.

Verwechslungsmöglichkeiten mit *Fusarium* (Beschreibung zu Tafel 9), *Rhizoctonia*. Sichere Identifizierung über den Nachweis der Konidien.

Anregung der Konidienbildung durch UV-Licht.

ERREGER

Pseudocercosporella herpotrichoides (Fron.) Deight.

Anhand der Konidiengrößen wurde diese Art in jüngster Zeit in 3 Arten und 2 Varietäten aufgegliedert:

Pseudocercosporella herpotrichoides (Fron.) Deight. var. *herpotrichoides* an Weizen, Gerste, Roggen, Triticale

Konidien: 52 (35 bis 80) × 1,5 bis 2 µm, meist 4 Septen, hyalin, gerade oder gekrümmt, ein Ende abgerundet, ein Ende nadelartig zugespitzt (1d),

Pseudocercosporella herpotrichoides (Fron.) Deight. var. *acuformis* Nirenberg an Weizen, Roggen, Gerste, Hafer, Gräsern

Konidien: 65,8 (43 bis 120) × 1,2 bis 2,3 µm, 4 bis 6 Septen, gerade,

Pseudocercosporella anguioides Nirenberg an Weizen, Gerste

Konidien: 150 (80 bis 260) × 1,0 bis 1,5 µm, 6 bis 8 Septen, gerade,

Pseudocercosporella aestiva Nirenberg an Weizen

Konidien: 24 (15 bis 32) × 1,0 bis 1,5 µm, 3 Septen, gebogen.

Spitzer Augenfleck (Lagerfußkrankheit, Halmbruchkrankheit)

(*Rhizoctonia* spp., *Thanatephorus cucumeris* [Frank] Donk.)
(ohne Abbildung)
(Auch an Gerste, Hafer, Roggen, Futtergräsern)

SCHADBILD

An jungen Pflanzen braune, nekrotische Verfärbungen an Koleoptilen und Blattscheiden, nicht sicher zu identifizieren, gelegentlich kleine, bis zu 5 mm große, helle bis dunkelbraune Sklerotien an den Schadstellen zu finden. Pflanzen können absterben, mitunter nesterweises Auftreten oder reihenweises, später Augenflecke am Halm (Verwechslungsmöglichkeit mit *Pseudocercosporella*), Saum breit, schärfer gegen das gesunde Gewebe abgesetzt als bei *Pseudocercosporella*. Im Inneren der Halme kein Myzel, aber mitunter flache, der Halmwand dicht ansitzende, hell- bis dunkelbraune Sklerotien. Die Wurzeln können befallen werden, braune Trockenfäulen (Verwechslungsmöglichkeit: *Fusarium*, siehe Beschreibung zu Tafel 9).

ERREGER

Thanatephorus cucumeris (Frank) Donk, Syn.: *Ceratobasidium* spp., Sklerotienstadium *Rhizoctonia solani* Kühn (*Corticium solani* [Prill. et Del.] Bourd et Galz.) und eine in einigen Eigenschaften abweichende, als *Rhizoctonia cerealis* van der Hoeven bezeichnete Art, die vermutlich bei *Ceratobasidium* einzuordnen sein wird (noch nicht nachgewiesen).
Thanatephorus cucumeris: am unteren Halm, dicht über dem Boden, zartes weißes Hymenium (Weißhosigkeit) mit walzenförmigen bis zylindrischen Basidien, 10 bis 25 × 6 bis 19 µm, am oberen Ende 4 (2 bis 7) bis zu 14 µm lange Sterigmen, Basidiosporen hyalin, 7 bis 12,5 × 4 bis 7 µm.
Rhizoctonia-Arten: Morphologische Unterschiede zwischen den beiden *Rhizoctonia*-Arten sehr variabel, sichere Abgrenzung nur über die Kernzahl, Anastomosenbildung und – wenn nachgewiesen – über die höhere Fruchtform möglich.
Rhizoctonia solani: Myzel hellbraun bis dunkelbraun, 6 bis 10 (5 bis 14) µm breit, Sklerotien abgeflacht, bis zu 5 mm groß, erst weiß, später dunkelbraun.
Rhizoctonia cerealis: Myzel hellbraun, schmaler, meist unter 5 µm breit, Sklerotienbildung geringer, Sklerotien heller, weiß-gelb-hellbraun, in der Regel kleiner, 1 bis 2 mm.

Schwarzbeinigkeit (Weißährigkeit)

(*Gaeumannomyces graminis* [Sacc.] v. Arx et Olivier, Syn.: *Ophiobolus graminis* Sacc.)

(Auch an Gerste, Hafer, Roggen, Futtergräsern)

SCHADBILD

An jungen Pflanzen Blätter vergilbt, am Boden liegend, Wurzeln schwarz, Pflanzen sterben ab, nesterweises Auftreten, heranwachsende Pflanzen zeigen schlechte Bestockung, Blätter vergilben, Halme und Ähren weiß, Ähren taub oder Kümmerkörner, Pflanzen können in allen Entwicklungsstadien absterben. Wurzeln, Kronenwurzeln, Halmbasis schwarz verfärbt (2), Pflanzen lassen sich leicht aus dem Boden ziehen, am Halmgrund äußerlich, mit einer Lupe erkennbar, dunkle Laufhyphen, an abgestorbenen Halmen Perithezien (Pseudothezien) in das Gewebe eingesenkt, schwer erkennbar.

Verwechslungsmöglichkeiten:

Pseudocercosporella: Wurzeln gesund,

Fusarium: Wurzeln braun, Trockenfäule, keine Laufhyphen (Beschreibung zu Tafel 9),

Drechslera sorokiniana: keine Laufhyphen (Beschreibung zu Tafel 31),

Rhizoctonia: Laufhyphen vorhanden, Augenflecke am Halm, Sklerotien.

ERREGER

Gaeumannomyces graminis (Sacc.) v. Arx et Olivier var. *tritici* Walker

Mehrere Varietäten, deren Wirtspflanzenkreise sich überschneiden:

var. *tritici:* an Weizen, Triticale, Gerste und Roggen

Braune, 4 bis 7 µm breite, septierte Laufhyphen, mehrere (6 bis 8) in Strängen zusammen, Pseudothezien: schwarz, 200 bis 400 × 150 bis 300 µm mit langem Hals von 100 bis 400 × 70 bis 100 µm, Asci: unitunikat, keulenförmig, 80 bis 130 × 10 bis 15 µm, 8 Sporen, in unreifen Fruchtkörpern zwischen den Asci Paraphysen. Ascosporen: hyalin bis schwach hellbraun, leicht gekrümmt, fadenförmig, an beiden Enden abgerundet, 3 bis 5 nicht sehr deutliche Septen, 80 bis 100 × 2,5 bis 3 µm.

var. *graminis:* an Grasarten

Fruchtkörper und Sporen wie bei var. *tritici,*

var. *avenae:* an Hafer und Grasarten

Fruchtkörper und Sporen etwas größer als bei den anderen beiden Varietäten. Pseudothezien: 300 bis 500 × 250 bis 400 µm, Asci: 115 bis 145 × 12 bis 16 µm, Ascosporen: 100 bis 125 × 2,5 bis 3,5 µm.

8

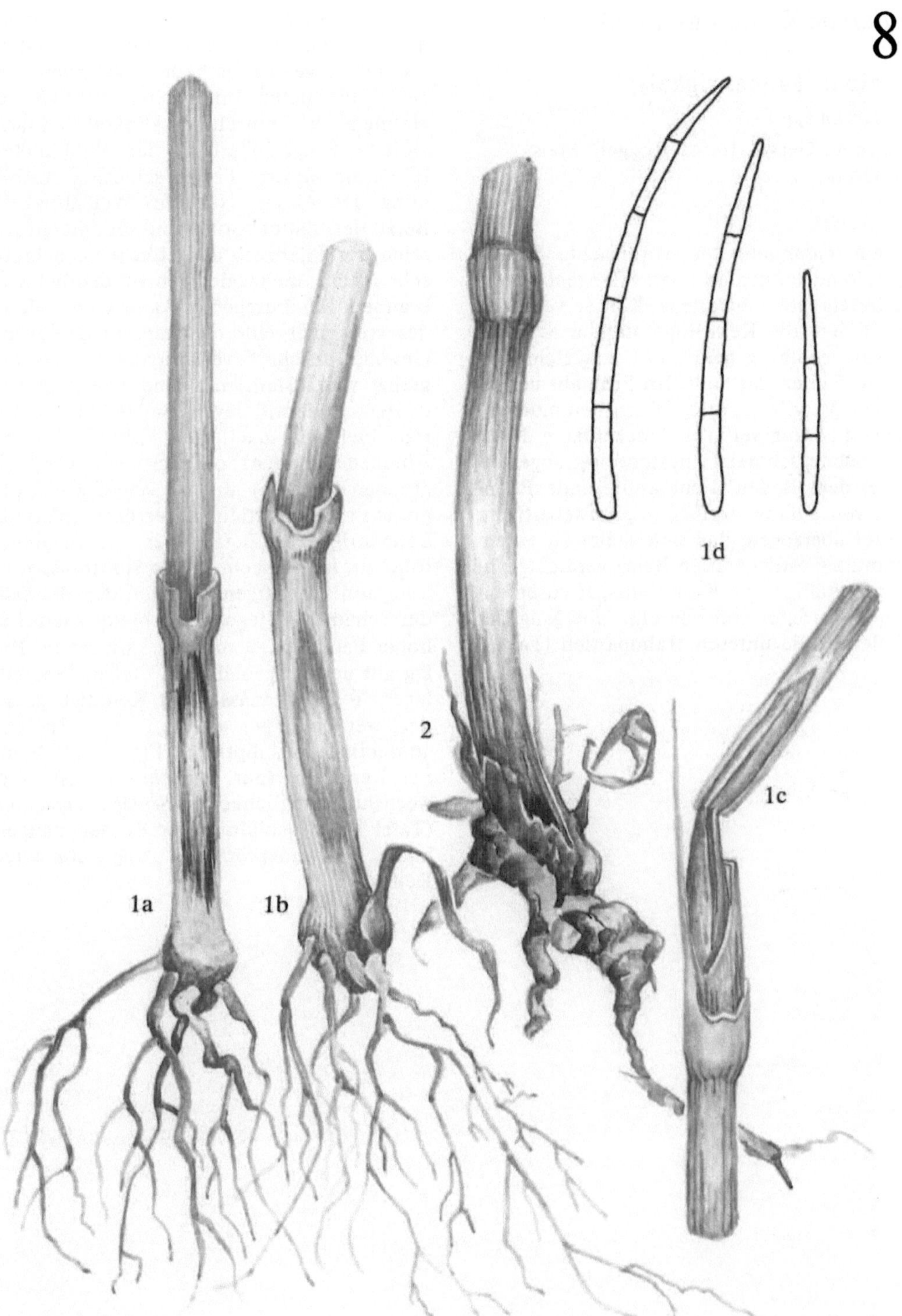

Fusarium-Keimlingskrankheiten (Wurzel- und Halmfäulen, partielle Taubährigkeit)

(*Fusarium* spp.)

(Auch an Gerste, Hafer, Roggen, Mais, Futtergräsern)

SCHADBILD

Durch *Fusarium*-Arten verursachte Schadsymptome können an allen Pflanzenorganen auftreten. Stark befallene Körner verpilzen im Boden, die Keimlinge sterben ab, oder korkenzieherartig gekrümmt, ungleichmäßiges Auflaufen der Saat. Im Frühjahr nesterweises Vergilben und Wuchshemmungen, Wurzeln braun verfärbt, Trockenfäule. Nach der Schneeschmelze nesterweise abgestorbene, dem Boden dicht aufliegende Pflanzen, von anfangs weißem, spinnwebartigem Myzel überzogen, das sich später zu einem schmutzig rötlichgrauen Belag verdichtet, in dem auffällige rote Konidienlager zu erkennen sind (Schneeschimmel!). Übergang der Fäule auf die unteren Halmpartien (1a, b),

braune Verfärbungen, mehr oder weniger diffus verlaufend, im Inneren der Halme schmutzig weißes bis hellrosa gefärbtes Myzel. Halmknoten im unteren Bereich der Halme auch braunschwarz verfärbt, schwarzviolette Ringe oberhalb der Halmknoten (*Gerlachia nivalis*). Folge: schlechte Ausbildung der Ähren, Notreife, Weißährigkeit. Befall der Blätter vorwiegend im unteren Bereich der Pflanzen, ausgeblichene, nekrotische Flecke, mehr oder weniger deutlich von braunem Rand umgeben (kann auch fehlen), der von einer chlorotischen, in das grüne Gewebe unscharf verlaufenden Zone begrenzt wird. Blattflecke sind schwierig eindeutig zu identifizieren. Bei Befall der Ähren bleichen nach der Blüte einzelne Ährchen (Roggen) oder größere Ährchengruppen (Weizen) aus, oft scharf gegen die grünen Ährenpartien abgegrenzt (partielle Taubährigkeit). Befall der Ährenspindel führt zur Unterbrechung des Stofftransportes und zum vorzeitigen Abreifen der oberhalb der Schadstelle liegenden Ährenpartien. Bei hoher Feuchtigkeit rosa bis karminroter Belag auf den ausgebleichten Stellen (Sporenlager, in denen massenhaft Konidien gebildet werden) (1c, d). An den Spelzen ausgeblichene, elliptische Flecke mit brauner Randzone (nur *Gerlachia nivalis*). Verwechslungsmöglichkeit: *Septoria nodorum* (Tafel 10). Ausbildung der Körner mangelhaft, Kümmerkörner, ungleichmäßige Reife.

ERREGER

An dem Komplex der Getreidefusariosen sind zahlreiche *Fusarium*-Arten beteiligt. Die wichtigsten Arten sind:
- *Gerlachia nivalis* (Ces. ex Sacc.) W. Gams et E. Müll., Syn.: *Fusarium nivale* Ces. ex Sacc., Perfektform: *Monographella nivalis* (Schaffn.) E. Müll., Syn.: *Griphosphaeria nivalis* (Schaffn.) E. Müll. et v. Arx, *Calonectria graminicola* (Berk. et Br.) sensu Wollenw., (Schneeschimmel)

Konidienform: *Gerlachia nivalis* (Ces. ex Sacc.) W. Gams et E. Müll. 2 Varietäten, die sich in der Größe der Konidien unterscheiden: var. *nivalis* (vorwiegend an Roggen und Weizen) und var. *major* (vorwiegend an Weizen und *Lolium*). Befallen werden auch Gerste, Hafer und zahlreiche Gräser.

Perfektform: *Monographella nivalis* (Schaffn.) E. Müll. Mikrokonidien und Chlamydosporen: fehlen. Makrokonidien: sichelförmig, an beiden Enden verschmälert, keine Fußzelle, var. *nivalis:* 1 (1 bis 3) Septen, 13 bis 20 × 2,5 bis 3,5 µm (2 a, b), var. *major:* 3 (1 bis 7) Septen, 19 bis 37 × 3,5 bis 4,5 µm. Perithezien: in abgestorbenes Pflanzengewebe eingesenkt, erst hell, später schwarz, oval bis kugelig, 120 bis 180 × 80 bis 300 µm, Asci: keulenförmig bis zylindrisch, 60 bis 70 × 6 bis 9 µm, 8 (6) Ascosporen, Ascosporen hyalin, spindelförmig, ausgereift in 3 Septen, an den Septen nicht eingeschnürt, 10 bis 17 × 3,5 bis 4,5 µm.

- *Fusarium culmorum* (W. G. Smith) Sacc. var. *culmorum*
Weit verbreitet mit großem Wirtspflanzenkreis, dominierende *Fusarium*-Art, Perfektform nicht bekannt. Mikrokonidien: fehlen, Makrokonidien: hyalin, mehr oder weniger sichelförmig, relativ kurz und dick, Basis fußzellig, 3 bis 5 (selten bis 9) Septen (3 a, b), 3 Septen: 26 bis 36 × 4 bis 6 µm, 5 Septen: 34 bis 50 × 5 bis 7 µm, Chlamydosporen: nicht sehr häufig, vorwiegend interkalar in Hyphen, seltener auch in Konidien, rund bis oval, 10 bis 14 × 9 bis 12 µm, zu mehreren in Ketten oder Knäuel, selten einzeln, dickwandig, braun gefärbt.

- *Fusarium avenaceum* (Fr.) Sacc. var. *avenaceum* (Perfektform: *Gibberella avenacea* R. J. Cook)
Weit verbreitet, an Getreide meist schwach parasitisch und saprophytisch, verursacht vorwiegend Auswinterungsschäden und Wurzelfäulen.

Mikrokonidien: selten, 1- bis 2zellig, oval, hyalin, 6 bis 25 × 2 bis 4 µm, Makrokonidien: 3 bis 7 Septen, schlank, wenig gebogen, oberes Ende mitunter in längere Spitze ausgezogen, 20 bis 80 × 3,5 bis 4 µm (5 a, b), Chlamydosporen: fehlen, Perithezien: dunkelrot bis schwarz, einzeln oder in Gruppen oberflächlich an den unteren Halmteilen, kugelig bis birnenförmig, bewarzt, 125 bis 265 µm, Asci: zylindrisch bis keulig, 70 bis 100 × 9 bis 12 µm, Ascosporen: hyalin, elliptisch bis spindelig, im Ascus zweireihig, 1 (bis 3) Septen, 13 bis 25 × 4 bis 6,5 µm.

- *Fusarium graminearum* Schwabe (Perfektform: *Gibberella zeae* (Schw.) Petch)
Weit verbreitet, schädigt neben Getreide insbesondere Mais (Keimlingsfäule, Wurzel- und Stengelfäule, Kolbenfäule: Beschreibung zu Tafel 59).
Mikrokonidien: fehlen, Makrokonidien: hyalin, spindel- bis sichelförmig, sehr unterschiedlich in Größe und Form, mit deutlicher Fußzelle, 5 bis 6 (3 bis 9) Septen (4a, b), 3 bis 4 Septen: 25 bis 40 × 2,5 bis 4 µm, 5 bis 7 Septen: 35 bis 62 × 2,5 bis 5 µm, Chlamydosporen: sehr selten, gelegentlich paarweise oder in kurzen Ketten in den Hyphen, blaßbraun, rund bis oval, 8 bis 12 µm, Perithezien: blauschwarz bis schwarz, einzeln oder in Gruppen auf sklerotialem Stroma an abgestorbenen Pflanzenteilen (untere Halm- und Stengelpartien), 150 bis 300 × 100 bis 250 µm, Asci: zylindrisch bis keulenförmig, 40 bis 85 × 8 bis 15 µm, mit 8 (selten 4 bis 6) Ascosporen. Diese hyalin, selten hellbraun, spindelförmig, ausgereift mit 3 Septen, an den Querwänden kaum eingeschnürt, 18 bis 27 (16 bis 33) × 3 bis 5 µm.

- *Fusarium poae* (Peck) Wollenw.
(ohne Abbildung)
Tritt sporadisch auf, befällt von Getreide vorwiegend Hafer, häufig vergesellschaftet mit der Grashalmmilbe (*Siteroptes graminum* [Reuter]) (Tafel 47), die sich von dem Pilz ernährt und zu seiner Verbreitung beiträgt. An Maiskolben Erreger der Weißfäule (*Fusarium*-Stengel- und Kolbenfäulen, Tafel 59). Die Perfektform ist nicht bekannt.
Mikrokonidien: sehr zahlreich, rund, 7 bis 10 µm, oder birnenförmig, 8 bis 12 × 7 bis 10 µm, 1- oder 2zellig, hyalin, Makrokonidien: kurz, dick, wenig gebogen, enthalten viele Vakuolen, 3 (2 bis 5) Septen, 20 bis 40 × 3 bis 4,5 µm, Chlamydosporen: fehlen.
- Weitere, an Getreide vorkommende Arten sind:
Fusarium acuminatum Ell. et Kellerm. (*Gibberella acuminata* Wollenw.), *Fusarium dimerum* Penzig, *Fusarium equiseti* (Corda) Sacc. (*Gibberella intricans* Wollenw.), *Fusarium sporotrichoides* Sherb., *Fusarium tricinctum* (Corda) Sacc. und *Fusarium moniliforme* Sheldon sensu Wollenw. et Reinking.
Hinweis: Eine exakte Bestimmung von *Fusarium*-Arten erfordert die Verwendung von Spezialliteratur sowie die Kultur auf speziellen Nährmedien. Die angegebenen Werte gestatten nur eine grobe Orientierung.

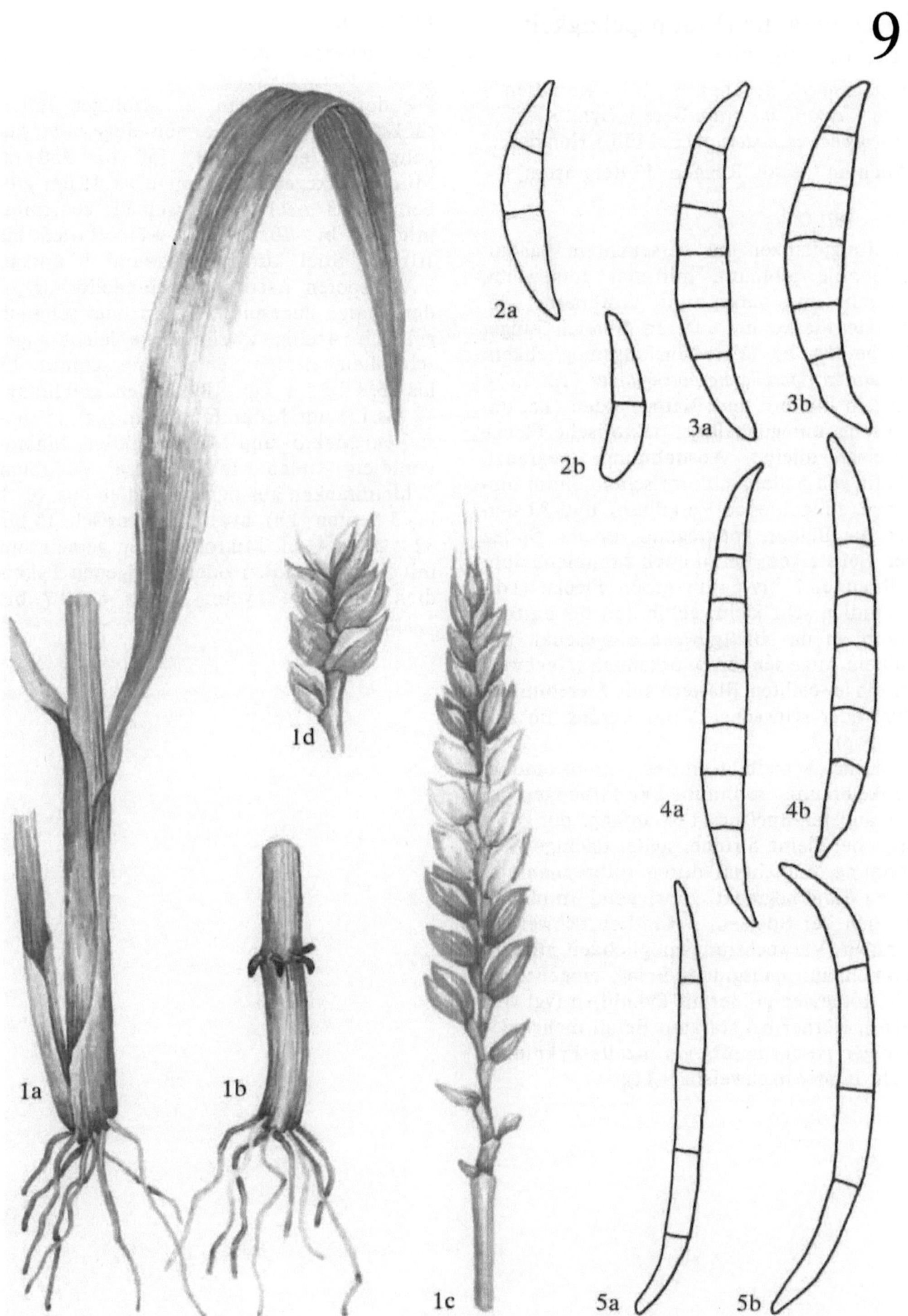

Spelzenbräune (Braunspelzigkeit, Braunfleckigkeit)

(*Leptosphaeria nodorum* E. Müll., Konidienform: *Septoria nodorum* Berk.), Syn.:
Phaeosphaeria nodorum (E. Müll.) Hejarude
(Auch an Gerste, Roggen, Futtergräsern)

SCHADBILD

An Jungpflanzen aus verseuchtem Saatgut Koleoptile gebräunt, mitunter aufgewölbt, verdreht und verkrümmt. Rotbraune, begrenzte Flecke im unteren Bereich junger Triebe (1a, b), (Verwechslungsmöglichkeit: *Pseudocercosporella herpotrichoides* (Tafel 8)). An den Blättern und Blattscheiden (1c) untypische, unregelmäßige, nekrotische Flecke unterschiedlicher Ausdehnung, begrenzt, häufig von hellem, chlorotischem Saum umgeben, zunehmende Vergilbung und Absterben der Blätter, vorwiegend von der Spitze her. Bei starkem Befall auch zahlreiche dunkelbraune, 1 bis 5 mm große Flecke (1d), Pyknidien sehr klein, gelbbraun bis dunkelbraun, in das Blattgewebe eingesenkt, mit bloßem Auge schwer zu erkennen (Nachweis an eingeweichten Blättern mit Stereomikroskop oder schwacher Vergrößerung im Mikroskop).

Typisches Schadbild an den Ähren: braune, dunkelbraune, rotbraune Verfärbungen an den äußeren Spelzen (1e), anfangs punktförmig oder kleine Striche, später flächige Ausdehnung, manchmal durch rotbraunen-violetten Rand begrenzt, vorwiegend im oberen Bereich der Spelzen, Pyknidien schwer erkennbar (Verwechslungsmöglichkeit mit Ährenmehltau: mausgrauer Belag, eingebettete Kleistothezien größer als Pyknidien (vgl. Tafel 6)). Körner bei starkem Befall mehr oder weniger geschrumpft, gerunzelt, Pyknidien nicht immer nachweisbar (1f).

ERREGER

Leptosphaeria nodorum E. Müll., Konidienform *Septoria nodorum* Berk.

Pseudothezien: selten, an strohigen Ernterückständen, in das Gewebe eingesenkt, kugelig oder eingedrückt, 150 bis 250 µm, Mündung kegelförmig mit etwa 15 µm großem Porus, Asci: zylindrisch bis keulenförmig, 60 bis 70 (44 bis 81) × 9 (8,5 bis 10) µm, Stiel kurz, Ascuswand bitunikat, 8 Ascosporen, Ascosporen: spindelförmig, an den Enden zugespitzt, hyalin oder schwach gelblich, 4zellig, zweite Zelle leicht angeschwollen, an den Septen eingeschnürt, 17 bis 26 × 3,5 bis 5 µm, Pyknidien: gelbbraun, 72 bis 175 µm, Mündung 20 µm (1g), Pyknosporen: Makro- und Mikrokonidien, Makrokonidien treten in hellrosa gefärbten Schleimranken aus den Pyknidien aus, (0) 1 bis 3 Septen (1h), hyalin, zylindrisch, 18 bis 32 × 2 bis 4 µm, Mikrokonidien gemeinsam mit Makrokonidien oder in eigenen Pyknidien, einzellig, hyalin, 3 bis 6 × 0,7 bis 1,0 µm.

Blattdürre
(*Mycosphaerella graminicola* [Fckl.]
Sanderson, Konidienform:
Septoria tritici Rob. ex Desm.)
(Auch an Hafer, Roggen)

SCHADBILD
An den Blättern ovale bis streifenförmige,
mehr oder weniger deutlich von den Blattadern begrenzte, chlorotische, später hellbraune Flecke, anfangs bis zu 1 cm lang, bei
starkem Befall Zusammenfließen der Flecke,
Blätter vertrocknen und sterben ab, Pyknidien sehr klein, als schwarze Punkte gerade
erkennbar, deutlich parallel zu den Adern
angeordnet, vorwiegend in feuchten Gebieten, Symptome bereits an jungen Pflanzen,
später insbesondere an den unteren Blättern
zu finden.

ERREGER
Mycosphaerella graminicola (Fckl.) Sanderson.
Konidienform *Septoria tritici* Rob. ex Desm.
Pseudothezien: in Europa bisher selten
nachgewiesen, einzeln, subepidermal, kugelig, 80 bis 130 µm, Mündung undeutlich,
Asci: bitunikat, 34 bis 41 × 11 bis 13 µm,
mit kurzem Stiel, 8 Ascosporen, zweizellig, 9
bis 16 × 2,5 bis 4 µm, hyalin, elliptisch, Pyknidien: eingesenkt, vorwiegend an den unteren Blättern und an Blattscheiden, kugelig
bis elliptisch, 80 bis 150 µm, anfangs gelbbraun, später schwarz, Pyknosporen: Makrokonidien deutlich länger als bei *Septoria nodorum,* 1 bis 3 (1 bis 6) Septen, 35 bis
98 × 1,5 bis 2,5 µm, hyalin, leicht gekrümmt
(2), austretende Sporenranken weiß (*Septoria
nodorum* rosa), Mikrokonidien vermischt mit
Makrokonidien oder in eigenen Pyknidien,
hyalin, gekrümmt, einzellig, 5 bis 9 × 0,3 bis
1,3 µm. Makro- und Mikrokonidien bilden
bei der Keimung außer der Keimhyphe noch
einzellige, infektionstüchtige Sekundärkonidien von 1,75 µm Durchmesser. Mischinfek-
tionen von *Septoria nodorum* und *Septoria tritici* sind möglich.
Gleiche Symptome wie durch den Erreger
der Spelzenbräune werden durch den Pilz
Leptosphaeria avenaria Weber f. sp. *triticea*
T. Johnson, Konidienform *Septoria avenae*
Frank f. sp. *triticea* T. Johnson verursacht.
Die an Stoppeln gebildeten Pseudothezien
sowie die Asci und Ascosporen unterscheiden sich morphologisch kaum von den ent-
sprechenden Formen von *Leptosphaeria nodorum* E. Müll. Die sicherste Identifizierung
erfolgt über den Vergleich der Konidien, die
bei *Septoria avenae* f. sp. *triticea* 1- bis 5zellig
und mit 26 × 42 × 2,5 bis 3,5 µm etwas größer als bei *Septoria nodorum* sind (siehe auch
Beschreibung vor Tafel 46).

Helminthosporium-Gelbfleckenkrankheit

(*Drechslera tritici-repentis* [Died.] Shoem.,
Syn.: *Helminthosporium tritici-repentis* Died.)
(ohne Abbildung)
(Auch an Futtergräsern)

SCHADBILD

An Weizen und *Bromus*-Arten gelbbraune
Flecke bis zu 12 mm Durchmesser mit gelbem Saum, vorwiegend auf den Blattspreiten, Flecke laufen zusammen, erhalten bleiben die sich dunkelbraun färbenden Zentren
der ursprünglichen Flecke, auf denen Konidien gebildet werden. Stärkeres Auftreten
bei hoher Feuchtigkeit.

ERREGER

Drechslera tritici-repentis (Died.) Shoem., Perfektform: *Pyrenophora trichostoma* (Fr.) Fckl.,
Syn.: *Pyrenophora trichostoma* (Fr.) Fckl.,
Syn.: *Pyrenophora tritici-repentis* (Died.)
Drechsl.
Konidienträger: 100 bis 300 × 7 bis 8 µm,
einzeln, oliv-schwarz, mit geschwollener Basis, Konidien: subhyalin, zylindrisch, Basalzelle konisch, meist 4 bis 7 Pseudosepten, 12
bis 21 × 45 bis 200 µm, Keimung aus allen
Zellen möglich, Pseudothezien: im Herbst
an Stoppeln und abgestorbenen Blattscheiden, schwarz, mit deutlicher Mündung, 200
bis 350 µm, Asci: länglich bis eiförmig, mit
8 Ascosporen, oval, braun, 45 bis 70 × 18 bis
28 µm, 3 Quer- und 1 bis 2 Längssepten.

Phoma-Blattfleckenkrankheit

(*Phoma glomerata* [Cda.] Wr. et Hochapf.)
(ohne Abbildung)
(Auch an Futtergräsern)

SCHADBILD

An Triticale und Weizen: gelbe bis hellbraune, an Triticale auch graubraune Flecke
an den Blattspreiten und Blattscheiden, unregelmäßige Form, 1 bis 6 × 1 mm, mit sehr
kleinen, kaum erkennbaren dunklen Fruchtkörpern (Pyknidien).

ERREGER

Phoma glomerata (Cda.) Wr. et Hochapf.
Pyknidien: braun, rund, kurzer Hals (kann
fehlen), 34 bis 220 µm, Konidien: treten in
einer Schleimranke aus den Pyknidien aus,
hyalin, eiförmig bis elliptisch, 3,9 bis
12,7 × 1,9 bis 4,4 µm.

10

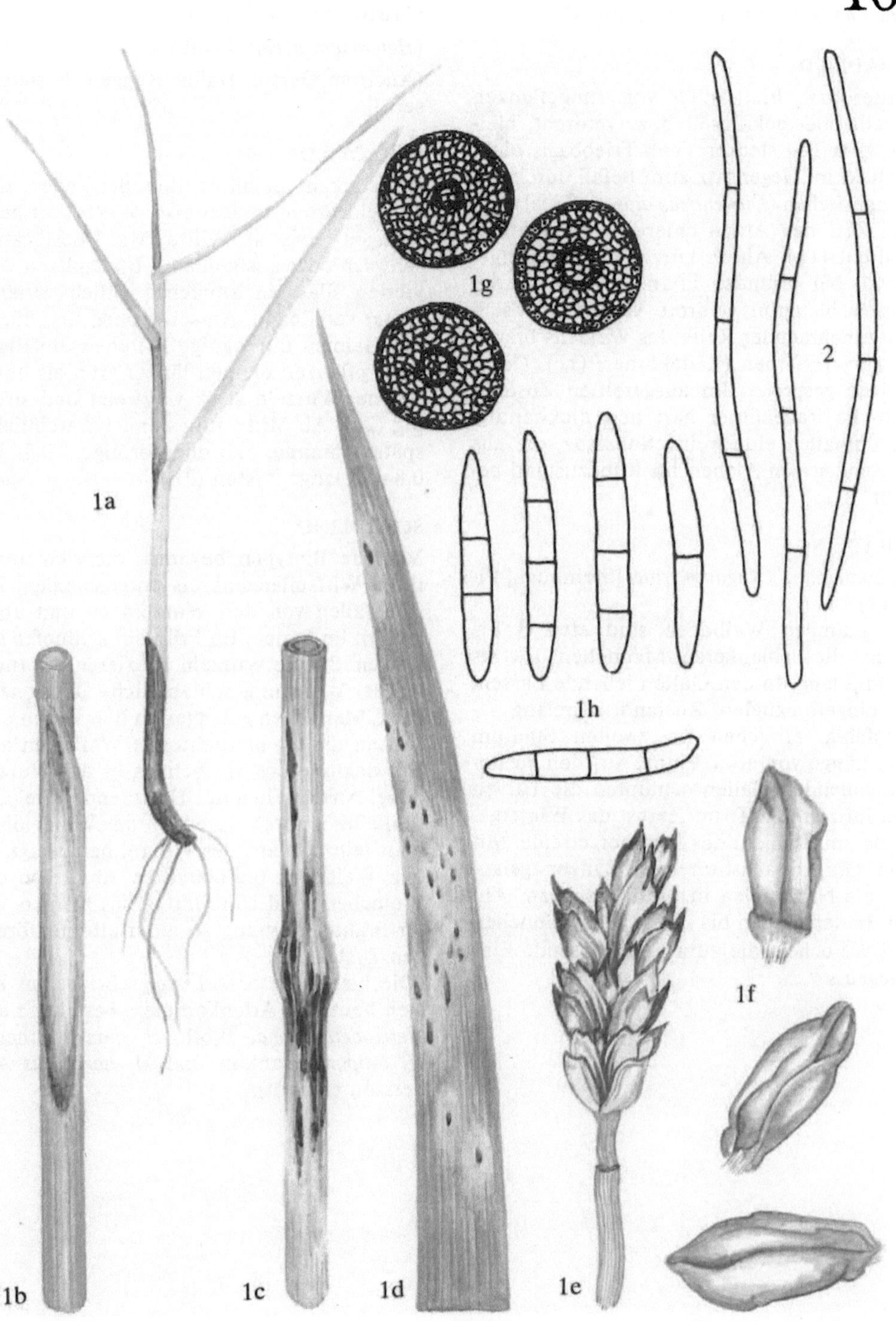

Weizenälchen

(*Anguina tritici* [Steinbuch] Filipjev)

SCHADBILD

Blätter bzw. Blattränder von Jungpflanzen gewellt oder gekräuselt bzw. verdreht, bleiben zum Teil stecken (1 a). Triebbasis nicht verdickt im Gegensatz zum Befall durch das Stengelälchen (*Ditylenchus dipsaci* (Tafel 42)). Zur Zeit des Ährenschiebens Fahnenblatt verdreht (1 b), Ähren kürzer und gedrungener als bei gesunden Pflanzen. Anstelle der Körner blaugrün gefärbte Gallen, die sich mit zunehmender Reife des Weizens braunschwarz verfärben (Radekörner) (1 c). Deckspelzen gespreizt. Im ausgereiften Zustand sind die Radekörner hart und dickwandig. Sie enthalten eine weiße Substanz, die aus Tausenden von Älchen im Ruhezustand besteht.

SCHÄDLING

Weizenälchen (*Anguina tritici* [Steinbuch] Filipjev).
Die plumpen Weibchen sind etwa 3 bis 5 mm, die schlankeren Männchen 1,9 bis 2,5 mm lang. In den Gallen lebende Larven, im eingetrockneten Zustand jahrelang lebensfähig, erreichen im zweiten Stadium eine Länge von etwa 1 mm. Aus den zu Boden fallenden Gallen schlüpfen die Larven und infizieren z. T. im Herbst das Wintergetreide, im Frühjahr das Sommergetreide. Mit dem Längenwachstum der Pflanzen gelangen die Nematoden in die Blüten bzw. Ähren. In den Gallen bis zu etwa 40 Männchen und Weibchen, die zum Teil Tausende Eier ablegen.

Getreidezystenälchen (Haferzystenälchen)

(*Heterodera avenae* Woll.)
(Auch an Gerste, Hafer, Roggen, Futtergräsern)

SCHADBILD

Bei starkem Befall in den Beständen aller Getreidearten nesterweise Wachstumshemmungen etwa ab Mitte Mai, Bestockung schwach oder ausbleibend. Blattspitzen vom vierten Blatt an zunächst rötlich verfärbt, später vergilbend. An schwachen und kürzeren Halmen nur wenige Ährchen. Befallene Haferpflanzen bleiben länger grün als unbefallene. Wurzeln stark verzweigt und struppig (2 a). Ab Mitte Juni zunächst weißliche, später braune, zitronenförmige, 0,6 bis 0,8 mm lange Zysten (2 b).

SCHÄDLING

Mehrere Biotypen bekannt, die sich durch ihren Wirtspflanzenkreis unterscheiden. Zysten fallen von den Wurzeln ab und überdauern im Boden. Im Frühjahr schlüpfen die Larven, die die Wurzeln infizieren. Im Inneren der Wurzeln geschlechtliche Differenzierung, Männchen gelangen in den Boden und suchen das zu befruchtende Weibchen auf. Entwicklung des Weibchens in der Wurzel, dabei Anschwellen des Hinterendes, welches schließlich durch Sprengen der Wurzeloberhaut teilweise aus der Wurzel herausragt. In den Weibchen bis 600 Eier. Absterben des Weibchens und Umbildung des Körpers unter Braunverfärbung zu einer zitronenförmigen Zyste.
(Die bisher dieser Art zugeschriebenen Zysten heute als Artenkomplex, bestehend aus *Heterodera avenae* Woll., *H. mani* Mathews, *H. latipons* Franklin und *H. hordecalis* Andersson erkannt).

11

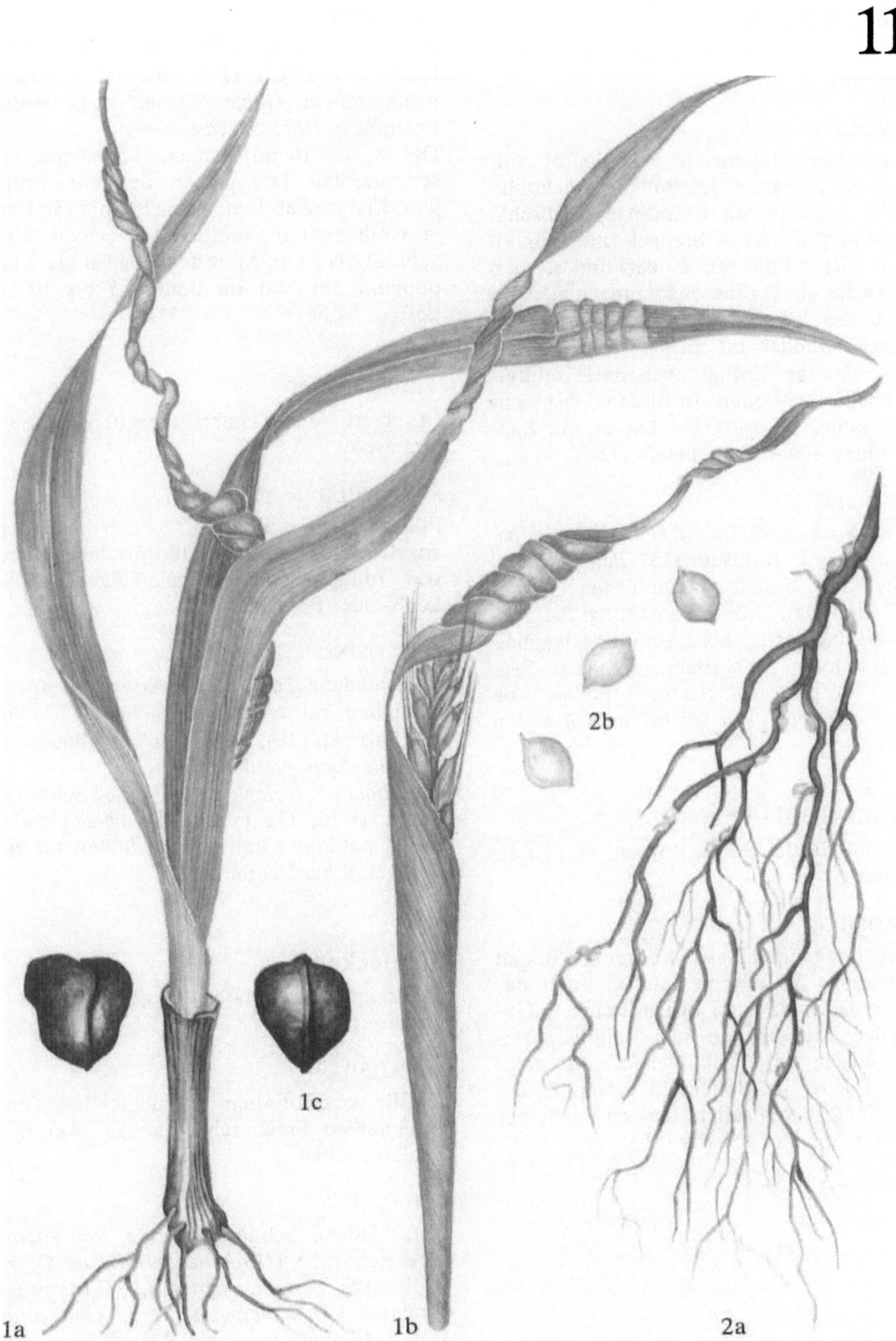

Schnakenlarven

(Auch an Gerste, Hafer, Roggen, Mais, Futtergräsern)

SCHADBILD

Auf feuchten Standorten lückenhaftes Auflaufen der Bestände. Im Boden ausgehöhlte Samen, abgefressene Keimlinge, Fraßschäden an unterirdischen Stengel- und Wurzelteilen. Ältere Pflanzen welken und sterben nesterweise ab. Fraßbeschädigungen auch an den jungen Blättern (1 a). An Schadstellen zerfaserte Ränder, oft rötliche oder bräunliche Verfärbung. Erdhäufchen sowie zahlreiche Löcher im Boden. In diesen 3 bis 4 cm lange, fußlose, braungraue Larven mit Zapfenbildung am Abdomenende (1 b).

SCHÄDLING

Larven der Sumpfschnake (*Pales (Tipula) paludosa* Meig.), Kohlschnake (*Pales (Tipula) oleracea* L.), Herbstschnake (*Pales (Tipula) czizeki* de Jong). Größte Bedeutung: *Pales paludosa*. Imagines 1,5 bis 2,5 cm lang, langbeinig, graubraun (1 c). Eiablage August–September in lockeren, feuchten Boden. Die Larven verpuppen sich im Juli des folgenden Jahres.

Haarmückenlarven

(Auch an Gerste, Hafer, Roggen, Mais, Futtergräsern)

SCHADBILD

Saaten laufen nicht auf, Körner im Boden angefressen. An jungen Trieben unter der Erdoberfläche bzw. an oberirdischen Pflanzenteilen Fraßschäden mit Vergilbungserscheinungen (2 a). Erdhäufchen sowie zahlreiche Löcher im Boden. In diesen 1,5 cm lange, fußlose, bräunliche Larven mit feiner Beborstung, leben gesellig (2 b).

SCHÄDLING

Gartenhaarmücke (*Bibio hortulanus* [L.]), Markushaarmücke (*Bibio marci* L.), Johannishaarmücke (*Bibio johannis* [L.]), Waldhaarmücke (*Bibio clavipes* Meig.).
Die 5 bis 10 mm langen, schwarzen bis schwarzroten Haarmücken fliegen im Frühjahr, Eiablage ab Ende Mai (100 bis 150 Eier je Weibchen) in humusreiche Böden. Larvenfraß bis Ende April des Folgejahres. Verpuppung im Mai im Boden, 5 bis 10 cm tief.

Tausenfüßer

(Auch an Gerste, Hafer, Roggen, Mais, Futtergräsern)

SCHADBILD

Pflanzen laufen nicht auf, Körner im Boden angefressen (3 a). An unterirdischen Teilen von Jungpflanzen unregelmäßiger Nage-, Loch- oder Bohrfraß.

SCHÄDLING

Verschiedene Tausenfüßer-Arten, vor allem Gemeiner Tausendfuß (*Cylindroiulus teutonicus* [Pocock]) (3 b), Gemeiner Tüpfeltausendfuß (*Blaniulus guttulatus* [Bosc.]).
Cylindroiulus teutonicus ist braun-schwarzbraun, 19 bis 37 mm lang, *Blaniulus guttulatus* ist hellbraun und an den Seiten rot gepunktet, 8 bis 16 mm lang.

Schnecken

(Auch an Gerste, Hafer, Roggen, Mais, Futtergräsern)

SCHADBILD

An Blättern, vor allem in feuchter Lage, unregelmäßige Fraßbeschädigungen (4 a) mit Schleimspuren.

SCHÄDLING

Verschiedene Schnecken-Arten, vor allem: Ackerschnecke (*Deroceras reticulatum* O. F. Müll. (4 b), *Deroceras agreste* L.), Gartenwegschnecke (*Arion hortensis* [Fér.], *Arion rufus* [L.]), (*Milax budapestensis* [Hazay]).

12

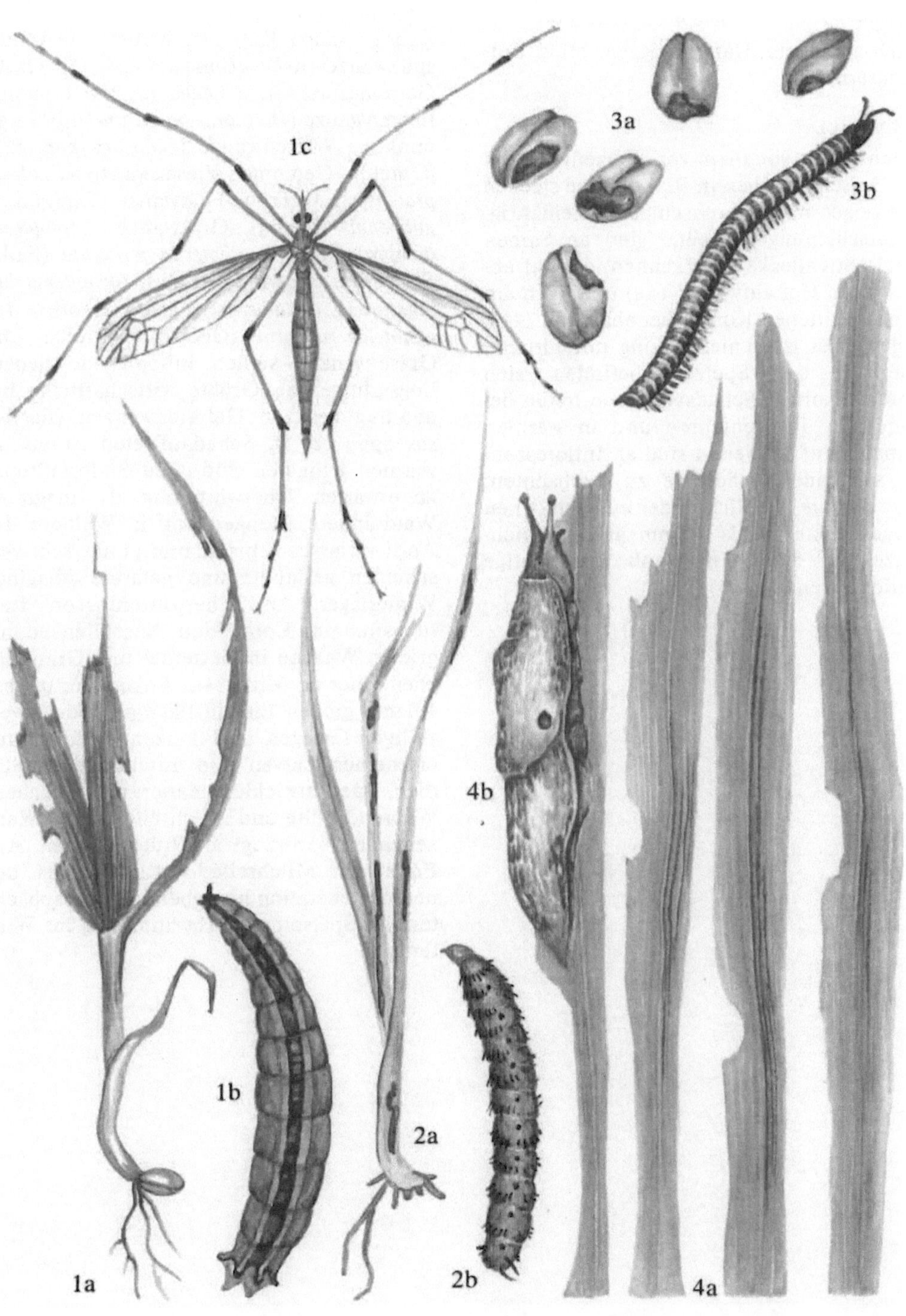

Getreide- und Gräserwanzen

(*Aelia* spp., *Eurygaster* spp., *Exolygus* spp., *Leptopterna* spp., *Stenodema* spp. u. a.)
(Auch an Gerste, Hafer, Roggen, Mais, Futtergräsern)

SCHADBILD

Blütenstände, vor allem von Weizenpflanzen und Gräsern, bleiben in Blattscheide stecken oder zeigen nach Ährenschieben Weißährigkeitserscheinungen. Später sind an Samen dunkle Stichflecke zu erkennen, die gut abgegrenzten Hof aufweisen (4a) und auch am durchschnittenen Korn erkennbar sind (4b). Nicht selten ist Samenbildung unterdrückt. Innerhalb der Spelzen befinden sich Schmachtkörner. Schadsymptome treten besonders in Trockenjahren und in warmen Klimaten auf. Zuweilen sind an Infloreszenzen saugende Schädlinge zu beobachten: flach gebaute, längliche oder ausgesprochen langgestreckte, 5 bis 10 mm große Weichwanzen oder 8 bis 12 mm große, derbhäutige Schildwanzen (1, 2, 3).

SCHÄDLINGE

Südliche Getreidewanze (*Eurygaster austriaca* [Schrank]) (2), Gemeine Getreidewanze (*Eurygaster maura* [L.]) (3), Mittlere Getreidespitzwanze (*Aelia acuminata* [L.]) (1), Große Getreidespitzwanze (*Aelia rostrata* Bohem.), Beerenwanze (*Dolycorus baccarum* [L.]), Zweipunktige Wiesenwanze (*Calocoris norvegicus* [Gmél.]), Gemeine Wiesenwanze (*Exolygus pratensis* [L.]), Trübe Feldwanze (*Exolygus rugulipennis* [Popp.]), Graswanze (*Leptopterna dolobrata* [L.]), *Leptopterna ferrugata* (Fall.), *Stenodema calcaratum* (Fall.), *Stenodema laevigatum* (L.), *Notostira elongata* (Geoffr.), *Trigonotylus ruficornis* (Geoffr.). Getreide- und Gräserwanzen stellen inhomogene Schädlingsgruppe dar. Größte wirtschaftliche Bedeutung besitzen Getreidewanzen (*Eurygaster* spp.) (2, 3). Schadauftreten ist nur in warmen Klimaten Süd- und Südosteuropas zu erwarten. Überwinterung als Imago an Waldrändern, Hängen und in Wäldern. Im April verlassen 5 bis 12 mm große, sehr verschieden gestaltete und gefärbte Imagines Winterlager. Am Überwinterungsort Reifungsfraß und Kopulation. Anschließend migrieren Wanzen in Getreide- und Gräserflächen. Hier ab Mitte Mai Ablage der 0,8 bis 1,0 mm großen Eier in flächigen oder zweizeiligen Gelegen an Pflanzen. Anfang Juni erscheinen Larven. Sie durchlaufen 5 Stadien. Ihre Entwicklung dauert bis 8 Wochen. Während Blüte und Milchreife saugen Wanzenlarven bevorzugt an Blütenständen. Am Ende der Milchreife sind Imagines der neuen Generation hier ebenfalls zu beobachten. Im Spätsommer Abwanderung ins Winterlager.

13

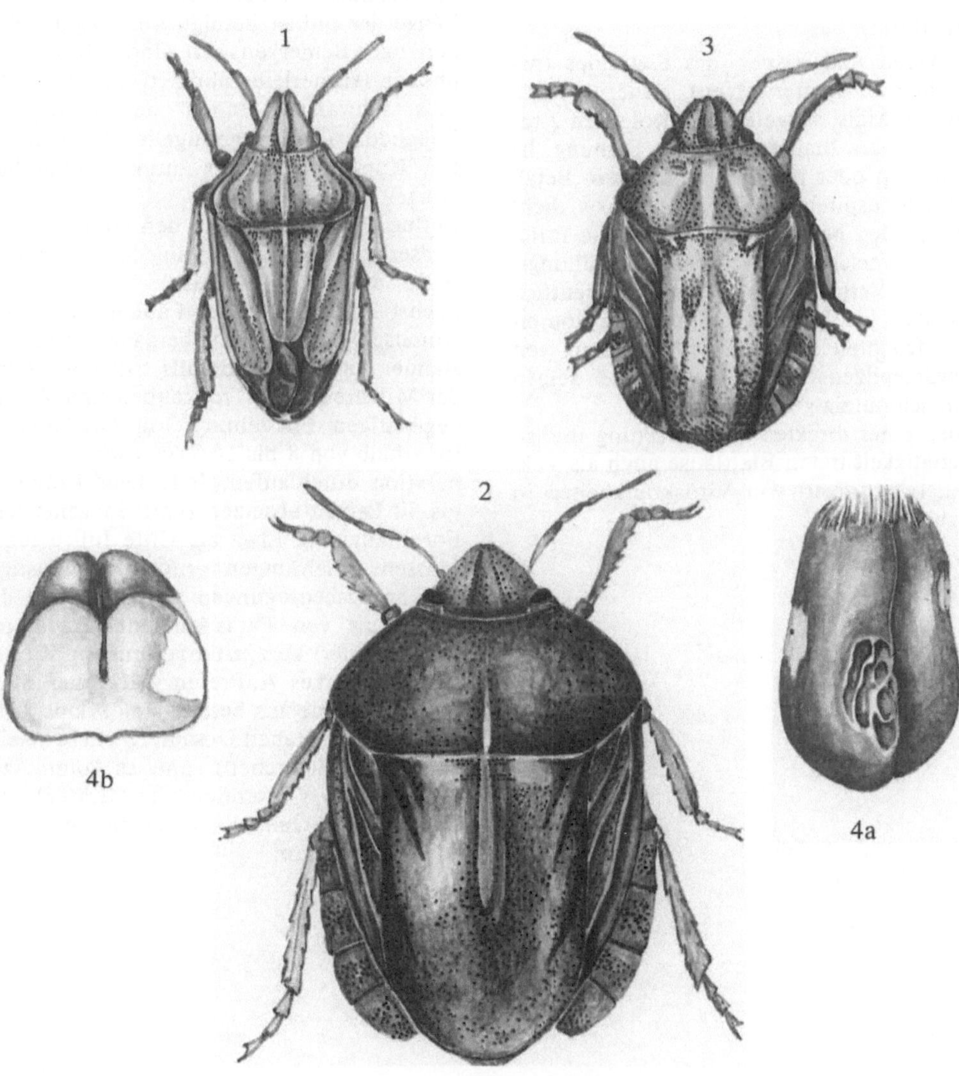

Getreidelaus

(*Macrosiphum avenae* [Fabr.])

(Auch an Gerste, Hafer, Roggen, Mais, Futtergräsern)

SCHADBILD

An Ähren und Rispen des Getreides (namentlich an Winterweizen), ferner an Gräsern und Mais, saugen oft in Kolonien 2 bis 3 mm große Blattläuse. Ihre Färbung ist meist grün oder rötlich. Bei starkem Befall sind Ährenspindel und Spelzenbasis dicht mit Aphiden besetzt (1). Geschädigte Infloreszenzen erscheinen während Kornfüllungsphase im Vergleich zu befallsfreien deutlich schmaler. Infolge Honigtaubildung kommt es in feuchten Jahren zur Ansiedlung von Schwärzepilzen. Die Blütenstände zeigen dann schmutzig-graues Aussehen.

Neben einer direkten Schadwirkung infolge Saugtätigkeit treten Blattläuse auch als Vektoren (Überträger) von Viruskrankheiten in Erscheinung.

SCHÄDLING

Getreidelaus (*Macrosiphum avenae* [Fabr.]), (Syn.: *Sitobion avenae* [Fabr.])

Nicht wirtswechselnde Blattlausart. Imagines besitzen dunkle Rückenpigmentierung. Länge der Fühler beträgt $\frac{4}{5}$ bis $\frac{9}{10}$ der Körperlänge. Bemerkenswert sind schwarze Siphonen (Hinterleibsröhrchen) und die ebenfalls schwarzen Enden der Bein- und Fußglieder (2). Bei geflügelten Formen zeigen Kopf und Thorax dunkelbraune Färbung.

Zuflug der Blattläuse zu den Getreide- und Gräserbeständen ab Anfang Mai (Schoßperiode des Winterweizens), besiedeln zunächst Blattspreiten der Fahnenblätter. Mit Ährenschieben erfolgt Übergang auf Blütenstände. Anstieg des Befalls tritt mit Beginn der Milchreife ein. Trockenheit und Wärme begünstigen Entstehung von Gradationen. Innerhalb von 8 bis 10 Tagen wird eine Generation durchlaufen. Jede Laus kannn 30 bis 50 Larven absetzen (parthenogenetische Fortpflanzung). Etwa ab Mitte Juli brechen Massenvermehrungen infolge ungünstiger Ernährungsbedingungen und als Folge des Auftretens von Parasiten und Prädatoren (Marienkäfer) kurzzeitig zusammen. Zu dieser Zeit starkes Auftreten geflügelter Blattläuse. Getreidelaus besitzt Holozyklus, d. h., im Herbst entstehen Geschlechtstiere (Weibchen und Männchen), und es kommt zur Ablage von Wintereiern an Gräsern. Im Laufe eines Jahres entstehen mehr als 10 Generationen.

Hafer- oder Traubenkirschenlaus

(*Rhopalosiphum padi* [L.])
(ohne Abbildung)
(Auch an Gerste, Hafer, Mais, Futtergräsern)

SCHADBILD

An Unterseiten der Blätter sowie an Internodien von Getreidepflanzen, zahlreicher Gräserarten und am Mais treten, meist in großen Kolonien, ovale Blattläuse von meist olivgrüner Färbung auf. Bei Massenbefall und Trockenheit sind Vergilbungs- und Vertrocknungserscheinungen an Blättern zu beobachten. Gelegentlich kommt es auch zu Blattrollungen und -kräuselungen. Honigtaubildung führt bei Massenvermehrung der Hafer- oder Traubenkirschenlaus zur Ansiedlung von Schwärzepilzen. An Mais leben Blattläuse vor allem an Innenseite der jüngsten Blätter, an den Lieschblättern unter den Kolben, aber auch an alten Blättern und Stengeln.

Schadwirkung der Aphiden kann durch Übertragung von Viruskrankheiten wesentlich erhöht werden.

SCHÄDLING

Hafer- oder Traubenkirschenlaus (*Rhopalosiphum padi* [L.])
Wirtswechselnde Blattlaus mit großem Wirtspflanzenkreis unter Getreidearten und Gräsern. Imagines erreichen eine Größe von 1,5 bis 2,5 mm. Fühler entsprechen etwa der halben Körperlänge. Charakteristisch ist eine deutliche Einschnürung am Ende der Hinterleibsröhrchen. Bei geflügelten Formen erscheinen Kopf, Thorax und Siphonen auffällig schwarz. Überwinterung im Eistadium an Traubenkirsche (*Prunus padus* [L.]). Im Frühjahr entwickeln sich hier an Blättern und Triebspitzen mehrere Blattlausgenerationen (Fundatrix, Fundatrigenien). Im Mai fliegen geflügelte Läuse in die Getreide-, Gräser- und Maisbestände.

Weitere Entwicklung siehe *Macrosiphum avenae*.

Bleiche Getreidelaus

(*Metopolophium dirhodum* [Walk.])
(Auch an Gerste, Hafer, Roggen, Mais, Futtergräsern)

SCHADBILD

An den Blattunterseiten des Getreides, vor allem an Weizen und Hafer, aber auch an Mais und Kultur- sowie Wildgräsern, schädigen 2 bis 3 mm große, länglich ovale Blattläuse von bleichgrüner bis gelblichgrüner Färbung (3). Zu Befall an Internodien und Blütenständen kommt es nur bei Massenvermehrung und nach Absterben der Blätter zum Abschluß der Vegetationsperiode. Virusübertragungen und Ansiedlung von Schwärzepilzen auf stark befallenen Pflanzen sind auch für diese Art kennzeichnend.

SCHÄDLING

Bleiche Getreidelaus (*Metopolophium dirhodum* [Walk.])
Wirtswechselnde Blattlausart. Hellgrüne Aphiden besitzen nahezu farblose Siphonen von $\frac{1}{7}$ bis $\frac{1}{5}$ der Körperlänge. Fühler messen $\frac{3}{4}$ bis $\frac{3}{5}$ der Körpergröße. Bei Geflügelten erscheinen Kopf und Thorax gelblichbraun bis braun. Schädling überwintert im Eistadium an verholzten Trieben von wilden und kultivierten Rosen (*Rosa* ssp.). Im Frühjahr entwickeln sich an jungen Blättern der Winterwirte mehrere Blattlausgenerationen. Ab Mitte Mai findet von hier Zuflug in Getreide- und Gräserkulturen statt. Weitere Populationsdynamik zeigt Übereinstimmung mit Getreidelaus und Hafer- oder Traubenkirschenlaus. Nach Getreideernte leben Läuse an Wildgräsern, von denen sie im Oktober/November zu den Rosen zurückfliegen. Hier kommt es zur Begattung und Eiablage. Neben dieser holozyklischen Entwicklung ist ein Anholozyklus möglich. Es überwintern dann Sommerläuse.
Neben den genannten Blattlausarten können noch folgende an den Blättern von Getreide, Mais und Gräsern auffällige Fleckenbildungen, Verfärbungen bzw. Wuchsdepressionen, Unterdrückung des Ährenschiebens sowie Vergilben der Triebe verursachen: Trespen-

laus (*Diuraphis bromicola* [H. R. L.]), Lieschgraslaus (*Diuraphis mühlei* [Börn.]), Maisblattlaus (*Rhopalosiphum maidis* [Fitch.]), Gelbe Heckenkirschen- oder Rohrglanzgraslaus (*Rhopalomyzus lonicerae* [Siebold], *Rhopalomyzus poae* [Gill.]), Knaulgraslaus (*Hyalopteroides humilis* [Walk.]), *Laingia psammae* (Theob.), *Schizaphis nigerrima* H. R. L., *Metopolophium festucae* (Theob.), Grüne Getreidelaus (*Schizaphis graminum* [Rond.]), Große Getreidelaus (*Sitobion granarium* [Kirby]), Maisborstenlaus (*Sipha maydis* [Pass.], *Sipha glyceriae* [Kalt.]), Schwarze Bohnenlaus (*Aphis fabae* Scop.), Grüne Pfirsichblattlaus (*Myzus persicae* [Sulz.]).
(Artbestimmung durch Spezialisten).

Wurzelläuse

(*Anoecia* spp., *Aploneura* spp., *Byrsocrypta* spp., *Forda* spp., *Geoica* spp., *Tetraneura* spp.)
(ohne Abbildung)
(Auch an Gerste, Hafer, Roggen, Mais, Futtergräsern)

SCHADBILD

Pflanzen bleiben im Wuchs zurück, zuweilen treten Absterbeerscheinungen auf. Im oberen Wurzelbereich und an Basis der Halme sind Blattlauskolonien anzutreffen, die nicht selten von Ameisen besucht werden.

SCHÄDLINGE

Anoecia corni (Fabr.), *Anoecia vagans* (Koch), *Aploneura graminis* (Buckt.), *Aploneura lentisci* Pass., *Byrsocrypta personata* Börner, *Forda marginata* Koch, *Forda formicaria* v. Heyden, *Geoica discreta* Börner, *Tetraneura ulmi* (L.). Die 1,5 bis 3 mm großen Blattläuse sind meist gelblich bis grünlich gefärbt. Ihre Siphonen (Hinterleibsröhren) sind reduziert. Sie treten als geflügelte und ungeflügelte Formen auf.

14

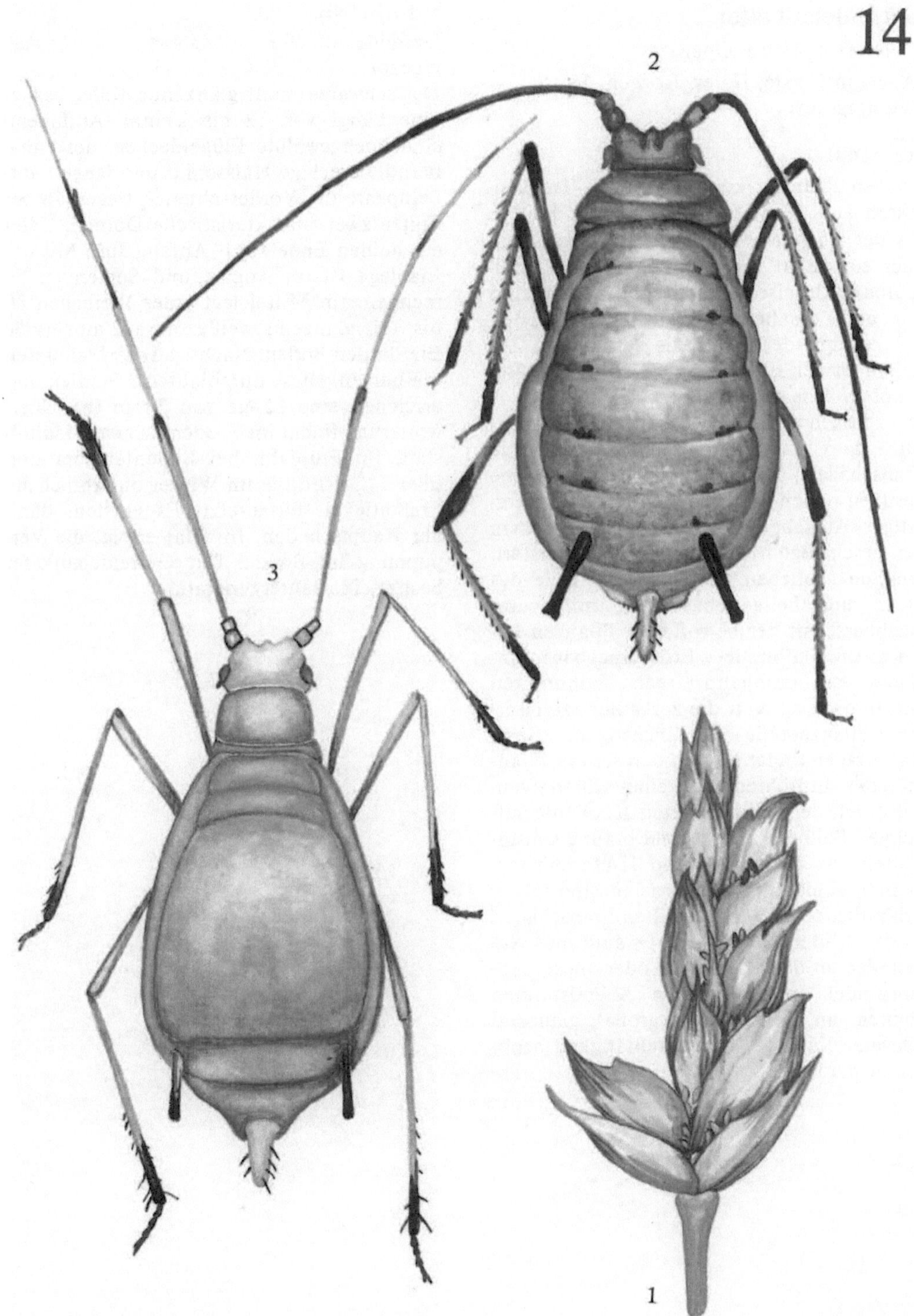

Getreidelaufkäfer

(*Zabrus tenebrioides* Goeze)

(Auch an Gerste, Hafer, Roggen, Mais, Futtergräsern)

SCHADBILD

An den Pflanzen kommt es nach Trockenjahren zum Vergilben der äußeren Blätter. An der Basis der Blattspreiten lassen sich quer zum Blatt verlaufende, schmale Fraßspuren nachweisen. Distale Blattpartien sind nur über erhalten gebliebene Leitbündelbrücken mit der Blattbasis verbunden. Zuweilen ist der auflaufende Trieb bis zur Bodenoberfläche abgebissen.

Im zeitigen Frühjahr (Februar bis April) sind in Wintergetreidebeständen auffällige Fraßschäden nachzuweisen. Junge Triebe besitzen reihen- oder flächenweise ein wergartiges Aussehen (a). Das Blattparenchym der geschädigten Pflanzenteile ist zerstört, erhalten geblieben sind lediglich Teile des Stütz- und Leitgewebes. In unmittelbarer Nachbarschaft der betroffenen Pflanzen fallen mit feinkrümeliger Erde umgebene Eingänge von strohhalmstarken Wohnröhren auf. In diese sind oft die zerkauten, zerfaserten Pflanzenteile hineingezogen. Beim Nachgraben findet man in den senkrecht angelegten Erdröhren hellgelbe Käferlarven, die durch derb chitinisierten Kopf mit auffälligen Beißwerkzeugen und braune Chitinplatten auf den Brust- und Hinterleibssegmenten eindeutig charakterisiert sind (b).

Am milchreifen Getreide fallen Fraßschäden an den Blütenständen auf. Es sind dies Nagestellen an den Karyopsen oder an der Ährenspindel. In den späten Abendstunden können an den Ähren große, glänzend schwarze Käfer bei ihrer Fraßtätigkeit beobachtet werden (c).

SCHÄDLING

Getreidelaufkäfer (*Zabrus tenebrioides* Goeze)

Der schwarze, matt glänzende Käfer besitzt eine Länge von 12 bis 15 mm. Auffallend sind hochgewölbte Flügeldecken, der annähernd viereckige Halsschild und lange Laufbeinpaare (c). Vorderschienen tragen an der Spitze zwei charakteristische Dornen. Käfer erscheinen Ende Juni–Anfang Juli. Mit der Eiablage ist im August und September zu rechnen. Im Mittel legt jedes Weibchen 80 bis 100 glänzend weiße, etwa 2 mm große Eier in den Boden. Nach 14 Tagen schlüpfen die Larven. Diese durchlaufen 3 Stadien und erreichen eine Länge von 3 mm (b). Überwinterung findet im 2. oder 3. Larvenstadium statt. Im Frühjahr, bei Bodentemperaturen über 1 °C, wird die im Winter unterbrochene Fraßtätigkeit fortgesetzt. Es entsteht dann der Hauptschaden. Im Mai erfolgt die Verpuppung im Boden. Der Getreidelaufkäfer besitzt eine Jahresgeneration.

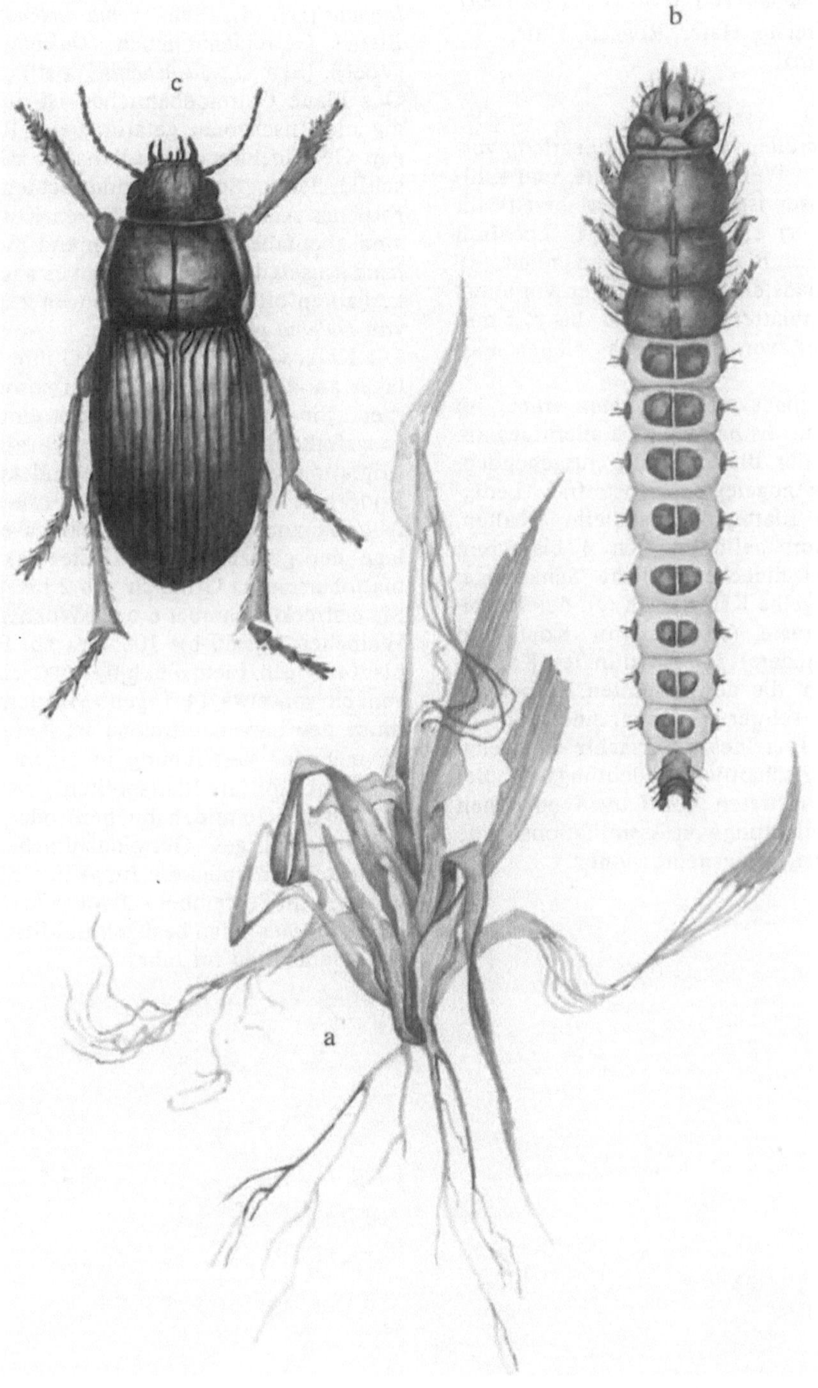

Getreidehähnchen

(*Oulema melanopus* [L.], *Oulema lichenis* Voet)
(Auch an Gerste, Hafer, Roggen, Mais,
Futtergräsern)

SCHADBILD

Auf Blattspreiten aller Getreidearten, vorzugsweise an Weizen und Gerste, und zahlreicher Gräser ist im Mai bzw. bereits im April (Gräser) ein streifenartiger Lochfraß zwischen den Blattadern zu erkennen (a). An den Schadstellen, sie betreffen vor allem die Fahnenblätter, fressen 4 bis 5,5 mm große Käfer von metallisch blauer Färbung.
Ähnliche Schadsymptome treten erneut im Juni–Juli auf. Es handelt sich allerdings um einen von der Blattoberseite ausgehenden, streifenartig angelegten Fensterfraß. Lediglich untere Blattepidermis bleibt erhalten. Am Schadort befinden sich 4 bis 5 mm große nacktschneckenähnliche Schädlinge: Schmutzig-gelbe Käferlarven (c), deren typische Merkmale (chitinisierter Kopf und 3 Brustbeinpaare) infolge dunkler Kotausscheidungen, die den gesamten Körper bedecken, nur schwer erkennbar sind.
Der durch Imagines verursachte Fraßschaden ist wirtschaftlich bedeutungslos. Bei stärkerem Auftreten der Larven entstehen infolge Vernichtung von Assimilationsfläche empfindliche Ertragsdepressionen.

SCHÄDLINGE

Rothalsiges Getreidehähnchen (*Oulema melanopus* [L.]) (d), (Syn.: *Lema melanopa* [L.]), Blaues Getreidehähnchen (*Oulema lichenis* [Voet]), (Syn.: *Lema lichenis* [Voet]).
Das Blaue Getreidehähnchen ist durchgängig metallisch blau gefärbt, beim Rothalsigen Getreidehähnchen (d) haben der Halsschild, ferner Schenkel und Schienen, ein rötliches Aussehen. Die übrigen Körperteile sind ebenfalls blau (d). Während meist *Oulema lichenis* dominiert, kommt es nach Trokkenjahren oft zu Verschiebungen zugunsten von *Oulema melanopus.*
Die Käfer verlassen Mitte April ihre Winterlager an Waldrändern, Hecken sowie Dämmen. Sie machen an Gräsern einen Reifungsfraß durch. Anfang Mai beginnt die Migration in die Wintergetreidekulturen. Ende Mai stellt sich am Winterweizen das Abundanzmaximum der Imagines ein. Ablage der glänzend gelben Eier (e) erfolgt blattoberseits in Gruppen von 2 bis 4 Stück. Sie erstreckt sich über 6 bis 8 Wochen. Jedes Weibchen legt 50 bis 100 Eier ab. Einer 7- bis 14tägigen Eientwicklung folgt eine Larvenzeit von etwa 14 Tagen. Mit dem Maximum des Larvenauftretens ist Anfang Juli zu rechnen. Verpuppung in einem weißen Schaumkokon an Blattspreiten oder Ähren (b) (Blaues Getreidehähnchen) oder im Boden (Rothalsiges Getreidehähnchen). Ab Mitte Juli schlüpfen die Jungkäfer. Sie begeben sich im September–Oktober ins Winterlager. *Oulema*-Arten besitzen in Mitteleuropa eine Generation im Jahr.

16

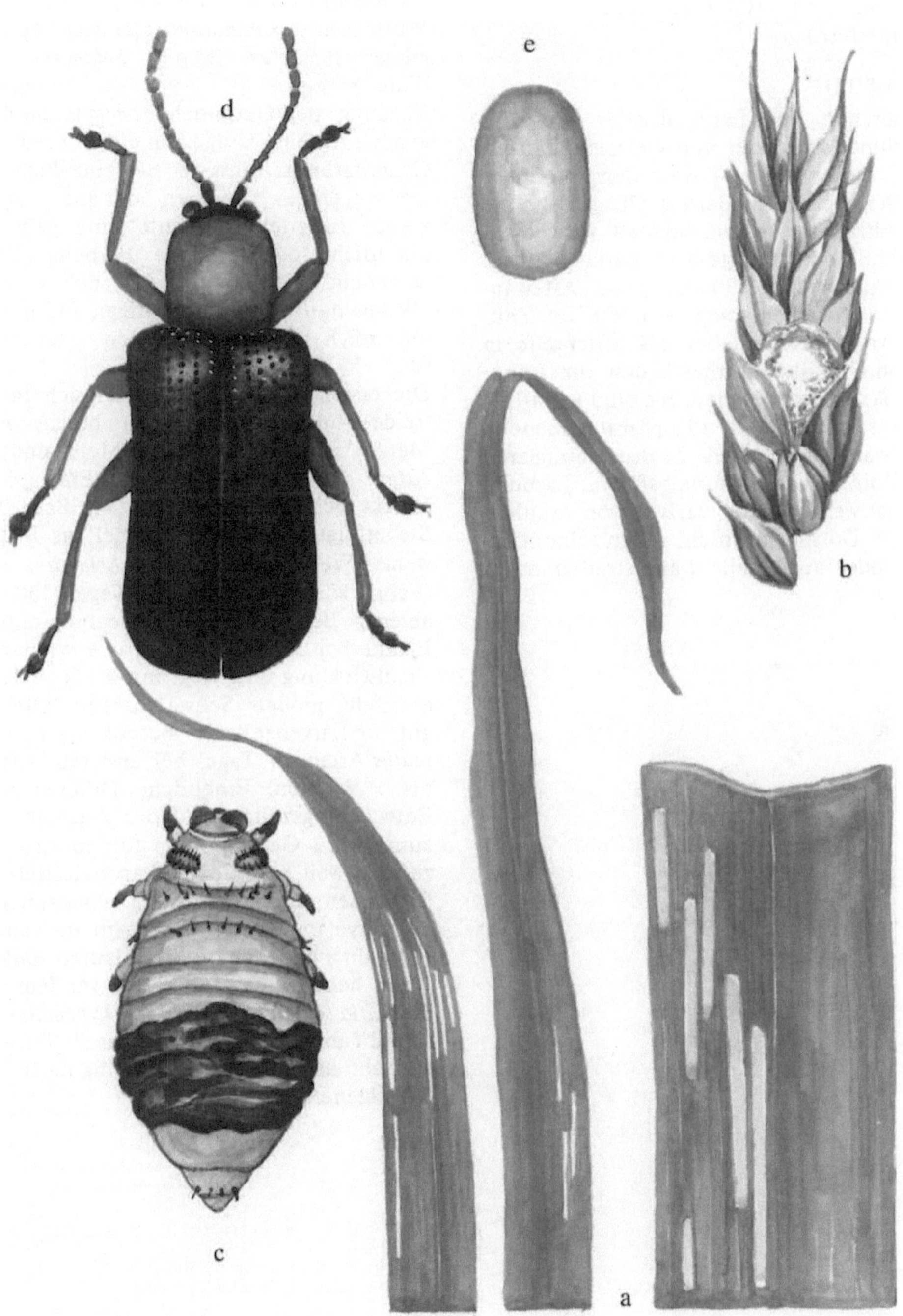

Getreide- und Gräserblattwespen

(*Dolerus* spp., *Pachynematus* spp.,
Selandria serva [Fabr.])
(Auch an Gerste, Hafer, Roggen,
Futtergräsern)

SCHADBILD

Blattspreiten des Fahnenblattes und der
nächstunteren Blätter von Getreidepflanzen
und Gräsern weisen Fraßschäden auf. Diese
betreffen die Blattränder (a). Oft ist auch die
Blattspitze abgefressen, so daß waagerecht
abgeschnittene Blattstümpfe zurückbleiben.
Am Schadort 20 bis 30 mm große „Afterrau-
pen" (Blattwespenlarven) (b), die im Zeitraum von Ährenschieben bis Milchreife in
Getreide- und Gräserbeständen ihr Abundanzmaximum erreichen. Sie sind kenntlich
am deutlich abgesetzten Kopf mit beißenden
Mundwerkzeugen, den 3 Brustbeinpaaren
und 6 bis 8 Paar Hinterleibsfüßen. Färbung
der Blattwespenlarven variiert von grünlich
bis gelb. Dorsal sind nicht selten schmutzig-
grüne oder auch helle Längsstreifen nachweisbar.

SCHÄDLINGE

Getreide- und Gräserblattwespen (*Dolerus
haematodes* [Schrank], *Dolerus niger* [L.], *Dolerus nigratus* [Müll.], *Dolerus gonager* [Fabr.],
Pachynematus xanthocarpus [Hartig], *Pachynematus clitellatus* [Lep.], *Selandria serva*
[Fabr.]).
Imagines der Getreideblattwespen besitzen
je nach Art eine Länge von 6 bis 12 mm. Ihre
Grundfarbe ist schwarz. Bei einzelnen Spezies zeigen das Abdomen oder auch nur spezielle Hinterleibssegmente eine gelbliche,
bräunliche oder rötliche Färbung. Kennzeichnend sind ferner das Fehlen einer
„Wespentaille", die 9gliedrigen Fühler und
die reich geaderten beiden Flügelpaare
(c).
Die ersten Blattwespen lassen sich in Ge-
treide- und Gräserkulturen bereits Ende
März–Anfang April fangen. Meist sind dies
Arten der Gattung *Dolerus*. Eiablage erstreckt sich von Mitte April bis Ende Mai.
Sie erfolgt mittels Legestachel ins Blattgewebe. Weibchen der Art *Selandria serva*
(Fabr.) können in wenigen Tagen 150 Eier
ablegen. Bei anderen Arten liegt die mittlere
Eizahl bei 50 bis 70 Eiern je Weibchen.
Eientwicklung unterliegt mit 4 bis 14 Tagen
ebenfalls großen Schwankungen. Gleiches
gilt für Larvenzeit. Sie beträgt bei *Pachynematus*-Arten 14 Tage, bei anderen Arten 4
bis 5 Wochen. Erhebliche Differenzen in
Entwicklungszeiten und das Auftreten von
zum Teil 2 Generationen führen zu einem
zeitlich weit gestaffelten Larvenauftreten in
Beständen (50 bis 150 Tage). Überwinterung
als Larve im Boden. Hier wird im zeitigen
Frühjahr Puppenphase durchlaufen. *Dolerus*-
Arten haben eine Generation im Jahr. Für
Selandria serva (Fabr.) und *Pachynematus* spp.
sind 2 Jahresgenerationen typisch. Teilweise
entsteht unter günstigen Bedingungen eine
3. Teilgeneration.

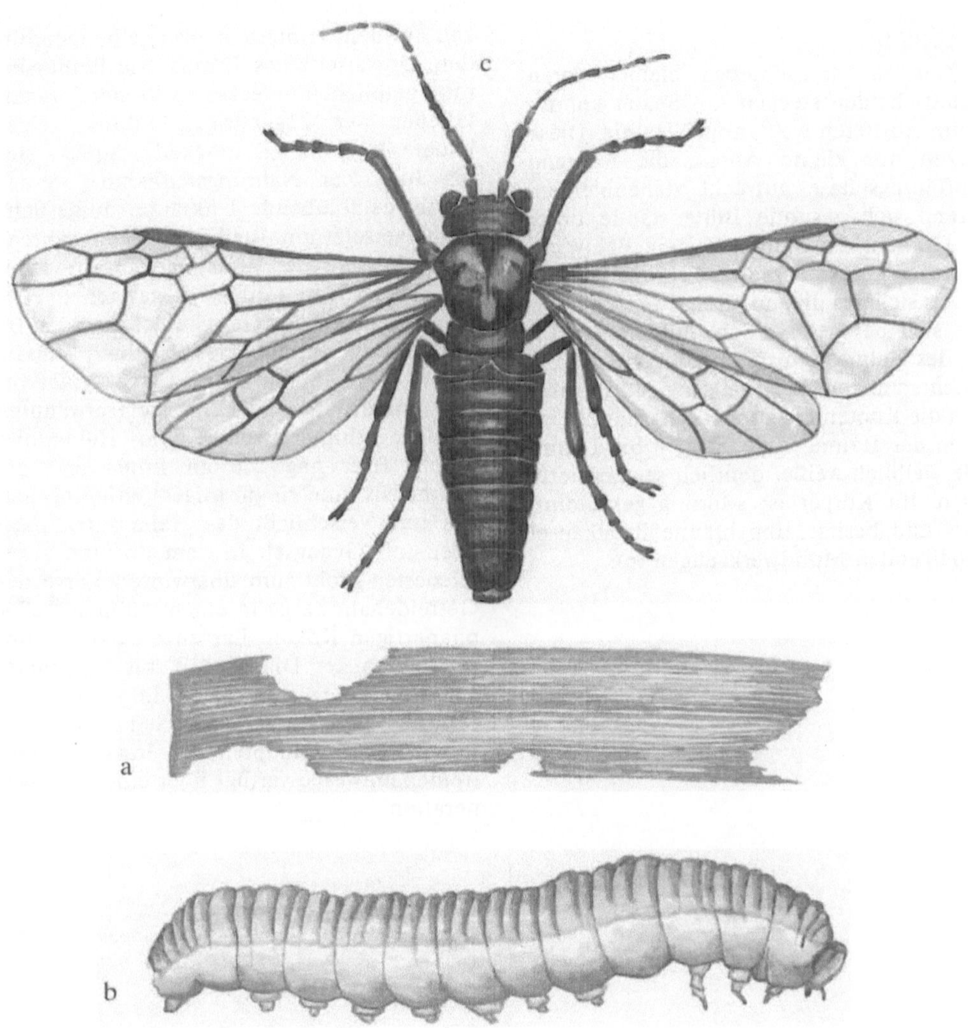

Getreidehalmwespe

(*Cephus pygmaeus* [L.])
(Auch an Gerste, Hafer, Roggen,
Futtergräsern)

SCHADBILD

Zur Zeit des Ährenschiebens bleiben Ähren
in Blattscheiden stecken (a.) Später kommt
es zum Auftreten weißähriger Halme. Diese
besitzen nur kleine Ähren, die während
Kornfüllungsphase aufrecht stehenbleiben,
während sich gesunde Blütenstände unter
dem Gewicht der Samen neigen. Bei Wind
und Regen knicken befallene Halme regellos
um. Als sicheres diagnostisches Merkmal er-
weist sich bei beiden Schadbildern im In-
nern des Halmes ein mit Fraßmehl und Exkrementen angefüllter Fraßgang (b). Er führt
durch die Knoten bis zum Halmgrund. Beim
Öffnen der Halme findet man 8 bis 12 mm
große, gelblich-weiße, deutlich segmentierte
Larven. Ihr Körper ist s-förmig gekrümmt,
fußlos und besitzt eine braune Kopfkapsel
mit beißenden Mundwerkzeugen (c).

SCHÄDLING

Getreidehalmwespe (*Cephus pygmaeus* [L.]).
Mit Flug der 6 bis 10 mm großen Getreidehalmwespe (d) ist in 3. Maidekade zu rechnen. Die glänzend schwarzen Wespen besitzen auf dem Hinterleib zwei gelbe Querbinden. Dorsalseite des Thorax und Beine sind
mit gelblichen Flecken versehen. Letzte
Glieder der 21gliedrigen Fühler zeigen
leichte Verdickung. Flugzeit erstreckt sich
bis Juli. Zur Nahrungsaufnahme werden
häufig gelbblühende Unkräuter aufgesucht.
Eiablage setzt unmittelbar vor oder während
des Schossens der Wirtspflanzen ein. Jedes
Weibchen legt mittels Legestachel etwa
50 Eier einzeln ins Gewebe des obersten Internodiums. Embryonalentwicklung währt 8
bis 10 Tage. Schlüpfende Larve dringt ins
Halminnere ein und bohrt sich, erwähnten
Fraßgang hinterlassend, zum Halmgrund
durch. Hier nagt sie an Innenwand der
Halmbasis eine ringförmige Vertiefung heraus und verschließt das Halmlumen nach
oben mit Genagsel. In dem dadurch abge-
gliederten Hohlraum überwintert Larve der
Getreidehalmwespe in einem dünnen, zello-
phanartigen Kokon. Larvenzeit dauert, einschließlich der Diapause, 8 bis 9 Monate.
Verpuppung vollzieht sich im April oder
Mai des Folgejahres. Nach 8- bis 10tägiger
Puppenphase schlüpfen die Imagines. Getreidehalmwespe verfügt über eine Jahresgeneration.

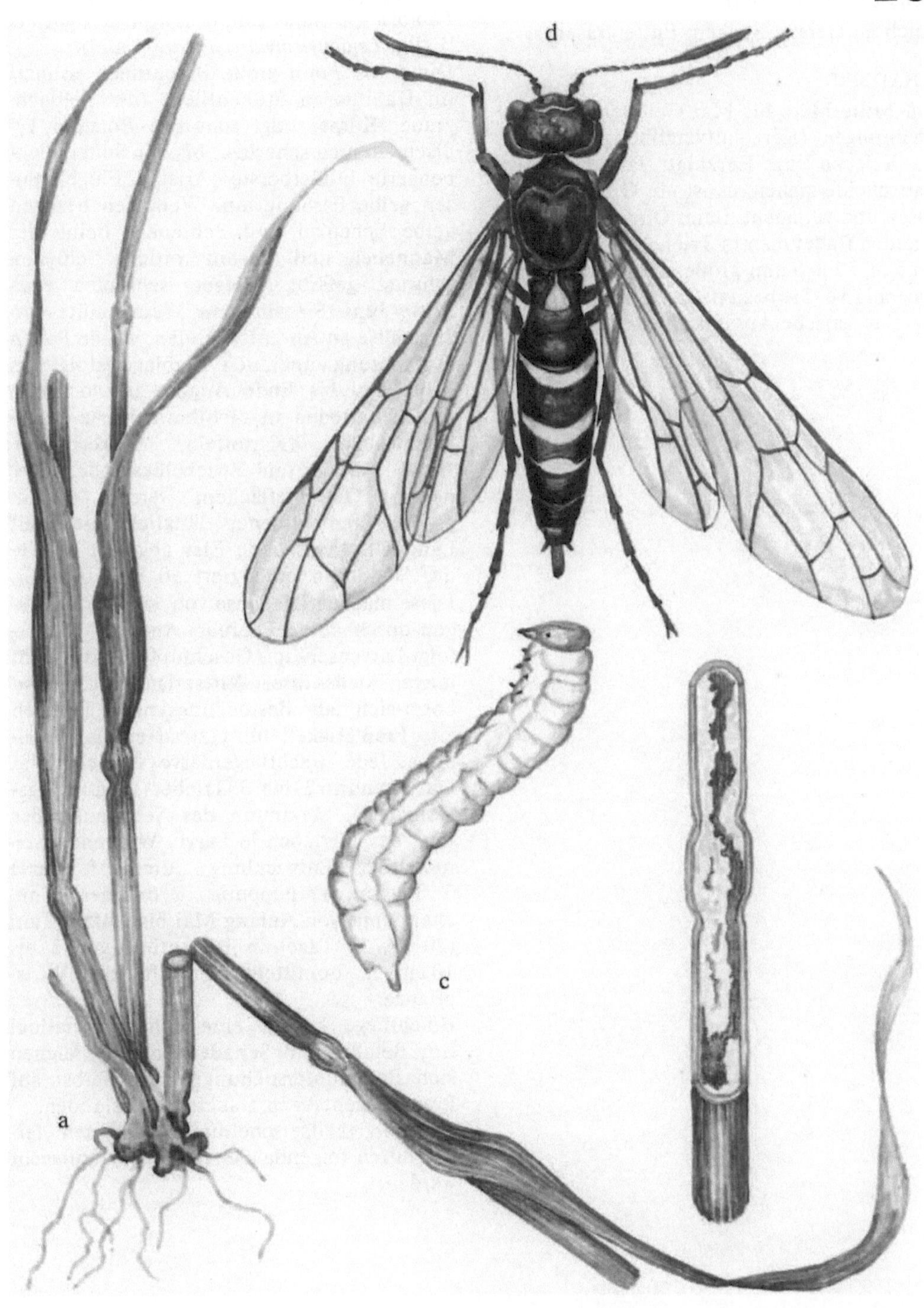

Brachfliege

(*Delia coarctata* [Fall.])
(Auch an Gerste, Roggen, Futtergräsern)

SCHADBILD
Von Mitte März bis Mai Gelbherzigkeitserscheinungen (Herzblattvergilbung) an jungen Trieben (a). Herzblatt läßt sich aus Blattscheide ziehen, es ist am Grunde abgebissen und verjaucht. Beim Öffnen der Blattscheiden findet man in Triebbasis unter Umständen 7 bis 9 mm große, elfenbeinfarbene Fliegenlarve. Sie besitzt am Abdomenende 4 charakteristische Ausstülpungen (b).

SCHÄDLING
Brachfliege (*Delia coarctata* [Fall.]), (Syn.: *Phorbia coarctata* [Fall.], *Hylemyia coarctata* [Fall.], *Leptohylemyia coarctata* [Fall.]).
Die 5 bis 7 mm große Brachfliege erinnert im Habitus an Stubenfliege (d). Gelblichgrauer Körper trägt schwarze Borsten. Typisch ist auch schwarze, bis zur Spitze dicht behaarte Fühlerborste (Arista). Flügel weisen gelbe Färbung auf. Weibchen besitzen gelbe Schenkel und Schienen, Beine der Männchen sind bis auf rötliche Schienen schwarz gefärbt. Fliegen schlüpfen etwa Mitte Juni. Sie sind zur Weizenblüte vorzugsweise an Ähren zu finden, wo sie Pollen als Nahrung annehmen. Eiablage erfolgt von Mitte Juli bis Ende August auf lockeren, feuchten Boden in dichtbewachsene Hackfruchtschläge (Kartoffeln, Zuckerrüben). Auch in Mais- und Zwiebelbestände, seltener in Getreideflächen, werden 1,2 mm große, cremefarbene, länglichovale, mit Längsrillen versehene Eier abgelegt (c). Jedes Weibchen produziert 50 bis 100 Eier. Diese machen Diapause von 170 bis 200 Tagen durch. Ende Februar–Anfang März erfolgt Larvenschlupf. Geschlüpfte Larve sucht junge Triebe ihrer Wirtspflanzen auf und bohrt sich nahe Bestockungsknoten in Trieb ein. Fraßtätigkeit führt zur Herzblattvergilbung. Jede Brachfliegenlarve vernichtet im Durchschnitt 2 bis 3 Triebe (Wanderungsvermögen). Maximum des Schadausmaßes liegt bei 5 Trieben je Larve. Während zweimonatiger Entwicklung durchläuft Larve 3 Stadien. Verpuppung in brauner Tönnchenpuppe von Anfang Mai bis Anfang Juni (20 bis 30 Tage) in Bodentiefe von 3 bis 10 cm in unmittelbarer Nähe der Wirtspflanze.
Brachfliege besitzt eine Jahresgeneration. Zur Befalls- und Schadensprognose eignen sich Bodenuntersuchungen im Herbst auf Brachfliegeneier in Hackfruchtbeständen. Gelbherzigkeitserscheinungen können ferner durch folgende Schaderreger verursacht werden:

Triebfliegen des Getreides und der Gräser

(Gattungen *Opomyza, Cetema, Chlorops, Elachiptera, Lasiosina, Meromyza, Oscinella, Phorbia*)
(ohne Abbildung)
(Auch an Gerste, Hafer, Roggen, Futtergräsern)

SCHADBILD

An jungen Trieben Gelbherzigkeitserscheinungen. Herzblatt läßt sich mühelos aus der Blattscheide entfernen. Es zeigt am Grunde Verjauchungserscheinungen. Innerhalb des Triebes befindet sich 3 bis 6 mm lange, weißliche oder hyaline Fliegenlarve, zuweilen auch mehrere. Typischer Charakter der Fliegenlarve kann am Fehlen einer Kopfkapsel und von Beinpaaren erkannt werden. Am Vorderende der Larven scheinen schwarze Mundhaken durch; das Abdomenende trägt meist 2 kleine Fortsätze.

SCHÄDLING

Grasfliegen (*Opomyza florum* [Fabr.], *Opomyza germinationis* [L.]) *Cetema elongata* (Meig.), *Chlorops brevimana* (Loew), Grünaugenfliege (*Elachiptera cornuta* [Fall.]), Gerstenhalmfliege (*Lasiosina cinctipes* [Meig.]), *Meromyza saltatrix* (L.), *Oscinella* spp., *Phorbia securis* Tiensuu, *Phorbia genitalis* Schnabl.

Es handelt sich um kleine bis mittelgroße, unscheinbare Fliegen von 3 bis 5 mm Länge. Identifizierung einzelner Arten bereitet nicht selten große Schwierigkeiten, sie sollte Spezialisten vorbehalten bleiben. Weibchen legen Eier an junges Getreide sowie an Gräser ab. Schlüpfende Larve dringt in Trieb ein und zerstört Vegetationskegel. Wirtsspektrum variiert je nach Spezies erheblich. Oft existiert hohe Spezialisierung auf eine oder wenige Gräserarten.

Mehrzahl genannter Fliegenarten hat mehrere Jahresgenerationen. Sie entwickeln sich oft an Wildgräsern. Überwinterung findet in der Regel im Larvenstadium statt.

Haarfußwurzelfliege und Kammschienenwurzelfliege

(*Delia* spp.)
(ohne Abbildung)
(Auch an Gerste, Hafer, Roggen, Mais)

SCHADBILD

Keimende Getreide- und Maiskörner weisen Fraßspuren auf oder sind ausgehöhlt. Junge Triebe sind an der Basis oder im Wurzelbereich befressen. An geschädigten Pflanzenteilen befinden sich 5 bis 6,5 mm große, weißliche Fliegenlarven. Ihr Hinterende trägt 4 oder 6 größere Mittelhöcker und 8 kleinere, warzenförmige Seitenhöcker.

SCHÄDLINGE

Haarfußwurzelfliege (*Delia liturata* [Meig.]), (Syn.: *Delia florilega* [Meig.], *Hylemyia trichodactyla* [Rond.]), Kammschienenwurzelfliege (*Delia platura* [Meig.]), (Syn.: *Delia cilicrura* [Rond.]), (*Phorbia platura* [Meig.]). Je nach Witterung erscheinen die etwa 5 mm langen Fliegen ab Ende März bis Anfang Mai. Ablage der 30 bis 90 Eier erfolgt in Nähe der im Boden befindlichen Saat oder an auflaufenden Pflanzen. Größere Schäden entstehen in kühlen Jahren, da Keimung und Auflaufen langsam erfolgen. Schädlinge sind außergewöhnlich polyphag. Haarfußwurzel- und Kammschienenwurzelfliege besitzen zwei Jahresgenerationen. Überwinterung findet im Boden als Puppe statt.

Halmmotte oder Roggenbohrmotte

(*Ochsenheimeria* spp.)
(ohne Abbildung)
(Auch an Roggen, Futtergräsern)

SCHADBILD

Im Herbst gelbherzige Pflanzen. Im Folgejahr treten in den Beständen vereinzelt totale Weißährigkeitserscheinungen auf. Der Blütenstand betroffener Halme läßt sich ohne Mühe aus der Blattscheide ziehen. Das Blütenstandsinternodium ist durchgebissen. Neben Genagsel und Kotkrümeln befindet sich am Schadort etwa 20 mm lange, hellgelbe Schmetterlingslarve mit kleinem, braunem Kopf und deutlich voneinander abgesetzten Körpersegmenten.

SCHÄDLINGE

Halmmotte oder Roggenbohrmotte (*Ochsenheimeria taurella* Den. et Schiff.), *Ochsenheimeria vaculella* Fisch. v. Rösslerst. Es handelt sich um plumpe, schmalflügelige Falter mit sehr langem, abgeflachtem Abdomen. Letzte Hinterleibssegmente tragen seitliche Haarbüschel, kurze Fühler mit langem Basalglied. Flügelspannweite von 11 bis 14 mm. Vorderflügel gelbbraun, Hinterflügel bis zur Mitte weiß und am Saum braun. Flug der Falter von Juni bis August. Eiablage einzeln auf die Blätter. Schlüpfende Larven dringen in junge Triebe ein und bringen noch im Herbst das Herzblatt zum Vergilben, ein Schaden, der im Frühjahr fortgesetzt wird. Zur Zeit des Ähren- und Rispenschiebens sind Larven der Halmmotte innerhalb der obersten Blattscheide der Wirtspflanzen anzutreffen. Sie nagen das Blütenstandsinternodium durch und rufen nacheinander an mehreren Halmen das Schadbild der totalen Weißährigkeit hervor. Verpuppung in einem festen, weißen Gespinst zwischen den Blättern oder in oberster Blattscheide. Im Laufe eines Jahres tritt eine Generation auf.

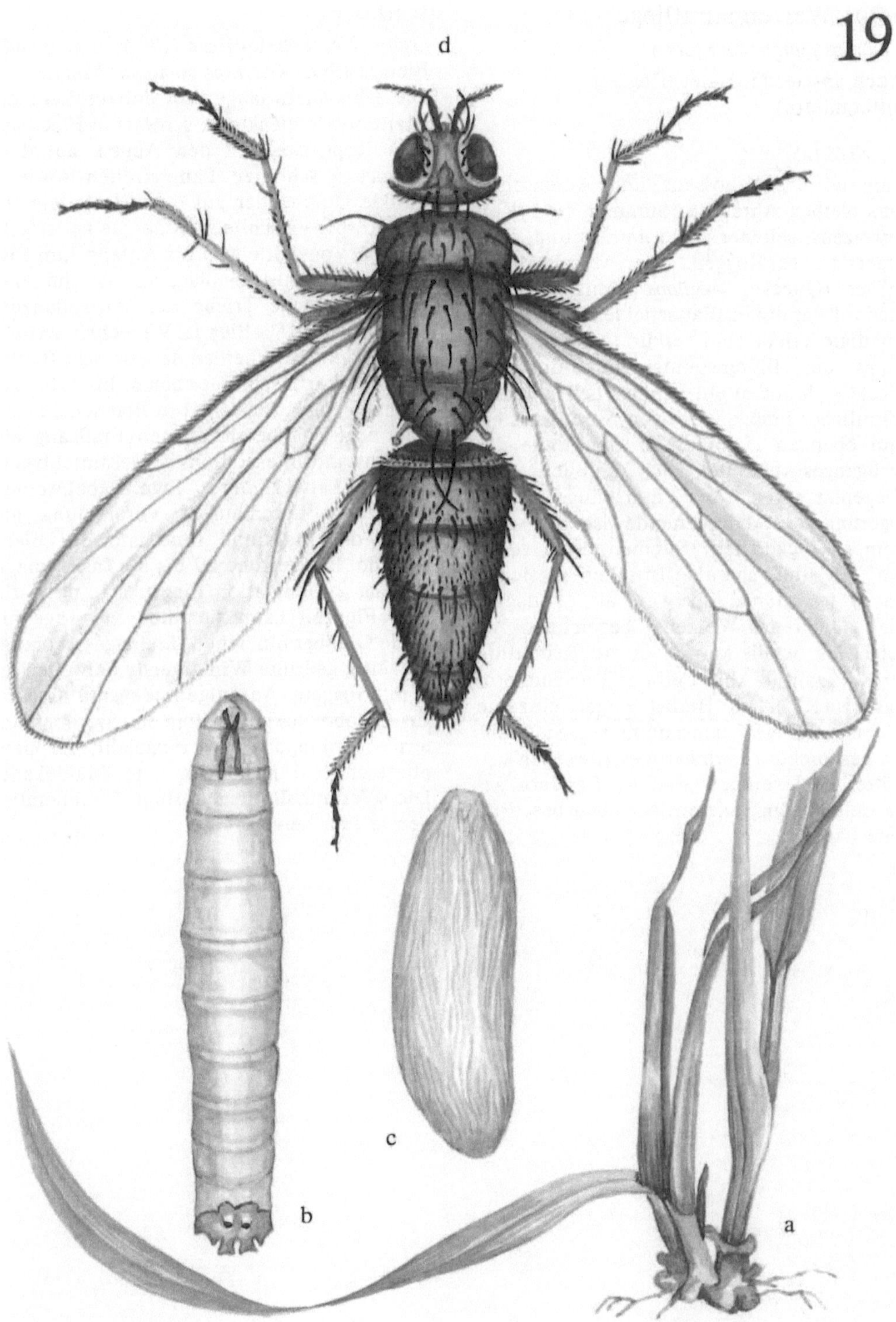
d
c
b
a

Gelbe Weizenhalmfliege

(*Chlorops pumilionis* Bjerk.)

(Auch an Gerste, Hafer, Roggen, Futtergräsern)

SCHADBILD

Während des Schossens und Ährenschiebens bleiben Ähren des Sommer- und Winterweizens, seltener der Sommer- und Wintergerste, des Roggens oder verschiedener Gräser (Quecke, *Aegilops*-Arten) teilweise oder vollständig in Blattscheide stecken. Geschädigte Triebe sind verkürzt und verdickt. Längs des Blütenstandsinternodiums erstreckt sich außen ein anfangs heller, später bräunlicher Fraßgang (b) von Ährenbasis bis zum obersten Halmknoten. Am Ende des Fraßganges befindet sich gelblich-weiße Fliegenlarve von 5 bis 7 mm Länge (c). Ihr abgerundetes Abdomenende ist mit zwei kleinen Höckerchen (Stigmenträger) versehen (e) und charakteristischer Gesichtsmaske (d). Schadbild wird als „Podagra" oder „Gicht des Weizens" bezeichnet. Als Folge des Befalls kommt es zur Reduktion der Kornzahl je Ähre und der Tausendkornmasse (TKM). Im Herbst zeigen einzelne Triebe auffällige Wuchsanomalien. Sie besitzen gestauchtes, porreeartiges Aussehen (a). Blätter sind verkürzt und an Rändern gekräuselt (a). Im Inneren lebt oben beschriebene Larve.

SCHÄDLING

Gelbe Weizenhalmfliege (*Chlorops pumilionis* Bjerk.), (Syn.: *Chlorops taeniopus* Meig.).

Die 3 bis 4 mm lange Weizenhalmfliege besitzt einen dreieckigen, schwarzen Fleck auf dem Kopf zwischen den Augen, auf dem Thorax 5 schwarze Längsstreifen sowie 4 dunkle Querbänder auf dem Hinterleib (f). Der Körper einschließlich der Beine ist gelb gefärbt. Von Mitte Mai bis Anfang Juni fliegen die Imagines. Eiablage an spät und langsam schossende Triebe der Wirtspflanzen. Die 100 bis 150 Eier je Weibchen werden einzeln an Blattscheiden der obersten Blätter geheftet. Larve schlüpft nach 6- bis 12tägiger Eientwicklung. Sie dringt in Blattscheide ein und nagt den beschriebenen Fraßgang am Blütenstandsinternodium. Gesamtentwicklung der Larve 25 bis 30 Tage. Dabei werden 3 Stadien durchlaufen. Verpuppung am Ende der Fraßrinne innerhalb der Blattscheide. Puppenruhe 20 bis 30 Tage. Imagines der 2. Generation fliegen ab Ende Juli. Ihre Flugzeit kann sich über 90 Tage bis Ende Oktober hinziehen. Eiablage bevorzugt an zeitig gedrillte Wintergerste, zuweilen an Winterroggen, Ausfallgetreide und Gräser. Im Oktober schlüpfen Larven. Sie überwintern, Verpuppung im Folgejahr, Puppenphase endet frühestens in erster Maidekade. Die Weizenhalmfliege bringt 2 Generationen je Jahr hervor.

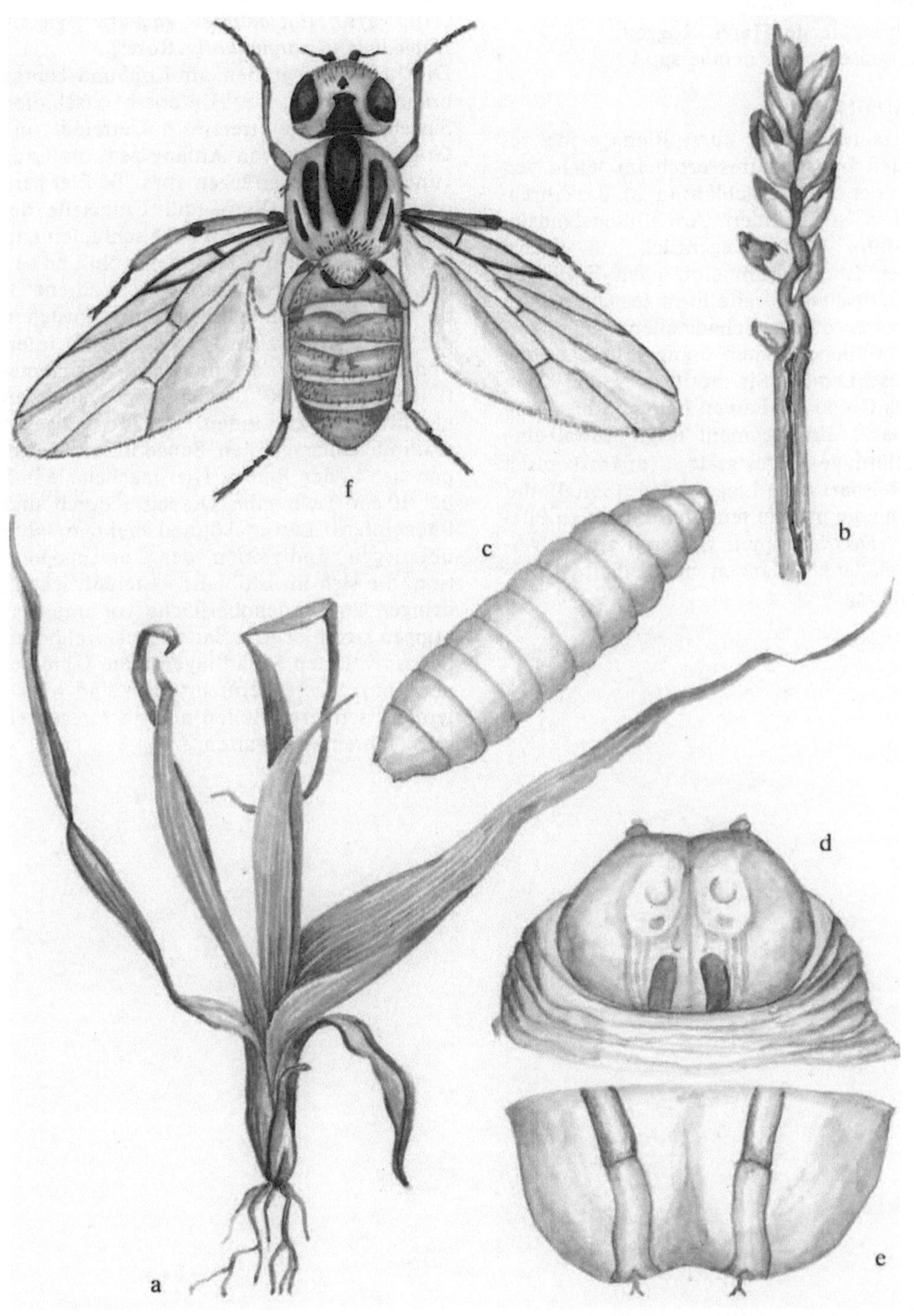

Sattelmücke

(*Haplodiplosis marginata* [v. Roser])
(Auch an Gerste, Hafer, Roggen,
Futtergräsern, bes. *Lolium* spp.)

SCHADBILD

Die Halme bleiben kurz. Blattscheide des
obersten Internodiums erscheint leicht verdickt oder auch aufgebläht (a, b), das Ährenschieben ist behindert. Am Blütenstandsinternodium oder gelegentlich am nächst
unteren Internodium sind nach Entfernen
der Blattscheide sattelförmige Querwülste
sichtbar (c, d). An Schadstellen saugen vor-
erst weißliche, später orangerote bis rote,
beinlose Larven. Sie besitzen keine Kopfkapsel. Größe der Larven beträgt 3 bis 4 mm
(f). Das 1. Brustsegment trägt ventral eine
spatelförmige Brustgräte (mikroskopisch
nachweisbar). An Liegestellen (Sattel) der
Larven kommt es in feuchten Jahren zu Pilzbefall (*Fusarium* spp.). Generell zeigen Ähren befallener Pflanzen mangelhafte Kornausbildung.

SCHÄDLING

Sattelmücke (*Haplodiplosis marginata* [v. Ro-
ser]), (Syn.: *Haplodiplosis equestris* [Wagn.],
Haplodiplosis marginatus [v. Roser]).
Die 3 bis 5 mm großen, am Kopf und Thorax
braunschwarzen, am Hinterleib kirschroten
Sattelmücken (g) treten in Getreide- und
Gräserbeständen von Anfang Mai bis Ende
Juni auf. Weibchen legen etwa 200 Eier perlschnurartig auf Ober- und Unterseite der
Blätter (e). Nach einer Woche schlüpfen Larven. Sie dringen in Blattscheide ein und setzen sich am Internodium fest. Während 3-
bis 4wöchiger Larvalentwicklung entstehen
die charakteristischen Querwülste am Internodium. Meist sind 3 bis 10, in Ausnahmefällen bis zu 100 Larven bzw. Gallen an
einem Halm zu finden. Im Juli verlassen
Gallmückenlarven den Schadort und begeben sich in den Boden. Hier machen sie in 5
bis 10 cm Tiefe eine Diapause durch und
überwintern. Larven können mehrere Jahre
überliegen. Individuen der Larvenpopulation, die sich im Frühjahr weiterentwickeln,
dringen zur Bodenoberfläche vor und verpuppen sich hier. Die Sattelmücke gehört zu
den univoltinen Schädlingen (eine Jahresgeneration). Massenvermehrungen sind vor allem auf schweren Böden und nach regenrei-
chen Jahren zu erwarten.

21

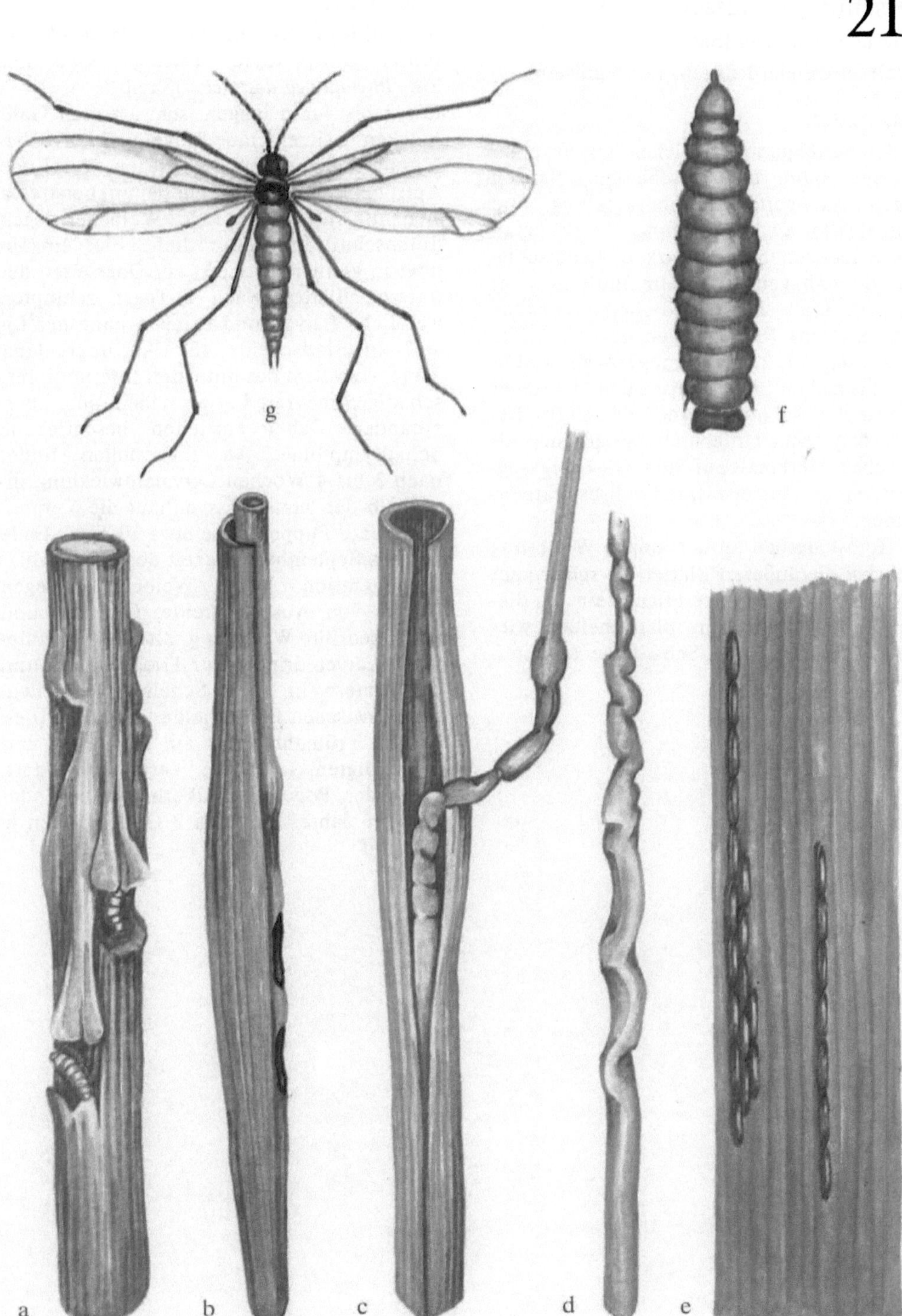

Hessenfliege (Hessenmücke)
(*Mayetiola destructor* [Say.])
(Auch an Gerste, Roggen, Futtergräsern)

SCHADBILD
In der Schoßperiode knicken im Frühjahr einzelne Halme um. Geschädigte Pflanzen zeigen verzögerte Halmentwicklung und mangelhafte Kornausbildung. Stark befallene Felder sehen nach starken Niederschlägen wie verhagelt aus. Beim Entfernen der untersten Blattscheide sind oberhalb des basalen Knotens Eindellungen nachzuweisen. Sie werden von 2,5 bis 3 mm langen, weißlichen bis gelben Larven verursacht, die weder eine Kopfkapsel noch Beine besitzen (b). Bei mikroskopischer Untersuchung läßt sich als typisches Merkmal auf dem 1. Thoraxsegment ventral eine zweispitzige Brustgräte erkennen.

Im Herbst sterben an der jungen Winterung zunächst die äußeren Blätter ab, später geht der Trieb oder die ganze Pflanze ein. Zu diesem Zeitpunkt sind in Blattscheiden wiederum die erwähnten Schädlinge anzutreffen.

SCHÄDLING
Hessenfliege (Hessenmücke) (*Mayetiola destructor* [Say.]), (Syn.: *Mayetiola secalis* Bollow, *Phytophaga destructor* [Say.]).
Die 3 bis 4 mm langen, schwarzroten Gallmücken besitzen graue Flügel und lange, beschuppte Beine (c). Sie fliegen von Ende April bis Ende Mai. Flughöhepunkt erstreckt sich nur auf wenige Tage. Weibchen legen durchschnittlich 180 rötliche Eier einzeln oder in kleinen Gruppen auf Oberseiten der unteren Blätter. Nach 7 Tagen schlüpfen weißliche Larven und dringen nahe der Ligula in Blattscheide ein. An interkalarer Zone, vor allem des untersten Internodiums, schädigen mehrere Larven neben- oder übereinander. Dabei entstehen beschriebene Schadsymptome. An Liegestellen findet nach 3 bis 4 Wochen Larvalentwicklung innerhalb der letzten Larvenhaut die Verpuppung statt. Puppenphase etwa 10 Tage. Ende Juli bis September Flugzeit der neuen Mückengeneration. Deren Weibchen belegen Blätter von Ausfallgetreide, Quecken und zeitig gedrillte Winterung mit Eiern. Schlüpfende Larven dringen zur Triebbasis vor und überwintern in einer Scheinpuppe (Puparium) zwischen Blattscheide und Haupttrieb (a). Im Frühjahr findet am befallenen und geschädigten Trieb die Verpuppung statt. Teile der Population überliegen ein oder mehrere Jahre. Es treten 2 Generationen je Jahr auf.

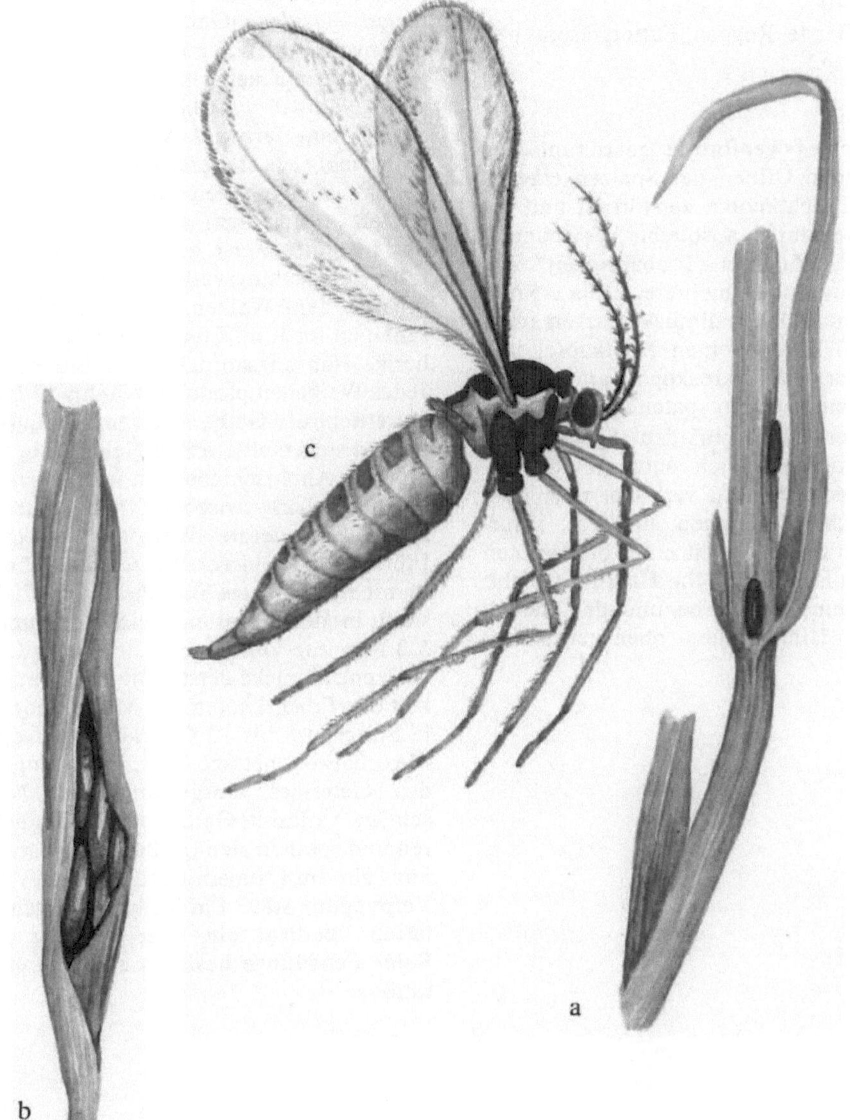

22

Weizengallmücken

(*Contarinia tritici* [Kirby], *Sitodiplosis mosellana* [Géhin])

(Auch an Gerste, Roggen, Futtergräsern, bes. *Alopecurus* sp.)

SCHADBILD

Ähren leicht bogenförmig gekrümmt und schartig. Beim Öffnen der Spelzen erkennt man, daß Fruchtknoten zerstört ist und die Samenentwicklung ausbleibt. Es handelt sich um Schadbild der „Taubährigkeit". Am Schadort sind meist mehrere, 2 bis 2,5 mm lange zitronengelbe Gallmückenlarven anzutreffen (2a). Ihnen fehlen Kopfkapsel und Beine. Unter dem Mikroskop ist am 1. Brustsegment ventral eine spatelförmige Brustgräte zu erkennen. In den Spelzen ein Schmachtkorn, die sich entwickelnde Karyopse ist geschrumpft, verbildet und weist oberflächliche Höhlungen auf (1a), verursacht durch Saugtätigkeit einer orangeroten Gallmückenlarve (1b). Ihr Habitus gleicht, mit Ausnahme der Farbe und der Ausbildung des Hinterendes, oben erwähnter Larve.

Gelbe Weizengallmücke (*Contarinia tritici* [Kirby]), Orangerote Weizengallmücke (*Sitodiplosis mosellana* [Géhin]).
Die nur 2,0 bis 2,5 mm langen, sehr zarten Weizengallmücken sind entweder zitronengelb gefärbt *(Contarinia tritici)* (2b) oder besitzen orangefarbenes Aussehen *(Sitodiplosis mosellana)* (1c). Bei erstgenannter Art ist Legeröhre der Weibchen lang, ausstreckbar, bei letzterer kurz, nicht ausstülpbar. Auftreten der Imagines weist gute Übereinstimmung mit Entwicklungsverlauf der Hauptwirtspflanze, dem Weizen, auf. Gallmücken erscheinen im Juni. Eiablage erfolgt ohne vorherige Nahrungsaufnahme in Blütenstände. Jedes Weibchen produziert 30 bis 50 Eier im Durchschnitt. Gelbe Weizengallmücke deponiert stets mehrere Eier gleichzeitig zu Beginn des Ährenschiebens in noch geschlossenen Blütchen zwischen Deck- und Vorspelze. Orangerote Weizengallmücke legt Eier stets einzeln vor Weizenblüte ebenfalls in nicht geöffnetes Blütchen. Für Eiablage steht in der Regel nur ein Zeitraum von 5 Tagen zur Verfügung. Larven der Gelben Weizengallmücke zerstören durch Saugtätigkeit den Fruchtknoten. Im Mittel finden sich je Blütchen 8 bis 10 Gallmückenlarven, der Maximalwert beträgt 35 Larven. Vor Reife des Getreides, ausgelöst durch Niederschläge, verlassen Gallmückenlarven die Ähren und spinnen sich im Boden in Larvenkokons ein. Im Frühjahr des Folgejahres findet Verpuppung statt. Ein Teil der Larvenpopulation überliegt ein oder mehrere Jahre. Beide Schädlinge besitzen eine Jahresgeneration.

23

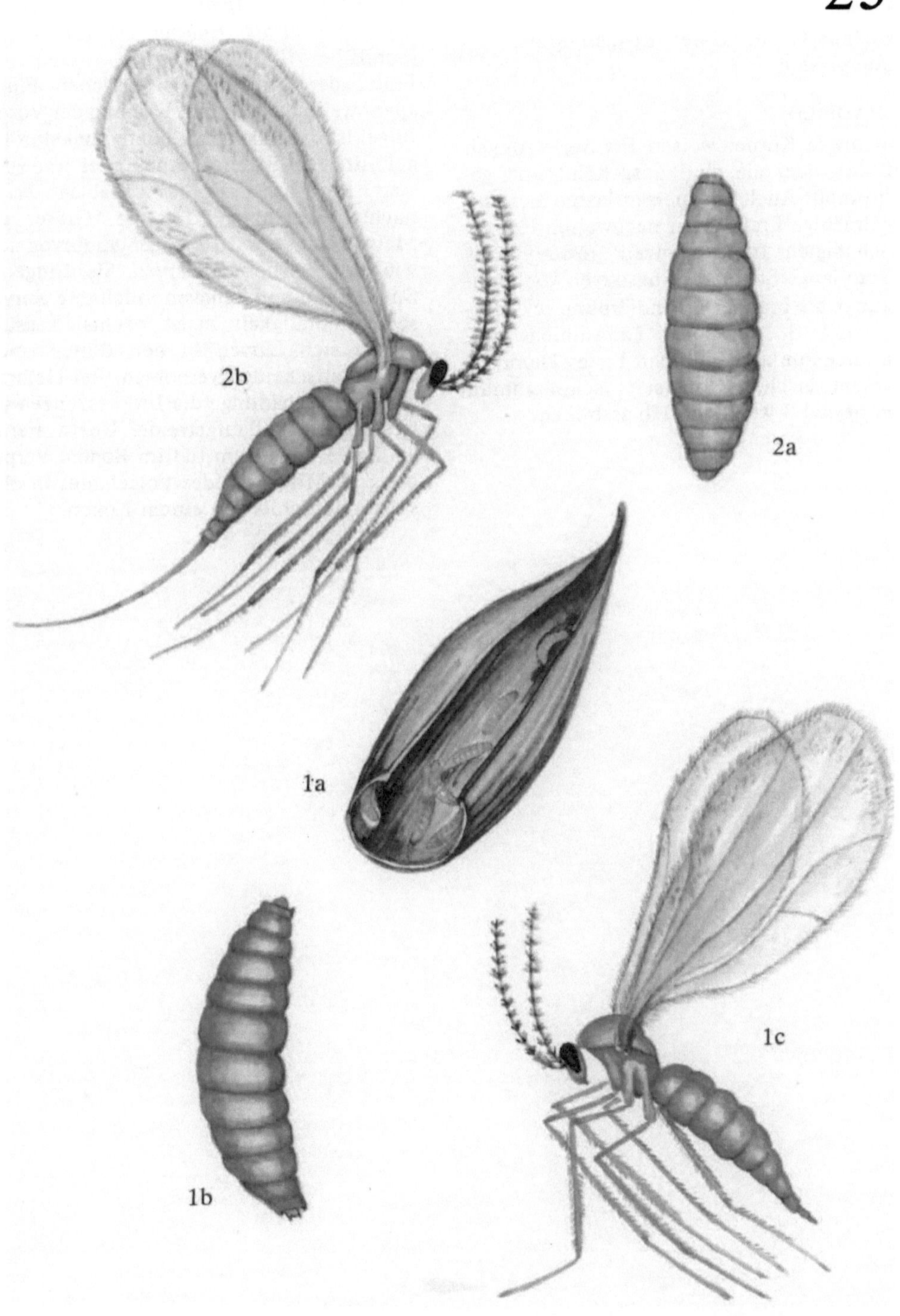

Queckeneule

(*Apamea sordens* [Hufn.])

(Auch an Gerste, Hafer, Roggen, Mais, Futtergräsern)

SCHADBILD

Milchreife Körner weisen Fraßverletzungen auf (a), oder sie sind ausgehöhlt und geschrumpft. Auch an Spelzen lassen sich unregelmäßige Fraßspuren nachweisen (b). An geschädigten Infloreszenzen fressen 3 bis 3,5 cm lange Schmetterlingslarven von graubrauner bis brauner Grundfärbung (c). Dorsal sind 3 weißliche Längslinien und schwarze Punkte erkennbar. Erstes Thorakalsegment erscheint oberseits schwarzbraun und besitzt 3 weißliche Längsstreifen.

SCHÄDLING

Queckeneule (*Apamea sordens* [Hufn.]), (Syn.: *Parastichtis (Hadena, Trachea) basilinea* [Schiff.]).

Falter der Queckeneule erreichen Flügelspannweite bis zu 4 cm. Färbung der Vorderflügel ist bräunlichgrau, Nierenmakel in Flügelmitte (d). Falterschlupf findet Ende Mai statt, Flug bis Ende Juli. Eiablage erfolgt nachts einzeln an Getreide, Gräser und Mais. Nach etwa 10tägiger Embryonalentwicklung erscheinen Larven. Sie dringen in Spelzen ein und benagen milchreife Karyopsen, Fraßtätigkeit meist nachts. Tagsüber halten sich Larven in den Blütenständen oder Blattscheiden verborgen. Bei Gelbreife verlassen Schädlinge die Infloreszenzen und fressen am Auflaufgetreide. Überwinterung als Larve 3 bis 4 cm tief im Boden. Verpuppung ab Mitte Mai des Folgejahres in oberster Bodenschicht in einem Kokon.

Wurzeleule

(*Apamea monoglypha* [Hufn.])
(ohne Abbildung)
(Auch an Gerste, Hafer, Roggen, Futtergräsern)

SCHADBILD

An bodennahen Pflanzenorganen, gelegentlich auch an Wurzeln, Fraßschäden. Am Schadort leben bis zu 3 cm lange, schmutzig-graue, mit hellen Längslinien und dunklen Warzen versehene Larven. Ihr Kopf sowie Nacken- und Afterschild besitzen glänzendes, bräunlichgelbes Aussehen. Neben 3 Brustbeinpaaren sind 5 Bauchfußpaare vorhanden. Letztere tragen gegenüberliegende Hakenreihen (Klammerfüße).

SCHÄDLING

Wurzeleule (*Apamea monoglypha* [Hufn.]), (Syn.: *Parastichtis (Hadena, Trachea) monoglypha* [Hufn.]).
Schmetterling erreicht eine Spannweite von 32 mm. Vorderflügel grünlich oder bräunlich, mit großem, weiß umrandetem, gelbem Nierenmakel, Hinterflügel graubraun. Falterflug von Mitte Juni bis Mitte September, Auftreten der Larven von September bis Mai des folgenden Jahres. Es tritt eine Generation/Jahr auf.

Wiesenspinner

(*Hypogymna morio* [L.])
(ohne Abbildung)
(Auch an Gerste, Roggen, Futtergräsern)

SCHADBILD

Junge Pflanzen zeigen auffällige Fraßschäden. Am Schadort befinden sich 25 mm lange, samtschwarze, durch gelbe Ringeinschnitte, Längsstreifen und rötlichgelbe, behaarte Knopfwarzen gekennzeichnete Larven. Ihr Kopf hat schwarzgraues Aussehen und besitzt gelbliches Stirndreieck.

SCHÄDLING

Wiesenspinner (*Hypogymna morio* [L.])
Die unscheinbaren Falter erreichen eine Spannweite von 24 mm. Beide Flügel sind durchscheinend grau oder braungrau gefärbt. Hinterleib der Weibchen trägt weißliche Afterwolle. Flug der Falter erfolgt im Mai und Juni.

Wurzelspinner

(*Hepialus lupulinus* [L.])
(ohne Abbildung)
(Auch an Gerste, Hafer, Roggen, Mais, Futtergräsern)

SCHADBILD

Triebe sind im Bereich der Wurzeln oder an der Triebbasis befressen oder abgebissen. Unter den Gräsern sind derartige Schädigungen vorzugsweise an Glatthafer zu beobachten. Als Urheber kommen 30 bis 50 mm lange, schmutzig-weiße oder gelbliche Larven in Betracht. Ihr Körper ist mit einzelnen, feinen, schwarzen Härchen besetzt. Kopf und Nackenschild sind bräunlich.

SCHÄDLING

Wurzelspinner (*Hepialus lupulinus* [L.]).
Spannweite 35 mm. Kopf und Brust sind wollig behaart. Vorderflügel der Weibchen braungrau, sie besitzen gelbweiße, unterbrochene Querlinie. Hinterflügel dunkelgrau. Bei den Männchen Vorderflügel gelbbraun. Flug der Wurzelspinner von Mitte Mai bis Anfang Juli. Larvenauftreten von Juli bis April des übernächsten Jahres.

Getreidewickler
(*Cnephasia pumiciana* Zell.),

Ährenwickler
(*Cnephasia longana* [Haw.]),

Schattenwickler
(*Cnephasia wahlbomiana* L.)
(ohne Abbildung)
(Auch an Gerste, Roggen, Mais)

SCHADBILD

An Getreideblättern sind etwa 5 mm große Gangminen nachzuweisen, auch Fensterfraß oder Unterbleiben des Ährenschiebens. Schließlich lassen sich partielle Weißährigkeitserscheinungen, die auf Verletzungen der Infloreszenz noch innerhalb der Blattscheide zurückgehen, und Fraßschäden an milchreifen Körnern, bei gleichzeitiger Gespinstbildung, feststellen. An Mais kommt es zu Loch- oder Fensterfraß an jungen Blättern, die zusammengesponnen sind. Die unterschiedlichen Schadbilder gehen auf Fraßtätigkeit von 10 bis 18 mm langen Larven zurück. In den ersten Stadien zeichnen sie sich durch rötliche oder orangegelbe Färbung aus. Ältere Larven besitzen hell- bis dunkelgraues Aussehen. Bauchfüße der Larven tragen ringförmig angeordnete Chitinhaken (Kranzfüße).

SCHÄDLINGE

Getreidewickler (*Cnephasia pumiciana* Zell.), Ährenwickler (*Cnephasia longana* [Haw.], Schattenwickler (*Cnephasia wahlbomiana* L.)
Falter besitzen trapezförmige Vorderflügel mit kurzen Haarfransen. Sie werden in Ruhestellung dachförmig über den Körper gelegt. Spannweite 15 bis 20 mm. Graue bis graubraune Flügel der Weibchen und Männchen des Getreidewicklers weisen unregelmäßige Bindenzeichnung auf. Weibchen des Ährenwicklers zeichnet sich durch gelbweiße, lehmgelbe bis rotbraune Färbung mit ausgeprägter Bindenzeichnung aus. Männchen hat gelblichweiße bis bräunlichgelbe Flügel (ohne Zeichnung).
Getreidewickler und Ährenwickler zeigen in Lebensweise weitgehende Übereinstimmung. Eiablage erfolgt im Juli–August an Rinde von Laub- und Nadelgehölzen. Nach 2 bis 3 Wochen schlüpfende Larven überwintern in Gespinst in Borkenrissen. Ab Mitte April des nächsten Jahres werden Larven mittels Gespinstfaden in Getreide- und Maiskulturen verweht. Nach anfänglichem Minier- und Fensterfraß an Blättern Fraß im Schutze von Gespinstfäden an Spelzen, Grannen und milchreifen Karyopsen. Verpuppung in Kokon an Ähren oder in Blattscheiden. Im Verlaufe von 2 bis 3 Wochen schlüpfen dämmerungsaktive Falter. Es tritt eine Generation je Jahr auf.

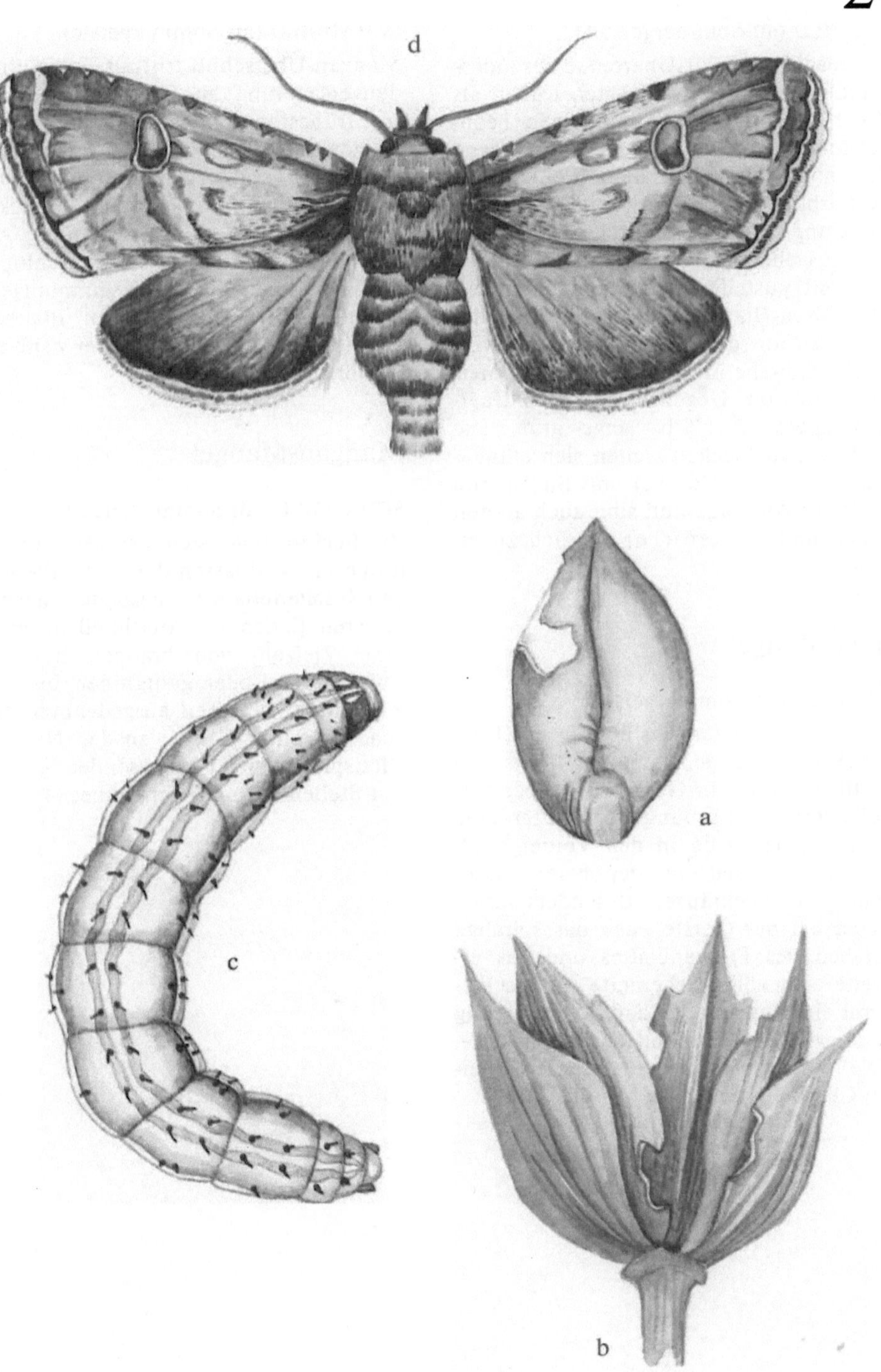

Bor-Überschuß

SCHADBILD (an Sommergerste)

Gerste reagiert auf Bor-Überschuß besonders empfindlich (nach borgedüngten Rüben als Vorfrucht besonders gefährdet!). So beobachtet man bereits kurz nach dem Aufgang an dem noch eingerollten 1. Blatt eine Rosa- bis Rotfärbung (1a), die mit fortschreitender Entwicklung der Pflanze durch eine von der Spitze ausgehende Vergilbung der älteren Blätter mit pustelförmigen, dunkelbraunen Flecken, vom Blattrand nach der Mitte der Blattspreite fortschreitend, verdrängt wird (1b). Das Gewebe im Bereich der Hauptnervatur bleibt im Gegensatz zu Mn-Überschußsymptomen relativ lange grün. Die dunkelbraunen Flecken weiten sich allmählich über Blattscheide (1e) und Blattspreite (1c) bis zur Ähre aus und sind auch an den Grannen und Spelzen (1d) deutlich zu erkennen.

Kupfer-Mangel

SCHADBILD (an Sommergerste)

Die bei Winterweizen ausführlich beschriebenen Kupfer-Mangelsymptome treffen im wesentlichen auch für Gerste zu. Jedoch tritt anstelle der Weißfärbung der Blätter eine mehr gelbliche Farbe in den Vordergrund, und der gerollte Blattrand der oberen Blätter ist häufig noch gekräuselt. Besonders ausgeprägt ist bei der Gerste auch das spiralige Eindrehen des Fahnenblattes und das erschwerte oder völlig gehemmte Ährenschieben mit einer nur mangelhaften Ausbildung oder gar völligen Taubheit der Ähren (2a–b). Die Nachschosserbildung ist, wie bei anderen Getreidearten, stark betont.

Mangan-Überschuß

SCHADBILD (an Sommergerste)

Mangan-Überschuß tritt als Folge einer Bodenversauerung an Gerstenpflanzen schon im frühesten Entwicklungsstadium durch Verzögerung des Wachstums, Blattspitzenvergilbung und Ausbildung von sommersprossenartigen, dunkelbraunen Flecken auf den älteren Blättern in Erscheinung. An älteren Pflanzen treten bei leichter Chlorose die dunkelbraunen Manganansammlungen oder braungefärbten Nekrosen an Blattscheide, -spreite und -nerven mehr oder weniger stark hervor (3a, b).

Mangan-Mangel

SCHADBILD (an Sommergerste)

Zu Beginn zeigt sich der Mangan-Mangel durch ein Verblassen der Blattfarbe der jungen Gerstenpflanzen, besonders nach ihren äußeren Enden zu. Anschließend erscheint eine Vielzahl von braunen nekrotischen Punkten und/oder graugrünen bis schmutzig-gelben, zum Teil ausgedehnten nekrotischen Streifen parallel zu den Nerven. Die Blattspreite knickt an besonders geschwächten Stellen ein und vertrocknet (4).

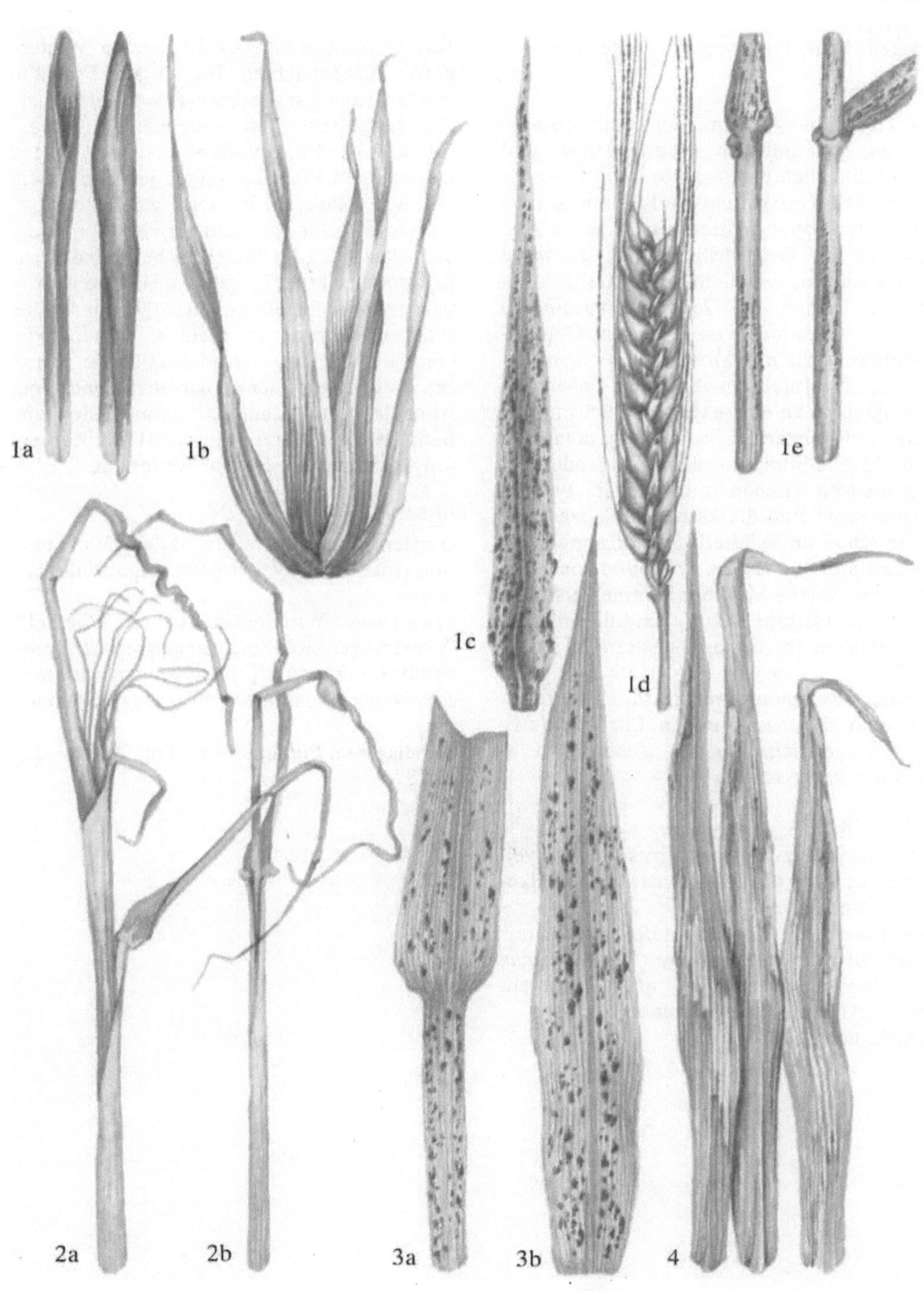

Gerstengelbverzwergung

(Auch an Weizen, Triticale, Hafer (Tafel 44),
Roggen, Mais, Futtergräsern (Tafel 65))

SCHADBILD

Die Gelbfärbung beginnt an der Blattspitze (1 a, b), geht auf den Blattrand über und kann schließlich die gesamte Blattspreite erfassen (1 d). Unregelmäßige Blattrandkerben (1 c) treten hauptsächlich nur an infizierten Pflanzen im Gewächshaus auf. Teilweise wird auch eine parallele chlorotische Streifung beobachtet. Im Gegensatz zu einigen anderen Gramineenviren ist die Gelbverzwergung nicht mit Mosaiksymptomen verbunden. Die Infektion verursacht neben den Blattsymptomen eine extreme Wuchsminderung und verstärkte Bestockung. Schossen und Ährenbildung werden völlig oder bei den meisten Trieben unterbunden. Bei der Wintergerste sind die kranken Pflanzen teilweise schon im Spätherbst zu erkennen. Besonders auffällig ist das Schadbild von Ende März bis Anfang Mai, bei Sommergerste dagegen erst im Juni. Häufig sind die infizierten Pflanzen im Bestand nesterweise anzutreffen.

Ähnliche Symptome werden durch stauende Nässe, Ernährungsstörungen, Pilzbefall (z. B. *Erysiphe graminis, Typhula incarnata)* u. a. Faktoren verursacht.

ERREGER

Gerstengelbverzwergungs-Virus, barley yellow dwarf virus (BYDV), virus želtoj karlikovosti jačmenja

Testpflanzen: Gerste oder Hafer können nur durch Blattlausübertragung *(Rhopalosiphum padi, Macrosiphum avenae)* infiziert werden. Das Vorkommen von Stämmen beachten.

Serodiagnose: ELISA

Gerstengelbmosaik

SCHADBILD

Das Gerstengelbmosaik ist nur an Wintergerste zu beobachten. Im zeitigen Frühjahr werden zunächst nesterweise vergilbte Pflanzen festgestellt. Mit zunehmender Erwärmung wird die Gelbfärbung überwachsen. Die kranken Pflanzen zeigen jetzt nur noch auf den jüngeren Blättern gelbliche bzw. chlorotische Flecken und Strichel (2 a, b, c), die selbst noch im Mai/Juni bei gründlicher Kontrolle zu erkennen sind. Teilweise nekrotisiert das befallene Blattgewebe. Die Wuchsminderung ist nicht so extrem wie beim BYDV, jedoch sind befallsfreie Pflanzen eindeutig größer als virusbefallene. Von Anbaujahr zu Anbaujahr dehnen sich die Befallsherde bevorzugt in der Hauptbearbeitungsrichtung des Bodens weiter aus.

ERREGER

Gerstengelbmosaik-Virus, barley yellow mosaic virus (BaYMV), virus želtoj mozaiki jačmenja

Testpflanze: Wintergerstensorten ('Gerbel', 'Vogelsanger Gold' u. a.) reagieren bei Temperaturen unter 18 °C nach wiederholter mechanischer Inokulation mit Mosaiksymptomen.

Serodiagnose: Präzipitations-Tropfentest oder ELISA

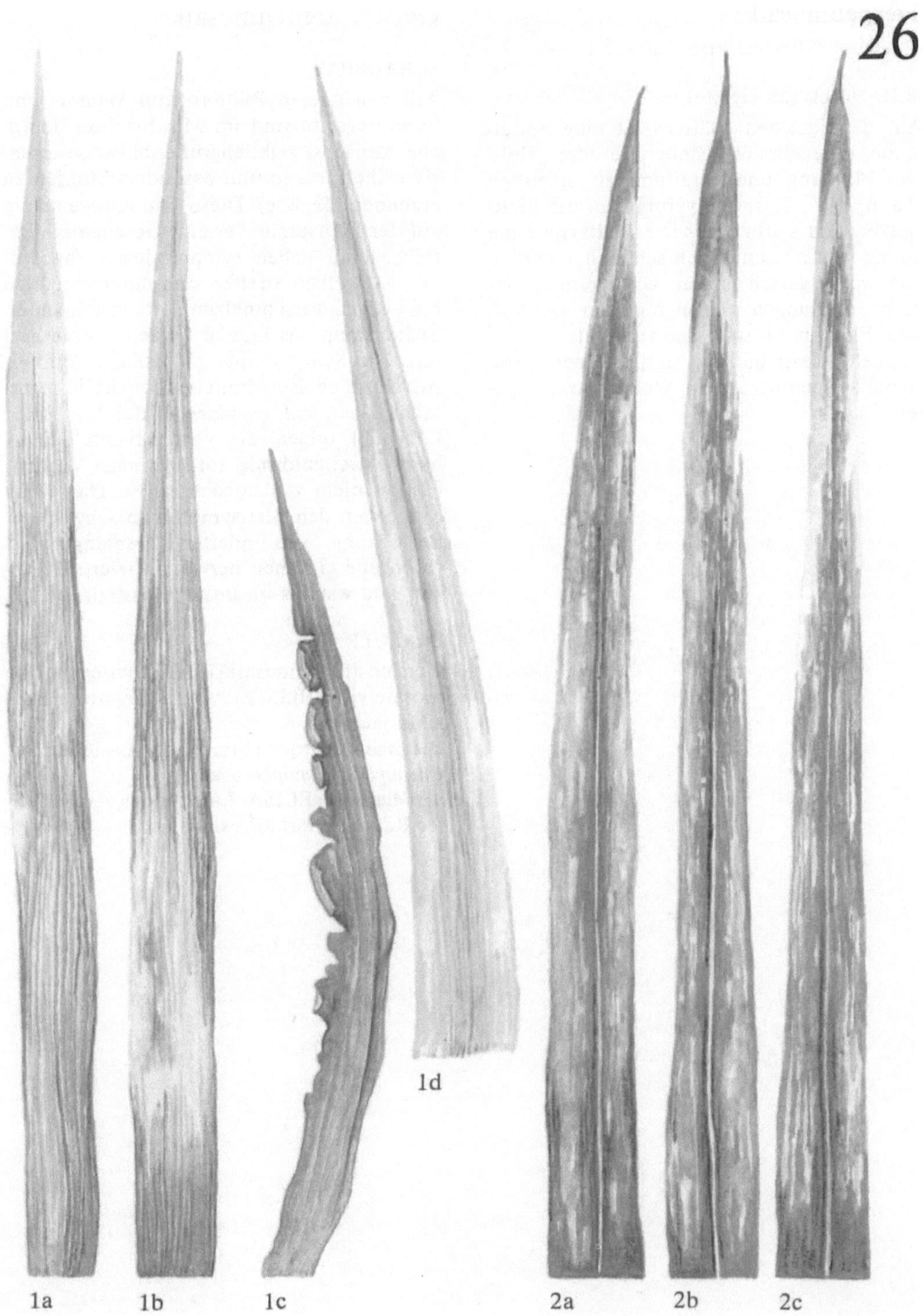

1a
1b
1c
1d
2a
2b
2c

26

Trespenmosaik

(Auch an Futtergräsern (Tafel 65))

SCHADBILD (an Gerste)

Auf den jüngsten Blättern ist eine auffallende, unregelmäßige hellgrüne oder gelbliche Fleckung und Streifung zu erkennen (1 a, b, c, d). Teilweise verbräunen die Blattspitzen und sterben ab. Die Blattsymptome können später allmählich schwächer werden oder völlig verschwinden. Die Grannen der kranken Pflanzen weisen mitunter chlorotische Flecken auf und sind verkürzt.

Erreger, Testpflanzen und Serodiagnose siehe Trespenmosaik an Weidelgräsern, Tafel 65

Gerstenstreifenmosaik

SCHADBILD

Auf den oberen Blättern von Winter- und Sommergerste sind im Mai bis Juni deutliche, zunächst gelblichgrüne, teilweise intensiv gelbe Flecken und besonders Streifen zu erkennen (2 a, b, c). Diese sind unregelmäßig auf der Blattspreite verteilt. Geschädigte Bereiche sind neben symptomlosen angeordnet. Die gelben Streifen sind unterschiedlich breit und verschmelzen oft miteinander. Später kann das kranke Gewebe nekrotisieren. Die Symptomintensität hängt vom Virusstamm ab. Ein ähnliches Schadbild verursacht *Drechslera graminea* (Tafel 32). Beim Pilzbefall reißen die geschädigten Blätter häufig streifenförmig auf, was nach Virusinfektion nicht zu beobachten ist. Das Virus ruft neben den Blattsymptomen schwächere Bestockung, verminderte Ährenlänge und verbogene Grannen hervor. Infizierte Pflanzen sind wahllos im Bestand verteilt.

ERREGER

Gerstenstreifenmosaik-Virus, barley stripe mosaic virus (BSMV), virus štrichovatoj mozaiki jačmenja

Testpflanze: Große chlorotische Läsionen auf *Chenopodium quinoa* u. a.

Serodiagnose: ELISA, Latex- oder vereinfachter Radialimmundiffusionstest

27

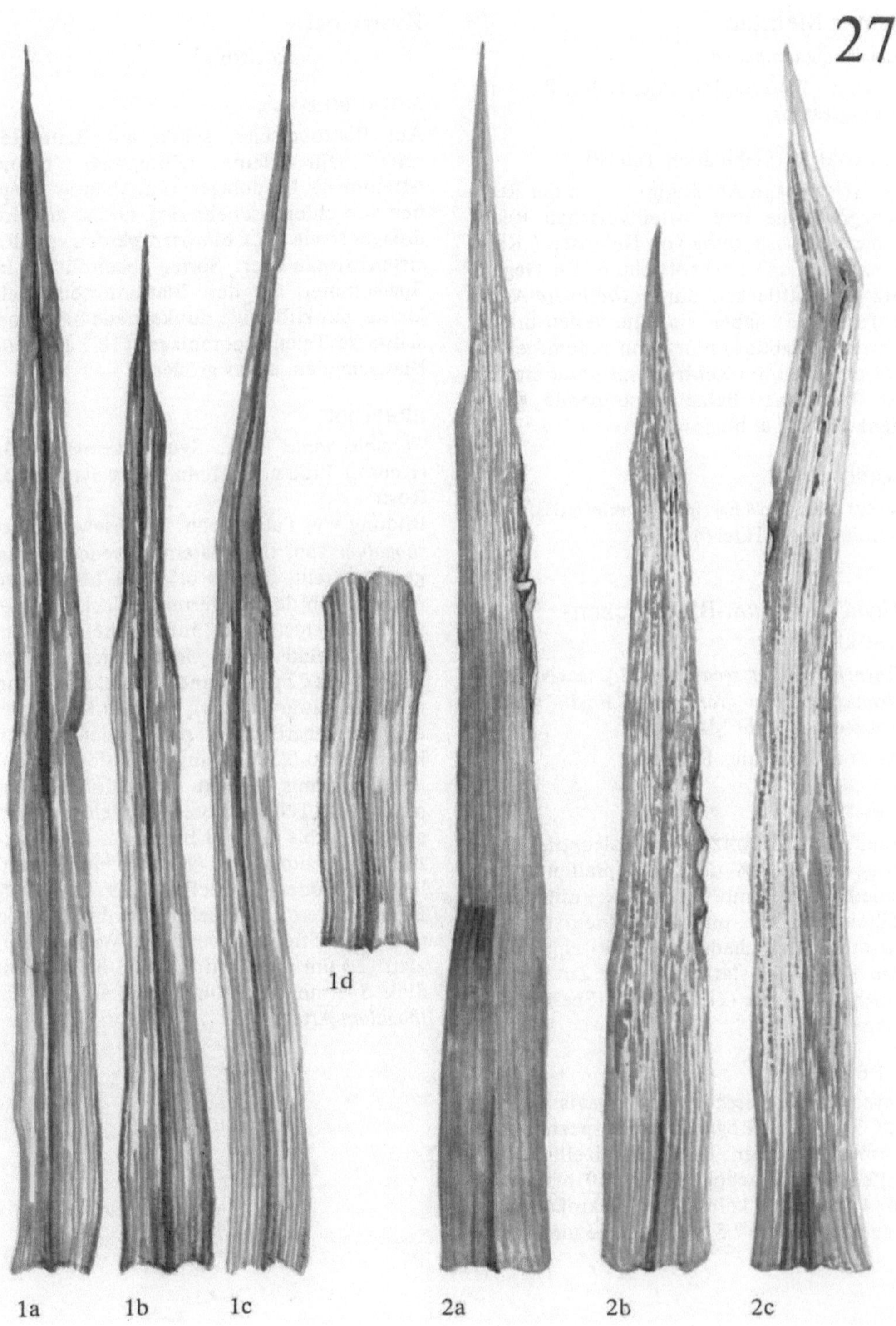

Echter Mehltau

(*Erysiphe graminis* DC.)

(Auch an Weizen, Triticale, Hafer, Roggen, Futtergräsern)

SCHADBILD (Siehe auch Tafel 6)

Bei Gerste ist in Abhängigkeit von der Resistenzgrundlage und sortentypischen Reaktionen die Ausbildung von Nekrosen („Resistenznekrosen") zu beobachten. Im Gegensatz zu Blattflecken durch *Drechslera*-Arten (Tafel 31, 32) haben sie eine violett-braunschwarze Färbung, nicht von einem gelben Hof umgeben, im Zentrum mitunter ein feiner, blaugrauer Belag (absterbende Konidienketten) (1 a, b).

ERREGER

Echter Mehltau (*Erysiphe graminis* DC.) (Beschreibung zu Tafel 6)

Rhynchosporium-Blattfleckenkrankheit

(*Rhynchosporium secalis* [Oud.] Davis, Syn.: *Rhynochosporium graminicola* Fckl., *Marssonina secalis* [Oud.] Magn.)

(Auch an Triticale, Roggen)

SCHADBILD

Bereits an den Spitzen der Koleoptilen wässerige Flecke, an den Blattspreiten unterschiedlich geformte Blattflecke mit aufgehelltem Zentrum und rotbraunem bis purpurrotem, die Schadstelle scharf abgrenzendem Rand. Bei starkem Befall Zusammenlaufen der Flecke (2 a), auch an Spelzen und Grannen.

ERREGER

Rhynchosporium secalis (Oud.) Davis
Auf Gerste und Roggen jeweils spezialisierte Formen. Konidien: hyalin, zweizellig, obere Zelle griffartig gebogen (2 b), 10 bis 20 × 2 bis 4 μm, nicht keimfähige Mikrokonidien, einzellig, 2,5 bis 7,5 × 1,5 bis 2,5 μm.

Zwergrost

(*Puccinia hordei* Otth.)

SCHADBILD

Auf Blattoberseite, selten auf Blattunterseite, sehr kleine (Zwergrost), braune (Braunrost) Uredolager (3 a), häufig umgeben von chlorotischem Hof. Größe der Uredolager sowie der Chlorosen werden vom Resistenzniveau der Sorten beeinflußt. Im Spätsommer an der Blattunterseite sehr kleine, punktförmige dunkelgraue bis braunschwarze Teleutosporenlager (3 b), auch auf Blattscheiden, etwas größer.

ERREGER

Puccinia hordei Otth., Syn.: *Puccinia simplex* (Koern.) Erikss. et Henn., *Puccinia anomale* Rostr.
Bildung von Pathotypen. Wechselwirt: *Ornithogalum* spp. (Milchstern). Uredosporenlager: zerstreut, 0,3 bis 0,5 × 0,1 bis 0,2 mm, anfangs von der Epidermis bedeckt, orangefarben bis rostbraun, anfangs heller, später nachdunkelnd (3 a), Uredosporen: 20 bis 30 × 17 bis 22 μm, Wand 1,5 μm, blaßbraun, mit Stachelwarzen (3 d), 7 bis 10 Keimporen über die Oberfläche verteilt. Teleutosporenlager: bis zu 0,5 mm lang, punktförmig (3 b), von Epidermis bedeckt, die spaltförmig aufreißt (3 c). Teleutosporen: einzellige Mesosporen, 34 bis 44 × 18 bis 23 μm (3 e), zweizellige Teleutosporen (selten) länglich, keulenförmig oder rundlich, 24 bis 73 × 14 bis 29 μm, untere Zelle schmaler als die obere und zum Stiel hin verjüngt, Wand braun, glatt, 1,5 μm dick, am Scheitel bis zu 5 μm dick. Spermogonien und Aecidien: auf *Ornithogalum*-Arten.

28

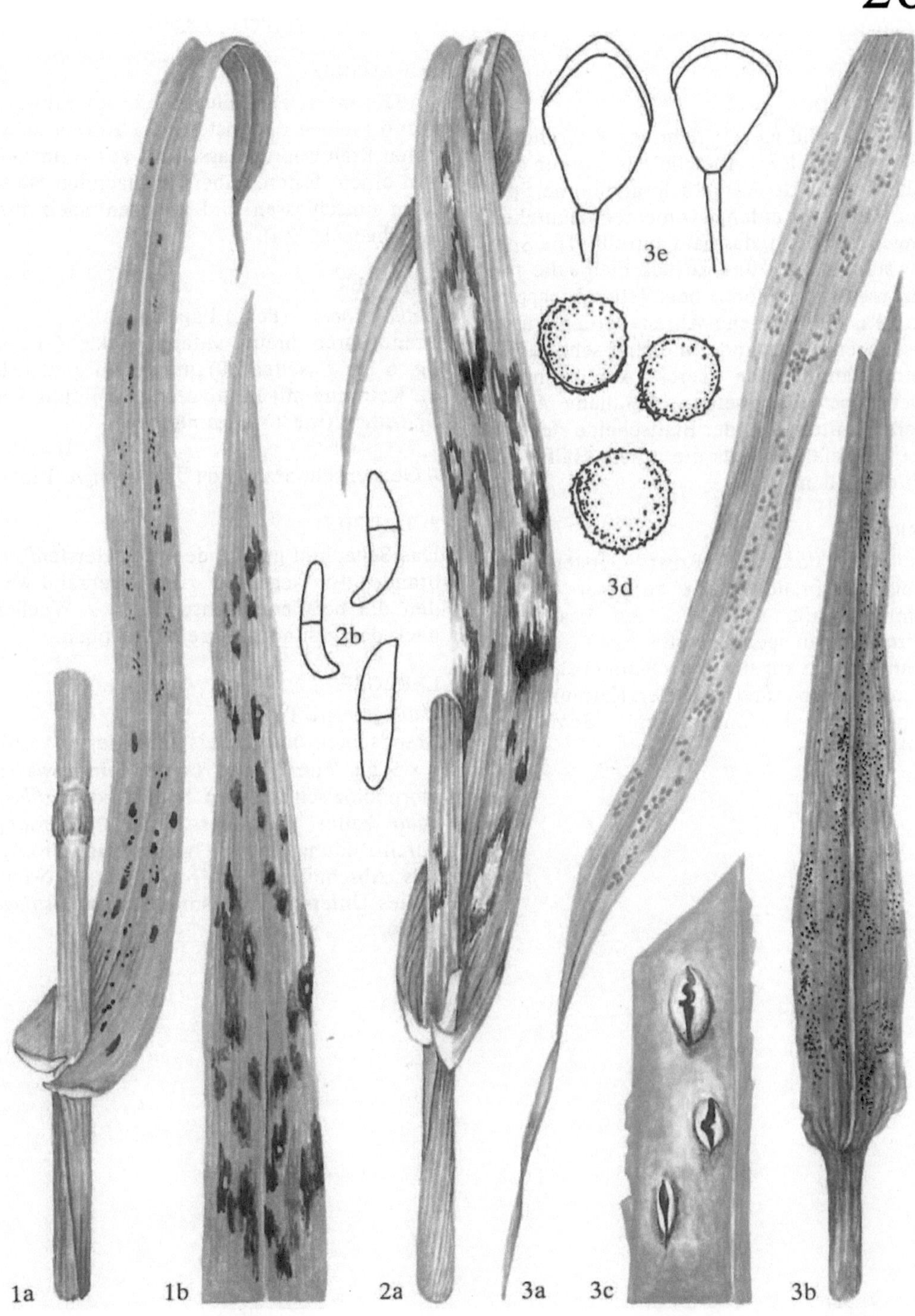

1a   1b   2b   2a   3a   3e   3d   3c   3b

Brandkrankheiten

- Gerstenflugbrand (*Ustilago nuda* [Jens.] Rostr.)

SCHADBILD

Das Schadbild gleicht dem des Weizenflugbrandes (Tafel 7). Anstelle der Körner enthalten erkrankte Ähren schwarzbraune Sporenmassen, die anfangs von einem Häutchen umgeben werden, das bald aufreißt. Die Sporen stäuben aus, und zurück bleibt die mit den restlichen Sporen behaftete Ährenspindel (1 a, b). Befallene Ähren werden früher geschoben als gesunde und sind sehr auffallend, während die leeren Ährenspindeln leicht übersehen werden. Befallene Ähren bleiben mitunter in der Blattscheide stecken. Bei Teilbefall ist stets die untere Hälfte der Ähre befallen.

ERREGER

Ustilago nuda (Jens.) Rostr. Gersten- und Weizenflugbrand werden zu einer Art zusammengefaßt, sind aber auf bestimmte Wirtspflanzen spezialisiert.
Brandsporen: kugelig, 5 bis 9 µm (1 c), Wand braun, fein bewarzt. Bei der Keimung Bildung von Fusionsbrücken (Schnallen) (1 d).

- Gerstenhartbrand (Gedeckter Gerstenbrand)
(*Ustilago hordei* [Pers.] Lagerh.)

SCHADBILD

Im Gegensatz zum Flugbrand und Schwarzbrand bleiben die anstelle der Körner gebildeten Brandsporenmassen bis zur Halmreife von einem festen, silbern glänzenden Häutchen umschlossen und von den Spelzenresten bedeckt (2 a).

ERREGER

Ustilago hordei (Pers.) Lagerh.
Brandsporen: braun, anfangs verklebt, kugelig, 6 bis 7 (selten 10) µm, Wand glatt (2 b, c), Keimung mit Promyzel und Bildung von Sporidien (wie *Ustilago nigra* (3))

- Gerstenschwarzbrand (*Ustilago nigra* Tapke)

SCHADBILD

Das Schadbild gleicht dem des Gerstenflugbrandes. Im Gegensatz zum Flugbrand werden die befallenen Ähren etwa 2 Wochen nach den gesunden Ähren geschoben.

ERREGER

Ustilago nigra Tapke
Brandsporen: kugelig bis ellipsoidisch, 5 bis 8 × 5 bis 7 µm, Wand braun, fein bewarzt, morphologisch von den Sporen von *Ustilago nuda* kaum zu unterscheiden. Keimung durch Bildung eines 3- bis 4zelligen Promyzels, Abschnürung von Sporidien (3) (wichtigstes Unterscheidungsmerkmal zu *Ustilago nuda*).

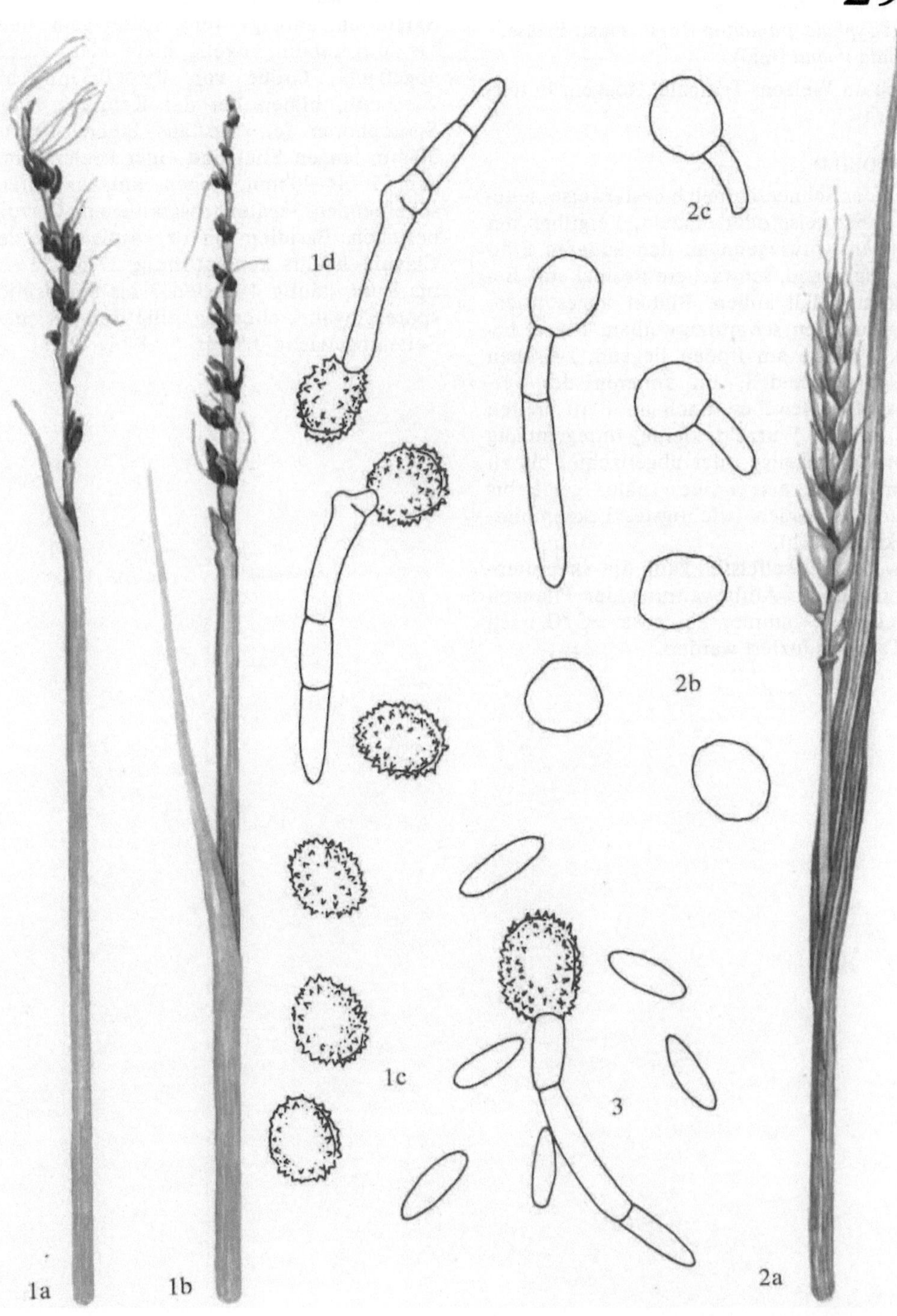
1d
2c
1c
2b
3
1a
1b
2a

29

Typhula-Fäule

(*Typhula incarnata* Lasch ex Fr.,
Syn.: *Typhula graminum* Karst. sensu Erikss.,
Typhula itoana Imai)
(Auch an Weizen, Triticale, Roggen, Futter-
gräsern)

SCHADBILD

Nach der Schneeschmelze nesterweise, seltener reihenweise oder einzeln, Vergilben der
Pflanzen, vorwiegend an den äußeren Blättern beginnend, schwächere Bestockung. Bei
starkem Befall äußere Blätter abgestorben,
als graue, von schmutzigweißem Myzel bedeckte Masse am Boden liegend, zwischen
den Blattscheiden, im Inneren des ver-
morschten Gewebes, auch an Blattspreiten
und an den Wurzeln kleine, ·unregelmäßig
geformte, kugelige oder abgeflachte, bis zu
3 mm große, erst weiße, später gelbe bis
braune Sklerotien (wichtigstes Erkennungs-
merkmal) (a, b).
Hinweis: Im Zweifelsfall kann die Sklerotienbildung durch Aufbewahrung der Pflanzen
in feuchter Kammer bei etwa +5 °C nach
14 Tagen induziert werden.

ERREGER

Typhula incarnata Lasch ex Fr.
Sklerotien: anfangs weiß, später gelb, hell-
bis dunkelbraun, kugelig, mehr oder weniger
abgeflacht, Größe von $0,3 \times 0,3$ mm bis
2×3 mm, bilden bei der Keimung lange
Sporophoren (c), die aus einem 10 bis
30 mm langen Stiel und einer keulenförmigen, 5 bis 20 mm langen, anfangs durch-
scheinenden, später rosafarbenen Clavula
bestehen. Basidien: an der Außenseite der
Clavula, hyalin, keulenförmig, 27 bis 35×5
bis 8 µm, häufig 4 (selten 2 bis 8) Basidiosporen, hyalin, eiförmig, elliptisch, an einer
Seite abgeflacht, 3,5 bis 7×8 bis 12 µm.

30

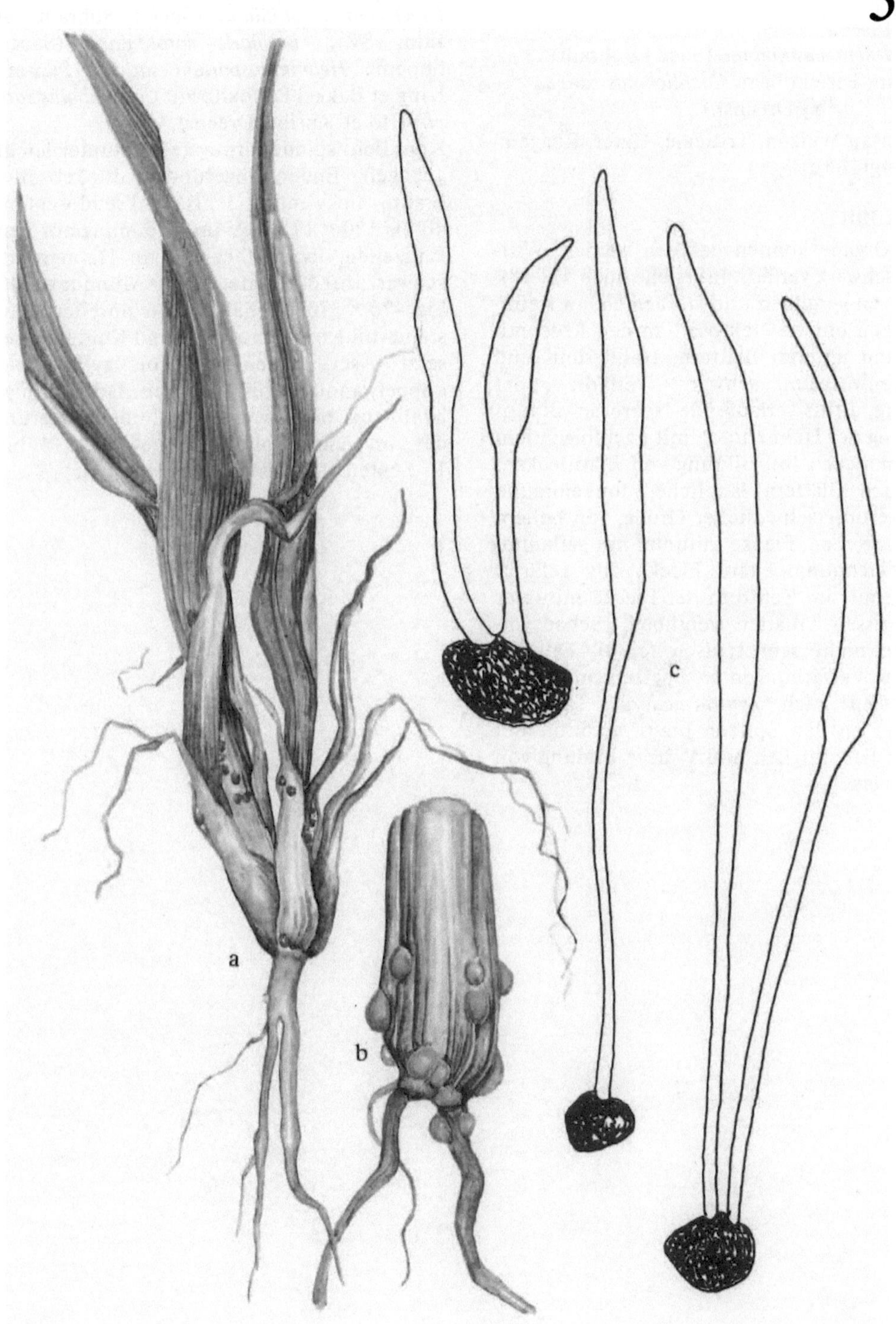

Helminthosporium-Fuß- und Blattkrankheit

(*Drechslera sorokiniana* [Sacc.] Subram. et Jain, Perfektform: *Cochliobolus sativus* [Ito et Kurib.] Drechsl.)

(Auch an Weizen, Triticale, Hafer, Roggen, Futtergräsern)

SCHADBILD

Alle Organe können befallen werden. Wurzeln schwarz verfärbt (a) (siehe auch Tafel 8), Pflanzen vergilben und sterben ab, an Keimpflanzen braune Nekrosen an den Koleoptilen und unteren Blättern, Halmgrund und Kronenwurzeln schwarz verfärbt oder braune, diffus verlaufende Nekrosen, Braunfärbung der Halmknoten mit nachfolgendem Halmknicken (b). Bildung von Blattflecken, auf den Blättern längliche, dunkelbraune Flecke unterschiedlicher Größe, von hellem Hof umgeben, Flecke mitunter mit geflammter Zeichnung, ältere Flecke oliv gefärbt. Epidermis im Zentrum der Flecke mitunter aufgerissen, Blätter vergilben, Schadsymptome nicht sehr typisch (c, d). Dunkelbraune Verfärbungen an Spelzen und Grannen (siehe auch *Septoria nodorum,* Tafel 10), Körner an den Spitzen braun verfärbt. Bei hoher Feuchtigkeit und Wärme Bildung von Konidien.

ERREGER

Drechslera sorokiniana (Sacc.) Subram. et Jain, Syn.: *Bipolaris sorokiniana* (Sacc.) Shoem., *Helminthosporium sativum* Pamm., King et Bakke, Perfektform: *Cochliobolus sativus* (Ito et Kurib.) Drechsl.
Konidien: spindelförmig (e), mitunter leicht gebogen, Enden abgerundet, dunkel olivbraun, dickwandig, 3 bis 10 Pseudosepten, 40 bis 120 × 17 bis 25 µm, Keimung aus den Endzellen. Pseudothezien: am Halmgrund, schwarz, rund, mit deutlicher Mündung, 340 bis 470 × 370 bis 530 µm, in unreifem Zustand mit Konidienträgern und Konidien besetzt. Asci: keulenförmig bis zylindrisch, doppelwandig, 4 bis 8 Sporen, fadenförmig, hyalin bis helloliv, an den Enden abgerundet, im Ascus spiralig aufgewickelt, 4 bis 10 Septen, 160 bis 360 × 6 bis 9 µm.

31

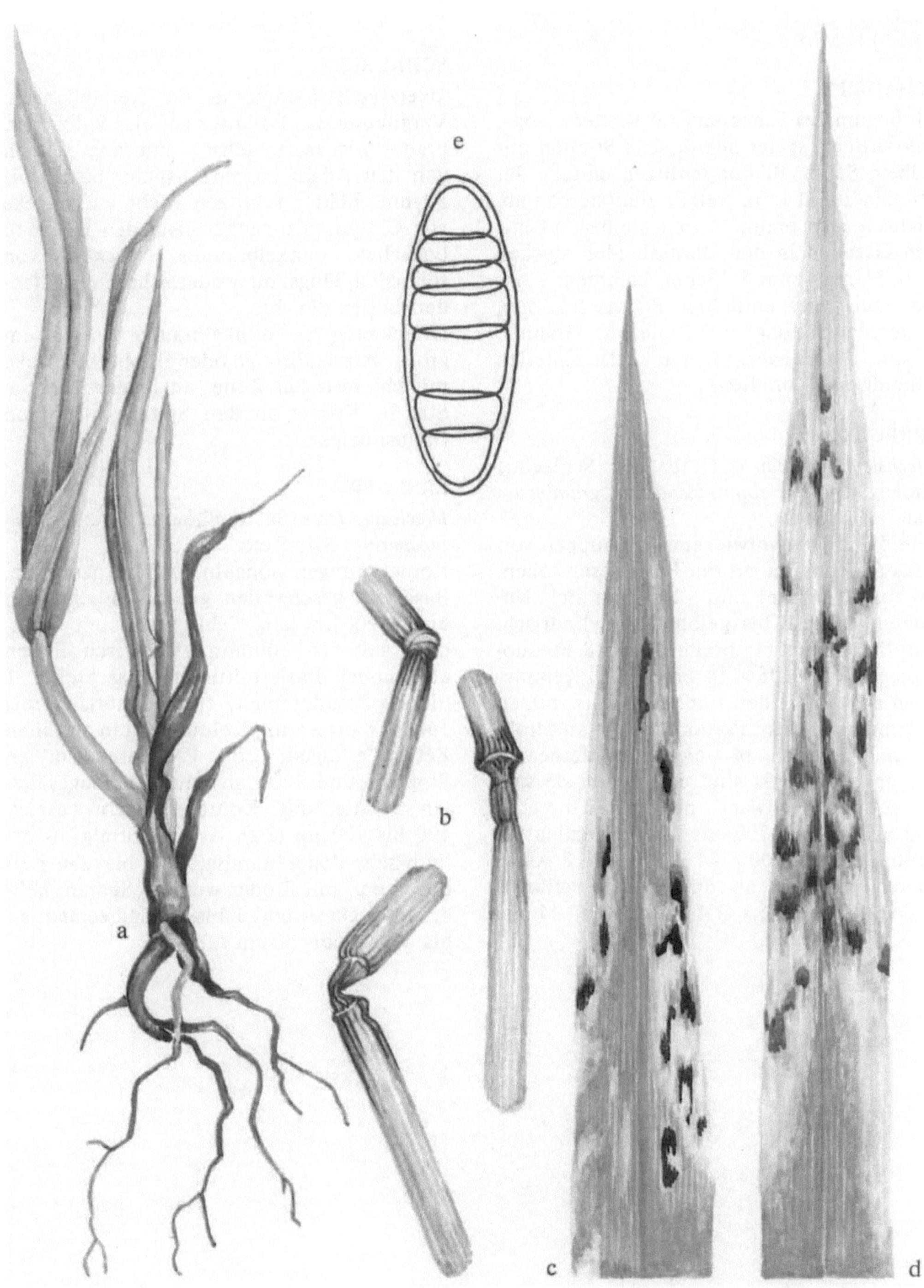

Streifenkrankheit der Gerste

(*Drechslera graminea* [Rab. ex Schlecht.] Shoem., Perfektform: *Pyrenophora graminea* [Died.] E. Müll.)

SCHADBILD

Ab Beginn des Schossens auf Blättern lange, chlorotische, später nekrotische Streifen mit gelbem Saum. Blätter schlitzen entlang der Streifen auf (1a, b), welken und sterben ab, Blattscheiden braun, Ähren bleiben oft mit den Grannen in den Blattscheiden stecken (1c). Normal zum Schieben kommende Ähren taub oder enthalten Schmachtkörner, aufrechte Haltung zur Reifezeit, Grannen braun. Auf abgestorbenen Pflanzenteilen Bildung von Konidien.

ERREGER

Drechslera graminea (Rab. ex Schlecht.) Shoem., Syn.: *Helminthosporium gramineum* Rab. ex Schlecht.
Konidienträger: vorwiegend in Gruppen von 2 bis 6, hellbraun, an der Basis geschwollen, bis zu 250 µm lang und 6 bis 9 µm dick, Konidien: hellgelb bis gelbbraun, zylindrisch, Basalzelle oft etwas breiter, 2 bis 8 Pseudosepten, 40 bis 105 × 14 bis 22 µm, Keimhyphen aus den beiden Endzellen kurz, bilden Sekundärkonidien, Pseudothezien: an Strohresten Sklerotien, in welche Pseudothezien anfangs eingesenkt sind und denen sie später aufsitzen, schwarz, mit Borsten besetzt, 200 bis 400 (bis 700) µm, Asci: länglich bis keulig, 200 bis 300 × 44 bis 52 µm, 8 Ascosporen, länglich, an den Enden verjüngt, 3 Quer- und 0 bis 2 Längssepten, 44 bis 54 × 17 bis 20 µm.

Netzfleckenkrankheit

(*Drechslera teres* [Sacc.] Shoem., Perfektform: *Pyrenophora teres* [Died.] Drechsl.)

SCHADBILD

„Netztyp": Symptome an Keimpflanzen, Vergilbung des 1. Blattes von der Spitze her, braune Flecke zunächst 1 mm lang, seitlich von den Adern begrenzt, später bis 20 bis 25 mm, Blätter schlitzen nicht auf, Flecke von Chlorosen umgeben. Auf den Läsionen typisches, dunkelbraunes Netzwerk von schmalen, längs, quer oder schräg verlaufenden Linien (2a, b).
„Fleckentyp": dunkelbraune, 3 × 6 mm große, spindelförmige oder elliptische Flecke mit chlorotischer Zone, an Spelzen braune Striche, Körner an den Spitzen blaubraun (Blauspitzigkeit).

ERREGER

Drechslera teres (Sacc.) Shoem., Syn.: *Helminthosporium teres* Sacc.
Konidienträger: einzeln, selten paarweise, Basalzelle geschwollen, gerade, rötlichbraun, bis zu 200 µm lang, 7 bis 9 µm breit, Konidien: gelb bis hellbraun, zylindrisch, Enden abgerundet, Basis mitunter etwas breiter, 1 bis 10 Pseudosepten, eingeschnürt, 70 bis 160 × 16 bis 23 µm, Keimung kann aus allen Zellen erfolgen (2c), Pseudothezien: an Stoppeln und Stroh, mit dunklen, zugespitzten Borsten und Konidienträgern besetzt, 400 bis 700 µm (2d), Asci: eiförmig bis zylindrisch, doppelwandig, 160 bis 230 × 30 bis 50 µm, mit 8 oder weniger Sporen, hellbraun, 3 Quer- und 1 bis 2 Längssepten, 34 bis 66 × 13 bis 26 µm (2e).

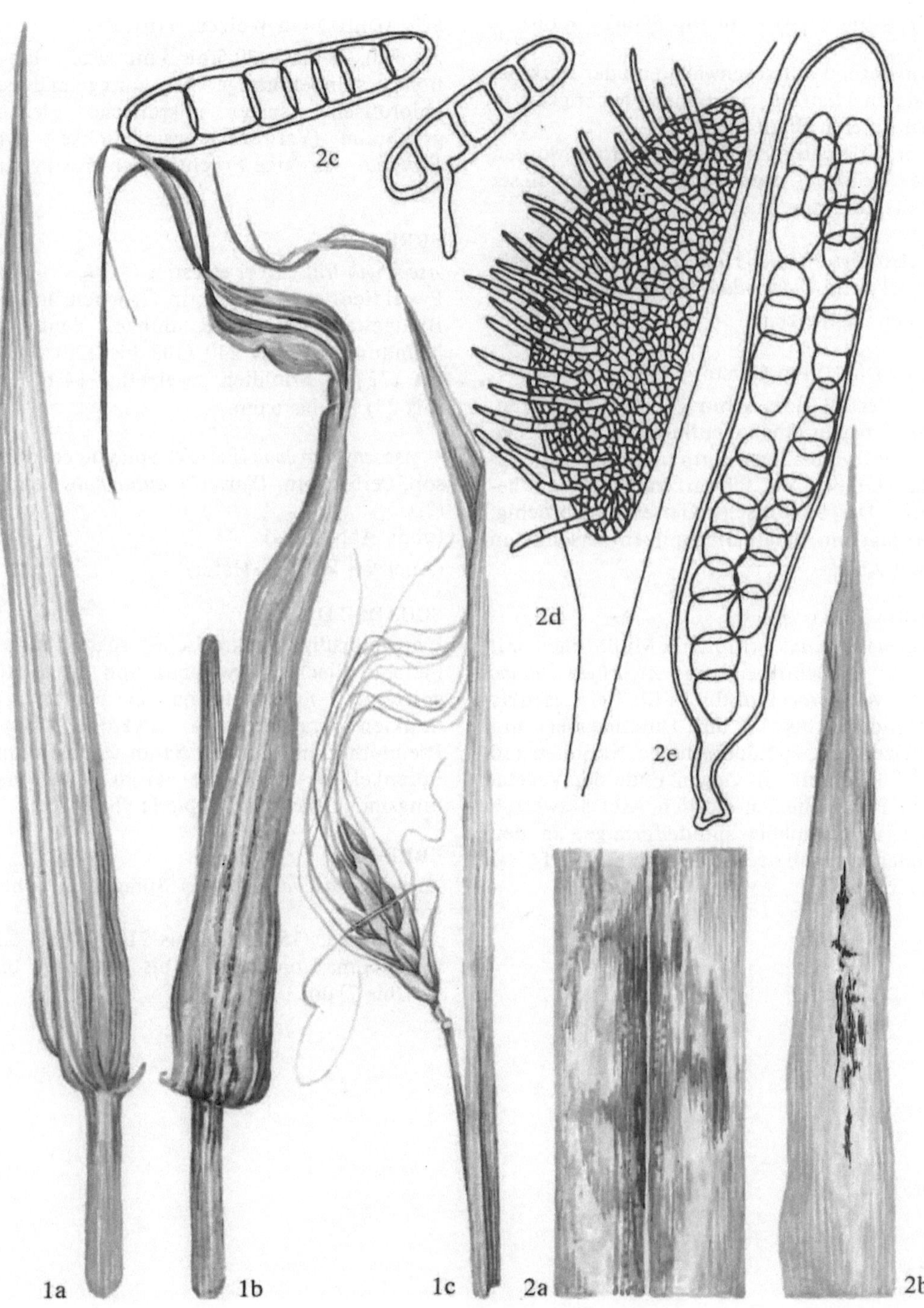
2c
2d
2e
1a
1b
1c
2a
2b

Ascochyta-Blattfleckenkrankheit

(*Ascochyta* spp., Perfektformen *Didymella* spp.),
(*Ascochyta hordei* Hara var. *hordei* Punith)

Vorwiegend auf geschwächten oder stark belasteten Pflanzen, bei hoher Feuchtigkeit in den unteren Blattetagen.
(Zur Erleichterung des Vergleichs wurden die *Ascochyta*-Arten an Getreide an dieser Stelle zusammengefaßt).

– *Ascochyta hordei* Hara var. *hordei* Punith, Perfektform *Didymella exitales* (Mor.) E. Müll.
(Auch an Weizen)

SCHADBILD (an Gerste)

Auf den Blättern schmal dunkel gesäumte, helle, papierfarbene auffallende Blattflecke von unregelmäßiger Form und unterschiedlicher Größe, mit schwarzen Pyknidien besetzt. Das nekrotische Gewebe ist brüchig. Bei starkem Befall Blattspitzen zerschlissen (a, b, c).

ERREGER

Didymella exitales (Mor.) E. Müll. bildet mit seiner Nebenfruchtform *Ascochyta hordei* Hara var. *hordei* Punith. im Blatt eingesenkte Pyknidien (bis 120 µm Durchmesser) mit zweizelligen, spindelförmigen Konidien (18 bis 20 × 5 µm) (d). Gegen Ende der Vegetation Pseudothezien. In den Asci 8 zweizellige, unregelmäßig spindelförmige, an den Enden zugespitzte Ascosporen (12 bis 14 × 4 bis 5,5 µm).

– *Ascochyta tritici* Hori et Enjoj
(ohne Abbildung)

SCHADBILD (an Weizen, Triticale)

Zunächst 1 bis 5 × 0,5 bis 3 mm große, längliche, spindelförmige bis unregelmäßige, chlorotische, später nekrotische Flecke, graubraun (Verwechslungsmöglichkeit mit *Septoria*), schwarze Fruchtkörper (nur Pyknidien).

ERREGER

Ascochyta tritici Hori et Enjoj
Pyknidien: einzeln oder in Gruppen, in das Blattgewebe eingesenkt, dunkel, deutliche Mündung, 118 bis 240 (103 bis 320) × 124 bis 172 µm, Konidien: zweizellig, 14 bis 21 (bis 27) × 3 bis 6 µm.

– *Ascochyta avenae* (Petrak) Sprague et Johnson, Perfektform *Didymella autumnalis* Petrak (?)
(ohne Abbildung)
(Auch an Weizen, Hafer)

SCHADBILD

Unregelmäßige, nekrotische, später ausgebleichte Flecke, vorwiegend von der Blattspitze und vom Blattrand her, besetzt mit dunklen Fruchtkörpern (Pyknidien und Pseudothezien), dunkler Saum fehlt, braune Sprenkel um die Flecke herum (Verwechslungsmöglichkeit mit *Septoria* (Tafel 10)).

ERREGER

Ascochyta avenae (Petrak) Sprague et Johnson
Ascosporen: (15 bis) 17 bis 21 × 4,8 bis 6,5 (bis 7) µm, Konidien: 19 bis 24,5 × 4,8 bis 6,5 (bis 7) µm.

– *Ascochyta sorghi* Sacc., Syn.: *Ascochyta graminicola* Sacc., Perfektform *Didymella exitalis* (Mor.) E. Müll. (?)
(ohne Abbildung)
(Auch an Weizen, Triticale, Hafer, Roggen, Futtergräsern)

SCHADBILD

Langgestreckte, unregelmäßige Aufhellungen, mit einem scharfen, dunklen Saum gegen das gesunde Gewebe abgegrenzt, Flecke nekrotisieren, schwarze, kugelige Fruchtkörper erkennbar. Befall auch an Spelzen (ausgebleichte Flecke, zu verwechseln mit Fusariumbefall, Tafel 9)

ERREGER

Ascochyta sorghi Sacc.
Pseudothezien: eingesenkt, einzeln oder in Gruppen, kugelig, 100 bis 160 µm, schwarz, kegelförmige Mündung mit rundem Porus, Asci: zylindrisch, am Scheitel abgerundet, kurzer Stiel, in einem Geflecht von Paraphysoiden, 46 bis 66 × 8 bis 12 µm, 8 Ascosporen, zweizellig, obere Zelle etwas größer und verdickt, Enden verjüngt, hyalin, 13 bis 16 × 2,5 bis 4 µm, Pyknidien: kugelig, gelbbraun, Größe wie Pseudothezien, ebenfalls deutliche Mündung, Konidien: zweizellig, Zellen gleich groß, Enden abgerundet, hyalin, im Alter schwach bräunlich, Größe sehr variabel 11 bis 24 × 1,6 bis 6 µm.

Schwärzepilze

(*Alternaria* spp., *Cladosporium* spp., *Stemphylium* spp. u. a.)
(ohne Abbildung)
(Auch an Weizen, Triticale, Hafer, Roggen, Mais, Futtergräsern)

SCHADBILD

Dunkle, samtartige, schwarze bis grünschwarze oder graubraune Beläge auf allen Pflanzenteilen. Vorwiegend Auftreten bei hoher Luftfeuchtigkeit in notreifen, überreifen und lagernden Beständen, an vorzeitig abgestorbenen Blättern. Bei Befall der Körner Keimschäden.

ERREGER

Zahlreiche Arten verschiedener Gattungen, besonders *Alternaria, Cladosporium, Stemphylium* und *Fusarium* (Tafel 9), auch *Drechslera* spp. (Beschreibung zu Tafel 10), *Sporobolomyces* spp., *Epicoccum* spp., *Aspergillus* spp. u. a.

32

Alternaria spp.
(ohne Abbildung)
- *Alternaria brassicae* (Berk.) Sacc. sensu Bolle f. sp. *tritici* Brun. auf Weizen, vorwiegend an Ähren.
Konidienträger: braun, septiert, unverzweigt, zu mehreren, Konidien: gelbbraun, einzeln, selten in Ketten, umgekehrt keulig, langer Schnabel, 3 bis 18 Quer- und 0 bis 15 Längssepten, 95 bis 110 × 18 bis 20 µm.
- *Alternaria peglionii* Curzi, auf Weizen, vorwiegend an Ähren
Konidienträger: dunkelbraun, am oberen Ende angeschwollen, septiert, mit und ohne Verzweigung, Konidien: olivbraun, in kurzen Ketten, birnenförmig bis keulig, 4 bis 8 (bis 12) Quer- und 1 bis 4 Längssepten, 25 bis 80 × 9 bis 14 µm.
- *Alternaria circinans* (Berk. et Curt.) Bolle, auf Weizen und Hafer, vorwiegend an Ähren und Rispen.
Konidien: dunkelolivbraun, in Ketten bis zu 10 Sporen, keulig bis zylindrisch, Schnabel wenig ausgeprägt, 1 bis 9 Quer- und 1 bis 2 Längswände (selten), 7 bis 67 × 3 bis 19 µm.
- *Alternaria tenuis* Nees ex Cda., an Gerste, Weizen, Roggen, Hafer, Mais, Futtergräsern
Konidienträger: olivbraun, einfach oder verzweigt, Konidien: hell- bis dunkelolivbraun, Wand glatt oder warzig, Ketten von 7 bis 14 Sporen, ellipsoidisch bis keulig, kurzer Schnabel, 3 bis 5 Quer- und 1 bis 2 Längssepten, 16 bis 70 × 7 bis 20 µm.
- *Alternaria*-Blattfleckenkrankheit (*Alternaria triticina* Prasada et Prabhu)
(ohne Abbildung)
(an Weizen)
Konidien: an Konidienträgern einzeln oder in kurzen Ketten von 2 bis 4 Sporen gebildet (*Alternaria tenuis* 7 bis 14 Sporen), hell- bis dunkelolivbraun, Wand glatt, 1 bis 10 Quer- und 0 bis 5 Längssepten, 15 bis 68 × 6 bis 14 µm, Schnabel wie Konidie gefärbt und 2 bis 30 µm lang.

Cladosporium spp.
(ohne Abbildung)
- *Cladosporium herbarum* Link, Syn.: *Cladosporium gramineum* Pers. ex Lk., Perfektform:

Mycosphaerella tassiana (de Not.) Joh., Syn.: *Mycosphaerella tulasnei* (Jancz.) Lindau, an Gerste, Weizen, Roggen, Hafer, Mais, Futtergräsern.
Konidien: helloliv, in Ketten zu 2 bis 3 Konidien, zylindrisch bis unregelmäßig, nur 1 bis 3 Quersepten, Wand fein bewarzt, 10 bis 15 × 5 bis 7 µm, Pseudothezien: auf abgestorbenen Pflanzenteilen in das Gewebe eingesenkt, kugelig mit deutlicher Mündung, schwarz, 75 bis 160 µm, Asci: länglich-eiförmig, im unteren Drittel verbreitert, 55 bis 88 × 15 bis 22 µm, Ascosporen: hyalin, länglich bis zylindrisch, an einem Ende etwas schmaler, zweizellig, 17 bis 25 × 5 bis 7 µm.
- *Cladosporium macrocarpum* Preuss. an Weizen, Roggen, Hafer, vorwiegend an Spelzen und Körnern.
Konidien: olivbraun, in kurzen Ketten, unregelmäßig kugelig, eiförmig bis zylindrisch, 0 bis 3 Quersepten, Wand dicht bewarzt, 3 bis 28 × 4 bis 13 µm.

Stemphylium spp.
(ohne Abbildung)
- *Stemphylium botryosum* Wallr., Perfektform: *Pleospora herbarum* (Pers. ex Fr.) Rabh., an Weizen und Roggen.
Konidien: Vortäuschung von Ketten, olivbraun, eiförmig bis eckig, Wand bewarzt, Längs- und Quersepten, 14 bis 50 × 12 bis 27 µm, Pseudothezien: in abgestorbenem Gewebe, schwarz, kugelig mit kurzer Mündung, 200 bis 500 µm, Asci: länglich, schwach keulig, oben breiter, 90 bis 150 × 24 bis 35 µm, Ascosporen: 7 Quer-, 1 bis 3 Längssepten, gelbbraun, 24 bis 35 × 12 bis 16 µm.
- *Stemphylium tritici* Patters an Weizen, an Blättern und Körnern.
Konidien: in Ketten, unregelmäßig bis keulig, warzige Oberfläche, Längs- und Quersepten, 24 bis 35 × 12 bis 15 µm.
- *Stemphylium consortiale* (Thüm.) Groves et Skolko an Weizen.
Konidien: an der Konidienträgerspitze in Büscheln gebildet, kugelig bis länglich eiförmig, erst glatt, später bewarzt, Längs- und Quersepten, 13 bis 28 × 12 bis 23 µm.

33

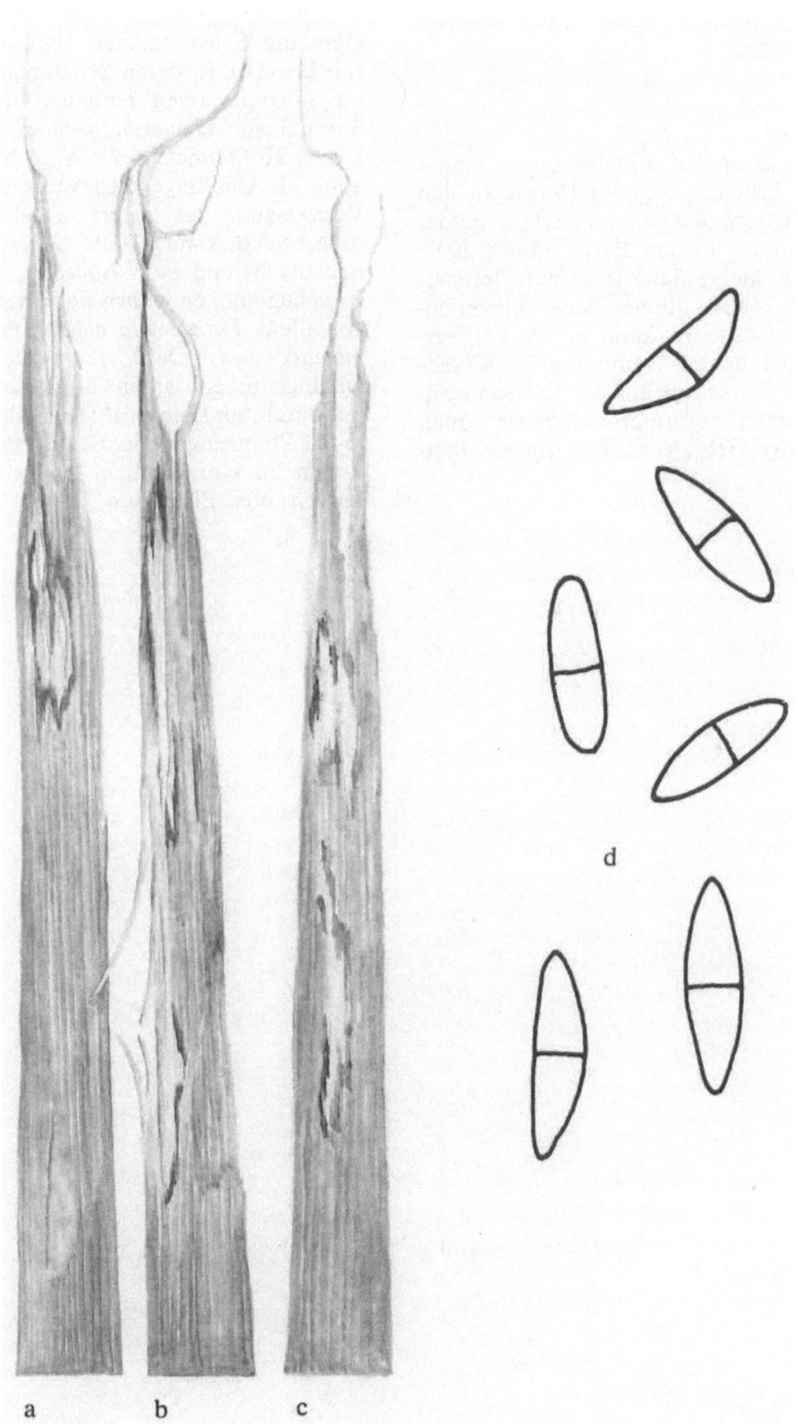

Zikaden
(Auch an Weizen, Triticale, Hafer, Roggen, Mais,
Futtergräsern)

SCHADBILD

Vor allem in heißen und trockenen Jahren treten im Frühjahr und im Herbst an den grünen Blättern der Getreidearten, besonders aber auch an den Futtergräsern, helle bis violette, kleine Saugflecke auf. Bei starkem Befall können die befallenen Blätter absterben, bei Gräsern kann es zu Verzwergungserscheinungen, Hemmung der Blütentriebe und Störungen bei der Samenausbildung kommen. Mitunter finden sich auch schaumartige Gebilde an Trieben und Blättern (1a).

SCHÄDLINGE

Verschiedene Zikadenarten, vor allem:
Gemeine Schaumzikade (*Philaenus spumarius* L.) (1b), in deren Schaumgebilden sich die jungen Larven aufhalten und saugen, Spornzikade (*Javesella pellucida* Fabr.) (2a Larve, 2b Männchen, 2c Weibchen), welche auch als Überträger des Virus der Sterilen Verzwergung des Hafers (Tafel 44) Bedeutung besitzt, Zwergzikade (*Macrosteles laevis* Ribaut) (3) und *Euscelis plebejus* Fall. (4). Daneben können jedoch noch weitere Arten, vor allem *Tettigometra obliqua* Panz., *Psammotettix alienus* Dahl., *Psammotettix confinis* Dahl. gefunden werden (Bestimmung der Arten durch Spezialisten). Die Eiablage erfolgt in das Pflanzengewebe. Es sind zwei Generationen im Jahr möglich. Überwinterung im Larven- oder Eistadium.

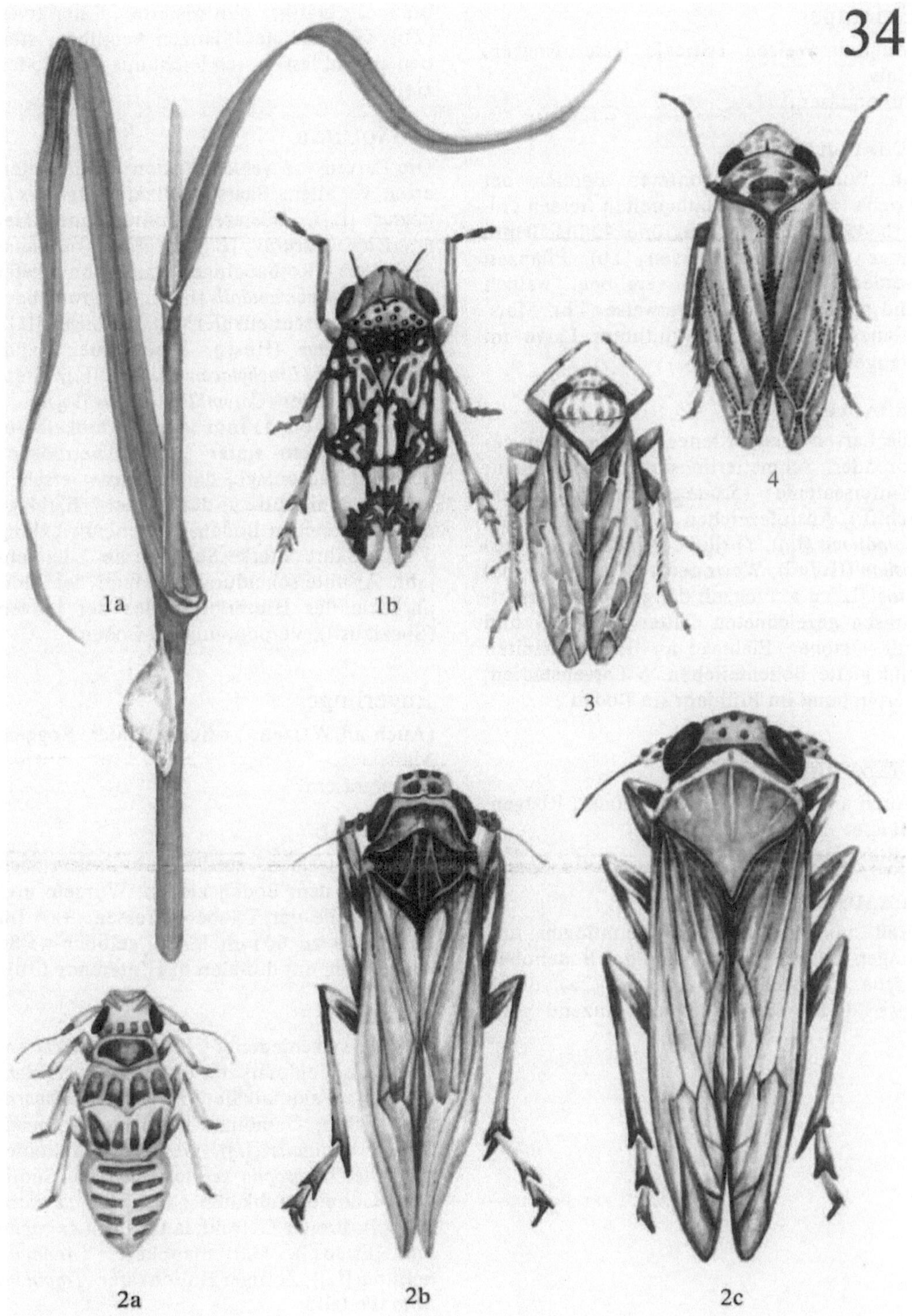

34
1a
1b
3
4
2a
2b
2c

Erdraupen

(Auch an Weizen, Triticale, Hafer, Roggen, Mais, Futtergräsern)

SCHADBILD

An Wurzeln, dem unteren Bereich der Triebe (1 a) und an Blattspreiten fressen erdfarbene, graue oder graugrüne, 40 bis 50 mm lange Schmetterlingslarven (1 b). Pflanzen werden durchgebissen, vergilben, welken und sterben ab, oft nesterweise (1 b). Maispflanzen knicken um, mitunter Larve im Stengelinneren.

SCHÄDLINGE

Die Larven verschiedener, zu den Eulen gehörender Schmetterlingsarten, vor allem: Wintersaateule (*Scotia (Agrotis) segetum* Schiff.), Ausrufezeichen (*Scotia (Agrotis) exclamationis* [L.]), Ypsiloneule (*Scotia (Agrotis) ipsilon* [Hufn.]), Weizeneule (*Agrotis (Euxoa) tritici* [L.]) u. a. Flugzeit der graubraunen, arttypisch gezeichneten Falter Mai–Juli und Juli–Oktober. Eiablage an Blattunterseiten und glatte Bodenteilchen. 6 Larvenstadien, Verpuppung im Frühjahr im Boden.

Drahtwürmer

(Auch an Weizen, Triticale, Hafer, Roggen, Mais, Futtergräsern)

SCHADBILD

Fraß an Samenkörnern, Keimlingen und jungen Trieben in der Nähe der Bodenoberfläche, Fraßstelle oft zerfasert (2 a), durch etwa 20 bis 25 mm lange, glänzend gelbbraune, kräftig chitinisierte Käferlarven (2 b). Geschädigte Pflanzen vergilben, sterben ab und lassen sich leicht aus dem Boden ziehen.

SCHÄDLINGE

Die Larven von verschiedenen Schnellkäferarten, vor allem: Saatschnellkäfer (*Agriotes lineatus* [L.]), Düsterer Humusschnellkäfer (*Agriotes obscurus* [L.]), *Agriotes ustulatus* (Schaller), Rotbauchiger Laubschnellkäfer (*Athous haemorrhoidalis* [Fabr.]), Schwarzbauchiger Laubschnellkäfer (*Athous niger* [L.]), *Athous hirtus* (Hbst.), Mausgrauer Sandschnellkäfer (*Brachylacon murinus* [L.]), Steppenschnellkäfer (*Corymbites aeneus* [L.]).
Die etwa 5 bis 11 mm langen, dunkelbraunen, schlanken Käfer („Schnellvermögen" aus der Rückenlage, daher Name) erscheinen von Mai–Juli auf den Feldern, Eiablage in humusreichen Boden. Larvenentwicklung 3 bis 5 Jahre. Starke Schäden ab 2. Larvenjahr. Artunterscheidung an Hand der Morphologie des Hinterleibsendes der Larven (Spezialist!). Verpuppung im Boden.

Engerlinge

(Auch an Weizen, Triticale, Hafer, Roggen, Mais, Futtergräsern)

SCHADBILD

Pflanzen welken, sterben ab, lassen sich leicht aus dem Boden ziehen, Wurzeln und untere Teile der Triebe befressen (3 a). Im Boden bis zu 60 mm lange, gelblich-weiße Käferlarven mit dunklerem Hinterende (3 b).

SCHÄDLINGE

Larven verschiedener Blatthornkäferarten, vor allem: Feldmaikäfer (*Melolontha melolontha* [L.]), Waldmaikäfer (*Melolontha hippocastani* Fabr.), Gemeiner Brachkäfer (*Amphimallon solstitialis* [L.]), Gemeiner Getreidelaubkäfer (*Anisoplia segetum* [Hbst.]), Südlicher Getreidelaubkäfer (*Anisoplia austriaca* [Hbst.]), Breiter Getreidelaubkäfer (*Anisoplia lata* [Erichs.]), Gartenlaubkäfer (*Anomala horticola* [L.]), Zottiger Blütenkäfer (*Tropinota hirta* [Poda]).

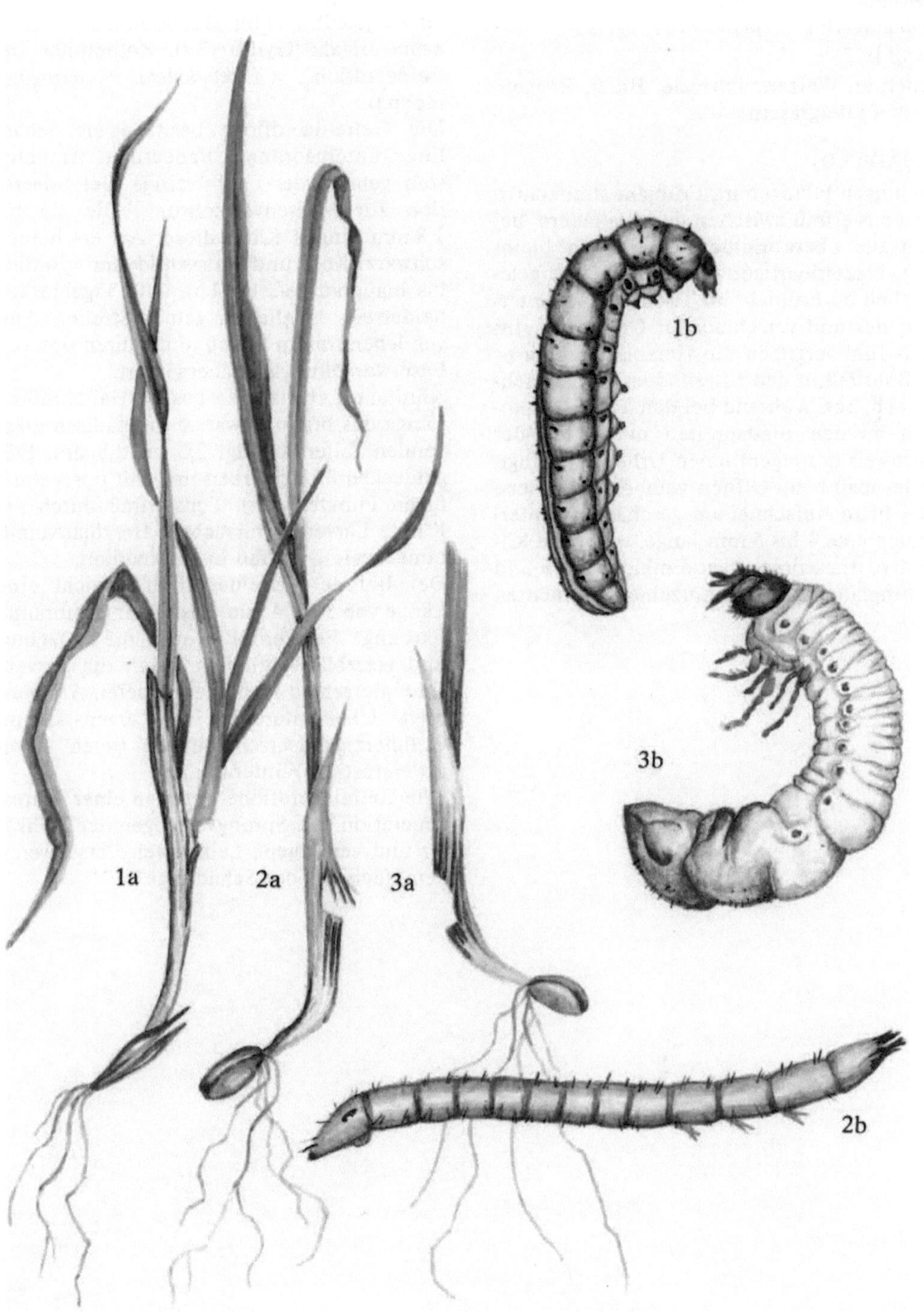
1b
3b
1a
2a
3a
2b

Getreideerdflöhe

(*Phyllotreta vittula* [Redt.], *Chaetocnema
aridula* [Gyll.], *Crepidodera ferruginea*
[Scop.])

(Auch an Weizen, Triticale, Hafer, Roggen,
Mais, Futtergräsern)

SCHADBILD

An jungen Pflanzen im Frühjahr streifenartiger Fensterfraß zwischen den Blattadern, bei
dem die obere Epidermis erhalten bleibt
(1 a). Nadelrißartiger Fensterfraß, tritt gelegentlich im Frühjahr an Trieben des Winter-
getreides und verschiedener Gräser auf. Im
Mai–Juni vergilben die Herzblätter, oder es
ist Bohrfraß in den Internodien zu beobachten (2 b, 2 c). Während bei den Schadsympto-
men an den Blattspreiten nur selten der
Nachweis des eigentlichen Urhebers gelingt,
findet man beim Öffnen gelbherziger Triebe
oder beim Aufschneiden geschädigter Internodien eine 4 bis 5 mm lange, weißliche Käferlarve. Ihr Körper trägt dunkle Warzen und
Chitinplatten auf den einzelnen Segmenten
(2 d).

SCHÄDLINGE

Gelbstreifiger Getreideerdfloh (*Phyllotreta
vittula* [Redt.]) (1 b), Halmerdfloh (*Chaetocnema aridula* [Gyll.]) (2 a), Rotbrauner Getreideerdfloh (*Crepidodera ferruginea*
[Scop.]).

Die Getreideerdflöhe besitzen als Schädlinge untergeordnete Bedeutung. Am ehe-
sten gelangt der Gelbstreifige Getreideerdfloh zur Massenvermehrung. Die 1,5 bis
1,8 mm langen Käfer dieser Art erscheinen
schwarz. Kopf und Halsschild sind grünlich
bis blaugrau gefärbt (1 b), auf Flügeldecken
beiderseits länglicher, gelber Streifen. Larven leben frei im Boden und nähren sich von
Faserwurzeln. Käfer überwintert.

Ähnliche Lebensweise besitzt Halmerdfloh.
Länge des braunschwarzen, metallisch glänzenden Käfers beträgt 2,5 bis 2,8 mm, Flügeldecken bronzefarben und mit unregelmä-
ßigen Punkten (2 a). Fensterfraß durch die
Käfer, Larven verursachen Herzblattvergilbung sowie Bohrfraß in Internodien.

Der Braune Getreideerdfloh erreicht eine
Länge von 3 bis 4 mm, besitzt eine rotbraune
Färbung. Fensterfraß durch die Imagines
und Herzblattvergilbung durch die Larven.
Im Unterschied zu beiden anderen Arten er-
folgt Überwinterung im Larvenstadium.
Gelbherzigkeitserscheinungen treten schon
im Herbst an Winterung auf.

Alle Getreideerdflöhe treten in einer Jahresgeneration auf. Sprungvermögen der Flohkä-
fer und verborgene Lebensweise erschweren
den Nachweis der Schädlinge.

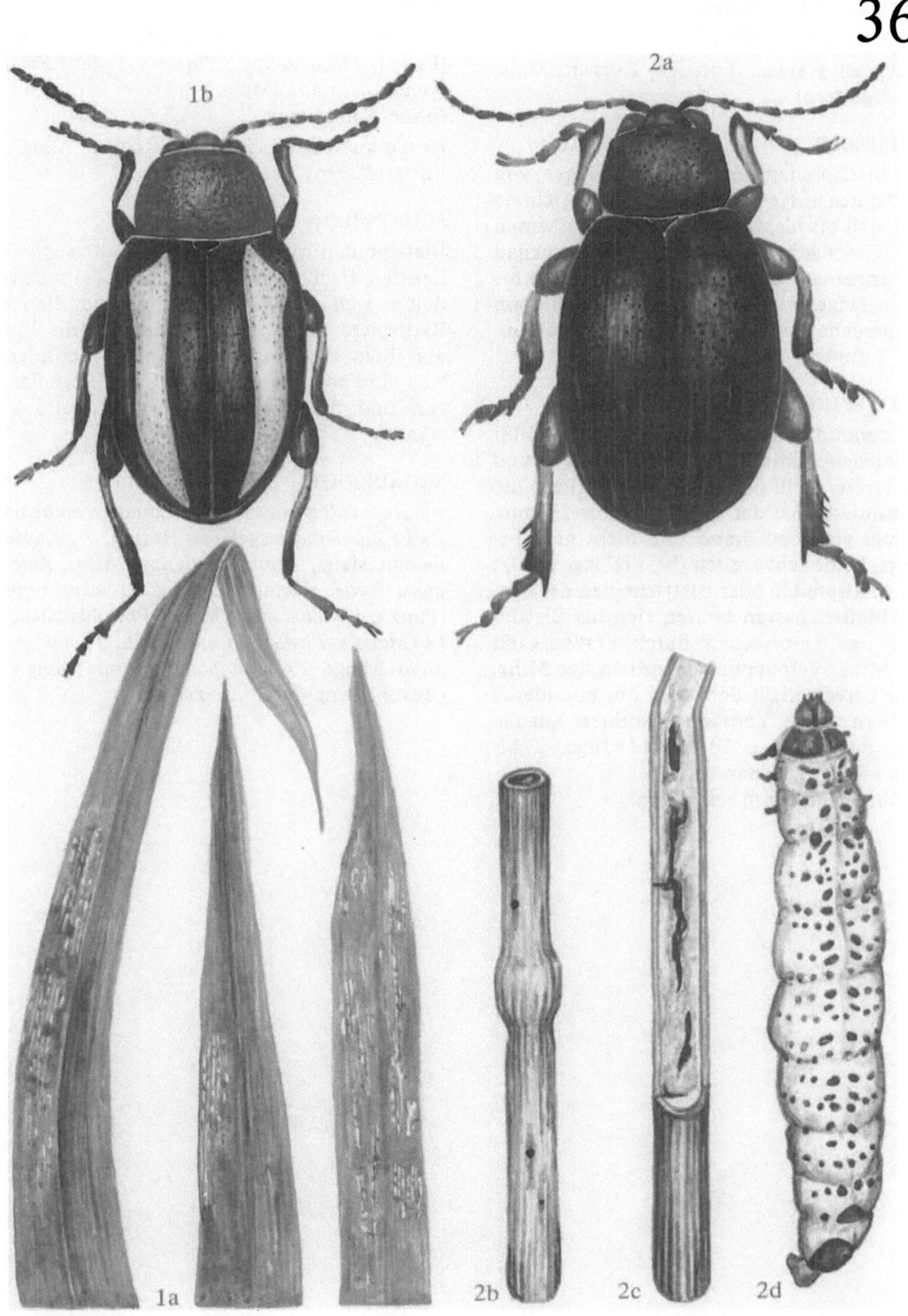

Gerstenminierfliege

(*Hydrellia griseola* [Fall.])

(Auch an Weizen, Triticale, Roggen, Mais, Futtergräsern)

SCHADBILD

Auf Blattspreiten verhältnismäßig lange, von Blattspitze ausgehende, basalwärts gerichtete und sich oft blasenartig ausweitende Minen (a). Geschädigte Gewebepartien trocknen ein. Innerhalb der Minen befindet sich 4 bis 5 mm lange, weißliche Fliegenlarve, die am Körperende zwei zapfenartige Ausstülpungen aufweist.

SCHÄDLING

Gerstenminierfliege (*Hydrellia griseola* [Fall.]) Unter den Minierfliegen des Getreides und der Gräser stellt die Gerstenminierfliege die bekannteste Art dar. Länge 2,0 bis 2,5 mm, Körper glänzend braun und dicht grau behaart, Beine schwärzlich (b). Eiablage erfolgt auf Blattspreiten oder Blattscheiden der oberen Blätter. Larven bohren sich ins Blattinnere und verursachen durch Fraßtätigkeit die Mine. Verpuppung innerhalb der Mine, oder Larve verläßt Schadort, um in anderen Blättern kurze Verpuppungsminen anzulegen. Puppenphase 10 bis 14 Tage. 2 bis 3 Jahresgenerationen.
In ähnlicher Weise schädigen:

Minierfliegen

(*Agromyza* spp., *Cerodontha denticornis* [Panz.], *Phytobia* spp., *Phytomyza* spp., *Pseudonapomyza atra* [Meig.])

(ohne Abbildung)

(Auch an Weizen, Triticale, Roggen, Mais, Futtergräsern)

SCHADBILD

Blattspreiten weisen Minen der unterschiedlichsten Größe und Gestalt auf. Teils handelt es sich um schmale Gangminen, die an Blattspitze oder -basis beginnen, teils um auffällige Blasenminen. In Mine befinden sich eine oder mehrere weißliche Fliegenlarven und deren schmutzig-grüne Kotrückstände.

SCHÄDLINGE

Agromyza albipennis Meig., *Agromyza ambigua* Fall., *Agromyza megalopsis* Hering, *Agromyza mobilis* Meig., *Agromyza nigripes* Meig., *Agromyza veris* Hering, *Cerodontha denticornis* (Panz.), *Phytobia incisa* Meig., *Phytobia lateralis* (Macq.), *Phytomyza milii* Kalt., *Phytomyza nigra* Meig., *Pseudonapomyza atra* (Meig.).
(Bestimmung durch Spezialisten).

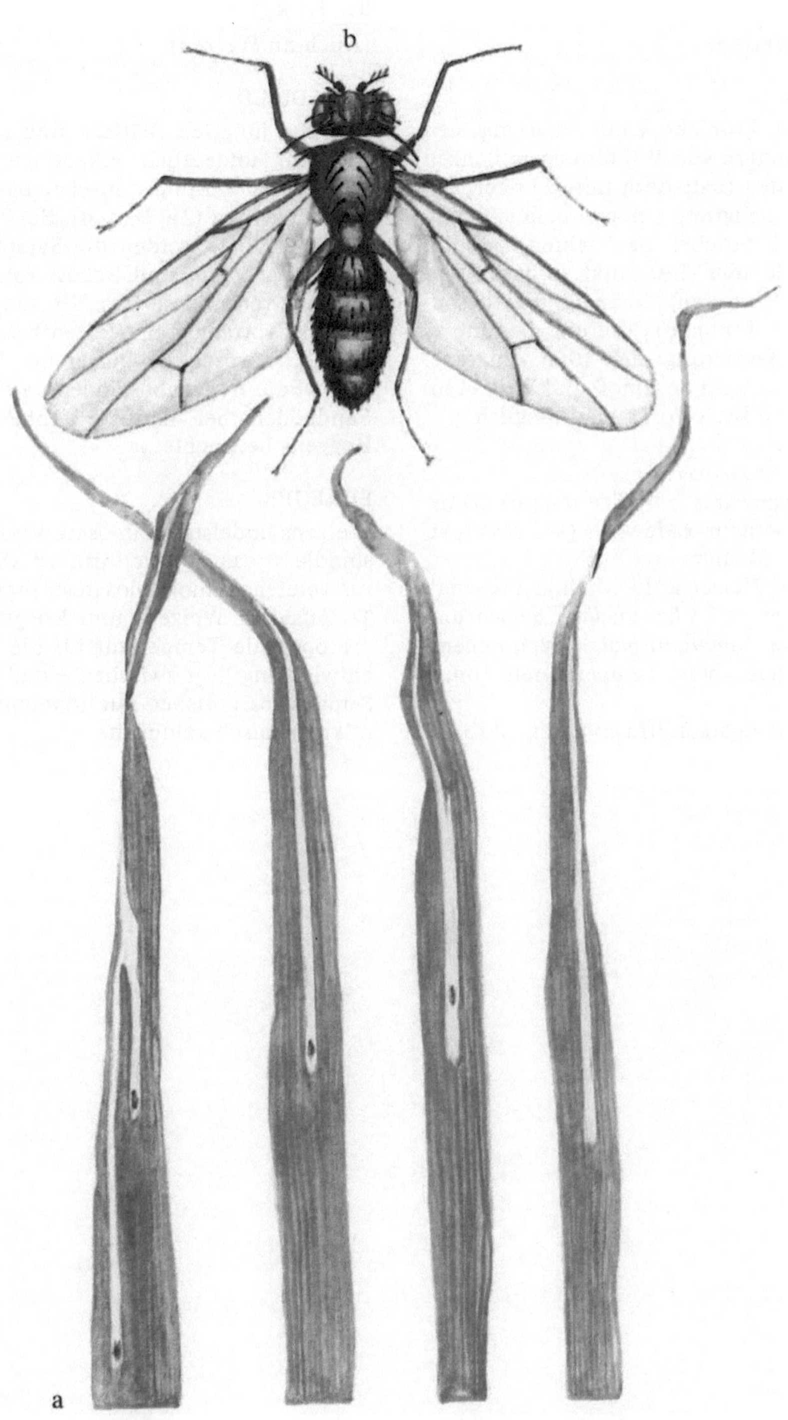

Bodenübertragbares Weizenmosaik an Roggen
(Auch an Weizen)

SCHADBILD

Im zeitigen Frühjahr kann man auf den jüngsten Blättern von Winterroggenpflanzen parallel zu den Blattadern unregelmäßig angeordnete hellgrüne oder gelblichweiße Punkte und Strichel beobachten (1a, b). Symptombild und -intensität sind von verschiedenen Faktoren abhängig. Bei besonders warmer Frühjahrswitterung kommt es zu einer Maskierung der Blattsymptome. Wuchshemmungen an Sproß und Wurzel sowie verstärkte Bestockung sind möglich.

ERREGER

Bodenübertragbares Weizenmosaik-Virus, wheat soil-borne mosaic virus (WSBMV), virus mozaiki pšenicy
Testpflanzen: Weizensorte 'Michigan Amber', Lokalläsionen auf *Chenopodium quinoa* und *Chenopodium amaranticolor.* Symptomentwicklung nur bei Temperaturen unter 18 °C.
Serodiagnose: Agargeldiffusionstest, ELISA

Weizenspindelstrichelmosaik an Roggen
(Auch an Weizen)

SCHADBILD

Auf den jüngsten Blättern sind im zeitigen Frühjahr undeutlich erkennbare, chlorotische, spindelförmige Strichel oder Streifen zu beobachten (2a, b, c, d). Bei Temperaturen über 20 °C werden die Symptome maskiert. Wachstum und Schosserbildung sind schwach vermindert. (Die Virose ist in Nordamerika vorrangig an Weizen bedeutsam. In der DDR wurde sie bisher nur in Winter- und Futterroggenbeständen auf leichten Sandböden bei häufiger Anbaufolge des Roggens beobachtet.)

ERREGER

Weizenspindelstrichelmosaik-Virus, wheat spindle streak mosaic virus (WSSkMV), virus veretenovidnoj polosatosti pšenicy
Testpflanzen: Weizen- und Roggenpflanzen, die optimale Temperatur für die Symptomentwicklung liegt zwischen 8 und 15 °C.
Serodiagnose: Bisher nur immunelektronenmikroskopisch gelungen.

38

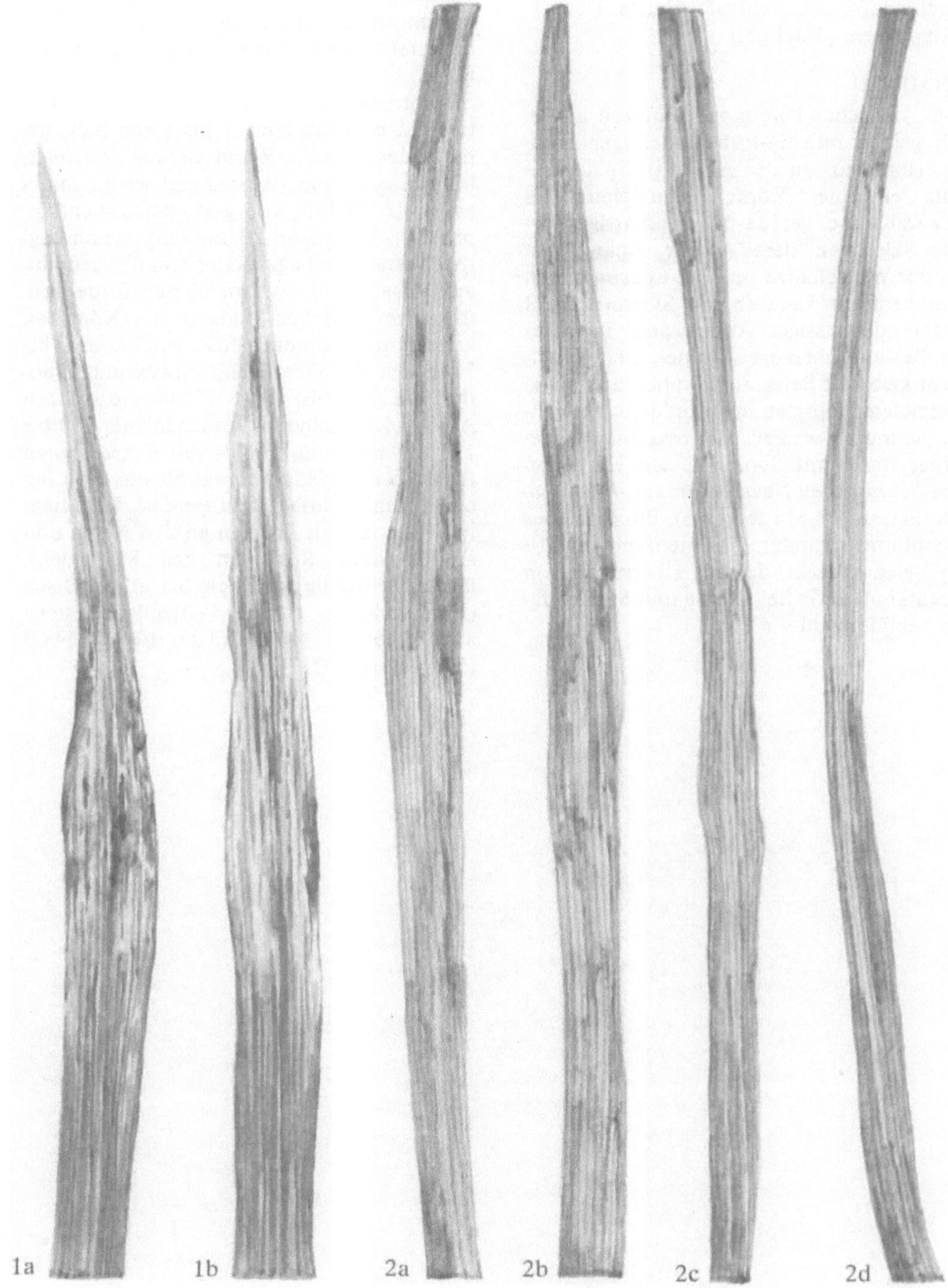

1a 1b 2a 2b 2c 2d

Mutterkorn

(*Claviceps purpurea* [Fr.] Tul.)

(Auch an Weizen, Triticale, Gerste, Hafer, Futtergräsern [Tafel 68])

SCHADBILD

Erste Anzeichen bereits zur Blütezeit in Gestalt gelber, milchig-trüber, klebriger Tropfen (Honigtau) an der Ähre (a). Später anstelle einzelner Körner blauviolette bis schwarzbraune, gerade oder hornartig gebogene Sklerotien, deren Größe abhängig ist von der Wirtspflanze und bei Roggen bis zu 4 cm betragen kann (b, c). Sklerotien mit glatter oder rissiger Außenwand, mitunter von Belägen überzogen: feiner, weißgrauer, leicht klebriger Belag aus Hyphen und angetrocknetem Honigtau mit Konidien (f), dichter, schmutzig-weißer und rosa bis rot gefärbter Belag mit Sporenmassen von *Fusarium heterosporum* Nees ex Fr. var. *heterosporum* (Parasit des Mutterkorns). Ein Ende des Sklerotiums mitunter von einem mützenartigen Belag bedeckt, der aus Überresten von Fruchtknoten, Griffel, Narbe und Staubgefäßen gebildet wird.

ERREGER

Claviceps purpurea (Fr.) Tul.

An zahlreichen Gräsern Spezialisierung auf bestimmte Grasarten, wobei sich die Formenkreise überschneiden (siehe auch Tafel 68).

Sklerotien: unterschiedliche Größe, bei Getreide 1 bis 4 cm lang, 1 bis 5 mm dick, gerade oder gebogen, Wand dunkel-blauviolett bis schwarzbraun (Ausnahme: weiß), innen grauweiß, Bildung von gestielten Fruchtkörpern (d), Stiele 2 bis 20 mm lang, schmutzigrosa, gerade, gebogen oder spiralig gedreht, am Ansatz verdickt, am oberen Ende stromatische Köpfchen bildend (d), Köpfchen kugelig, rot, schmutzig-rosa, gelbbraun, 1 bis 2 mm, in die Oberfläche eingesenkte Perithezien, 200 bis 250 × 150 µm (e, g) mit Asci und Paraphysen, Asci: schlank, 100 bis 125 × 4 bis 5 µm, farblos mit 8 Ascosporen (h, i), hyalin, fadenförmig, 50 bis 75 × 0,5 bis 0,7 µm, mehrfach fein septiert, Konidien: im Honigtau (als Tropfen an den Ähren und angetrocknete Reste an den Sklerotien), farblos, einzellig, länglich bis ellipsoidisch (Form abhängig von der Wirtspflanze, siehe auch Tafel 68), 4 bis 8 (3 bis 10) × 2 bis 3 (1,5 bis 6) µm (f).

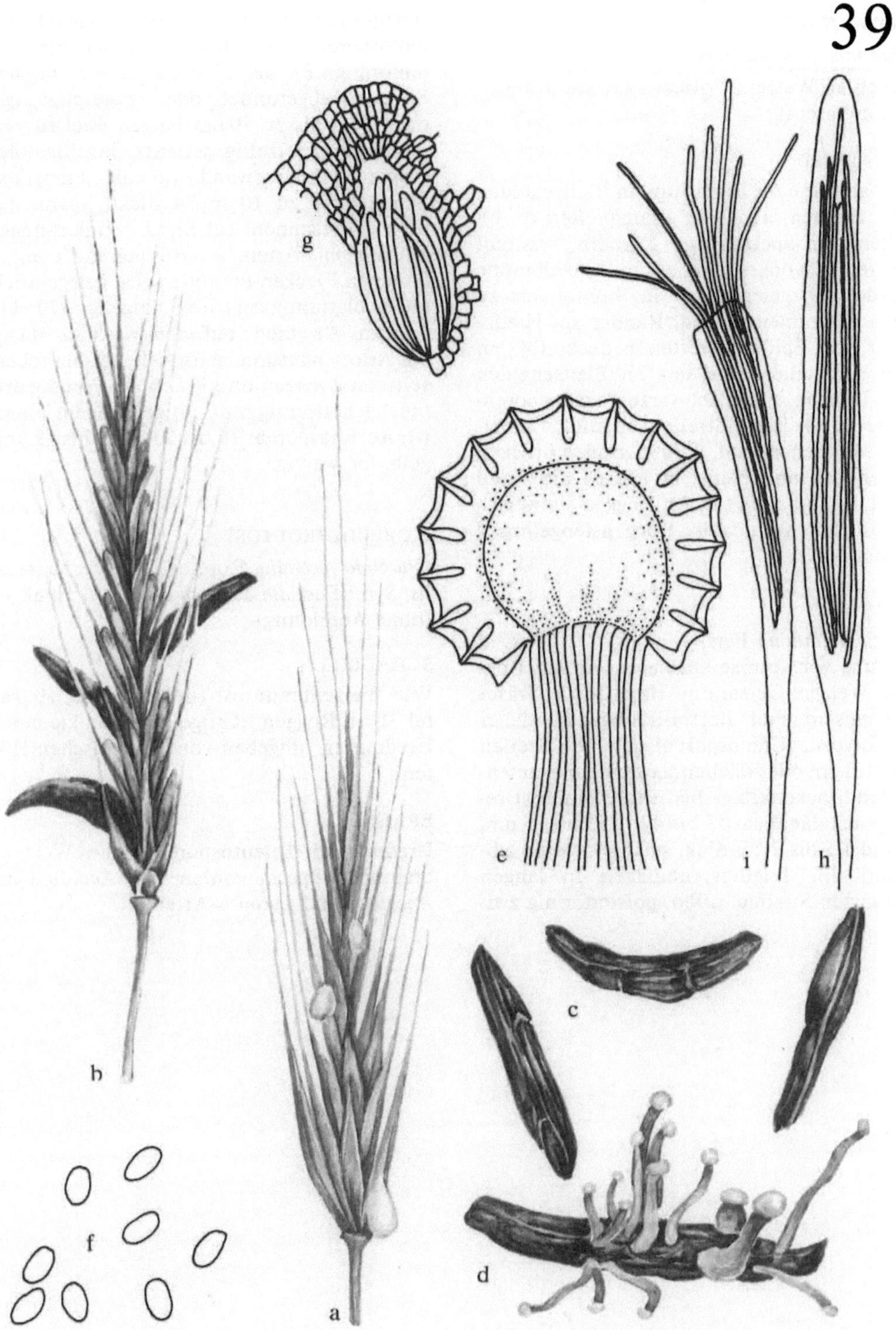
g
b
f
a
e
i
h
c
d

Schwarzrost

(*Puccinia graminis* Pers.)

(Auch an Weizen, Triticale, Gerste, Hafer, Futtergräsern)

SCHADBILD

Erst ab Mitte bis Ende Juni an Blattscheiden und Halmen, auch auf Blattspreiten (a, b), seltener an Spelzen und Körnern, zerstreut auftretende ockerfarbene bis dunkelbraune Uredolager, gelegentlich in Streifen bis zu 1 cm zusammenstehend, Ränder der Uredolager von Epidermisresten bedeckt (b), an gleicher Stelle, besonders an Blattscheiden und Halmen, später schwarze Teleutosporenlager (c, d), lange Streifen bildend, Epidermis reißt schnell auf, wird in großen Stücken abgehoben und bleibt in Resten am Rand der Lager erhalten (d). An Roggen Verwechslungsmöglichkeit mit Roggenstengelbrand (Tafel 41).

ERREGER

Puccinia graminis Pers.

Bildung von formae speciales, die auf Roggen, Weizen, Gerste und Hafer sowie Gräser spezialisiert sind, dort Bildung zahlreicher Pathotypen. Uredosporenlager: in Streifen bis zu 1 cm oder flächendeckend zusammenlaufend, ockerfarben bis dunkelbraun, Uredosporen: länglich, 17 bis 40 × 13 bis 23 µm, Wand 1,5 bis 2 µm dick, stachelwarzig, gelbbraun (h), Teleutosporenlager: in langen schwarzen Streifen, offen, polsterförmig zwischen Epidermisresten hervorbrechend, Teleutosporen: dunkelbraun, spindel- bis keulenförmig, 27 bis 77 × 13 bis 23 µm, am Scheitel abgerundet oder zugespitzt (g), nach dem bis zu 50 µm langen Stiel zu verschmälert, zweizellig, seltener einzellige Mesosporen, Sporenwand 1,5 bis 2 µm, am Scheitel bis zu 10 µm verdickt, Spermogonien: insbesondere auf *Berberis*- und seltener auf *Mahonia*-Arten, in Gruppen auf orangefarbenen Flecken blattoberseits, gelegentlich auch blattunterseits (e), kugelig 120 bis 130 µm, Aecidien: auf *Berberis*- und *Mahonia*-Arten, blattunterseits, seltener blattoberseits, an Zweigen und Früchten, Pseudoperidie becherförmig mit umgebogenem Rand (f), Aecidiosporen: 16 bis 23 × 15 bis 19 µm, gelb, feinwarzig.

Roggenbraunrost

(*Puccinia recondita* Rob. ex Desm. f. sp. *secalis*, Syn.: *Puccinia dispersa* Erikss. et Henn.)
(ohne Abbildung)

SCHADBILD

Wie Weizenbraunrost (Beschreibung zu Tafel 7), an Roggen häufiger Bildung kleinerer Uredolager, umgeben von chlorotischen Höfen.

ERREGER

Uredo- und Teleutosporen siehe Weizenbraunrost, Spermogonien und Aecidien an *Anchusa*- und *Lycopsis*-Arten.

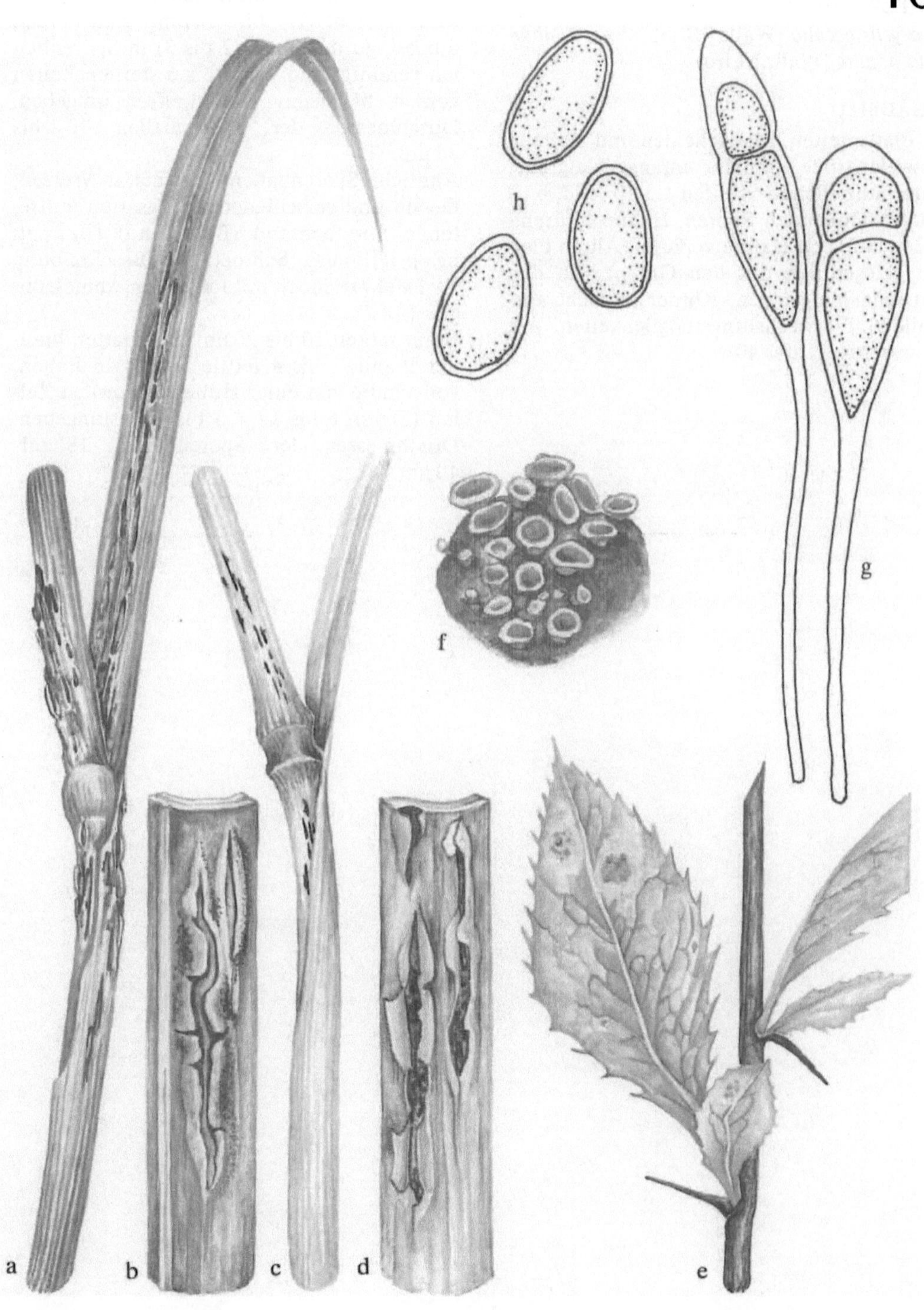

Roggenstengelbrand
(Roggenstreifenbrand)

(*Urocystis occulta* [Wallr.] Rabh., Syn.: *Tuburcinia occulta* [Wallr.] Liro)

SCHADBILD

An Blattspreiten, Blattscheiden und Halmen schwielenartige, dunkle, anfangs bleigraue, später aufreißende Streifen (1a, b, c, d, e, f) mit ausstäubenden Sporen, Halme verdreht, reißen auf (1c), Halme verkürzt, Ähren bleiben gelegentlich mit den Grannen in den Blattscheiden hängen, Körner schlecht ausgebildet. Verwechslungsmöglichkeiten mit Schwarzrost (Tafel 40).

ERREGER

Urocystis occulta (Wallr.) Rabh.

Brandsporen: 12 bis 18 µm, glattwandig, dunkel, zu mehreren (2 bis 3) in Sporenballen vereinigt und von 2 bis 6 sterilen Zellen von 4 bis 8 µm Durchmesser umgeben. Durchmesser der Sporenballen 12 bis 30 µm.

Ähnliche Sporenballen weist der an Weizen, Gerste und verschiedenen Grasarten auftretende Streifenbrand (Blattbrand) (*Urocystis agropyri* [Preuss.] Schroet.) auf (Beschreibung zu Tafel 7), jedoch mit folgenden Abmessungen (2):

Brandsporen 10 bis 20 µm, mit glatter, brauner Wand, 1 bis 4 fertile Sporen in Ballen, vollständig von einer Hülle aus sterilen Zellen (2) von 6 bis 12 × 3 bis 7 µm umgeben. Durchmesser der Sporenballen 18 bis 40 µm.

41

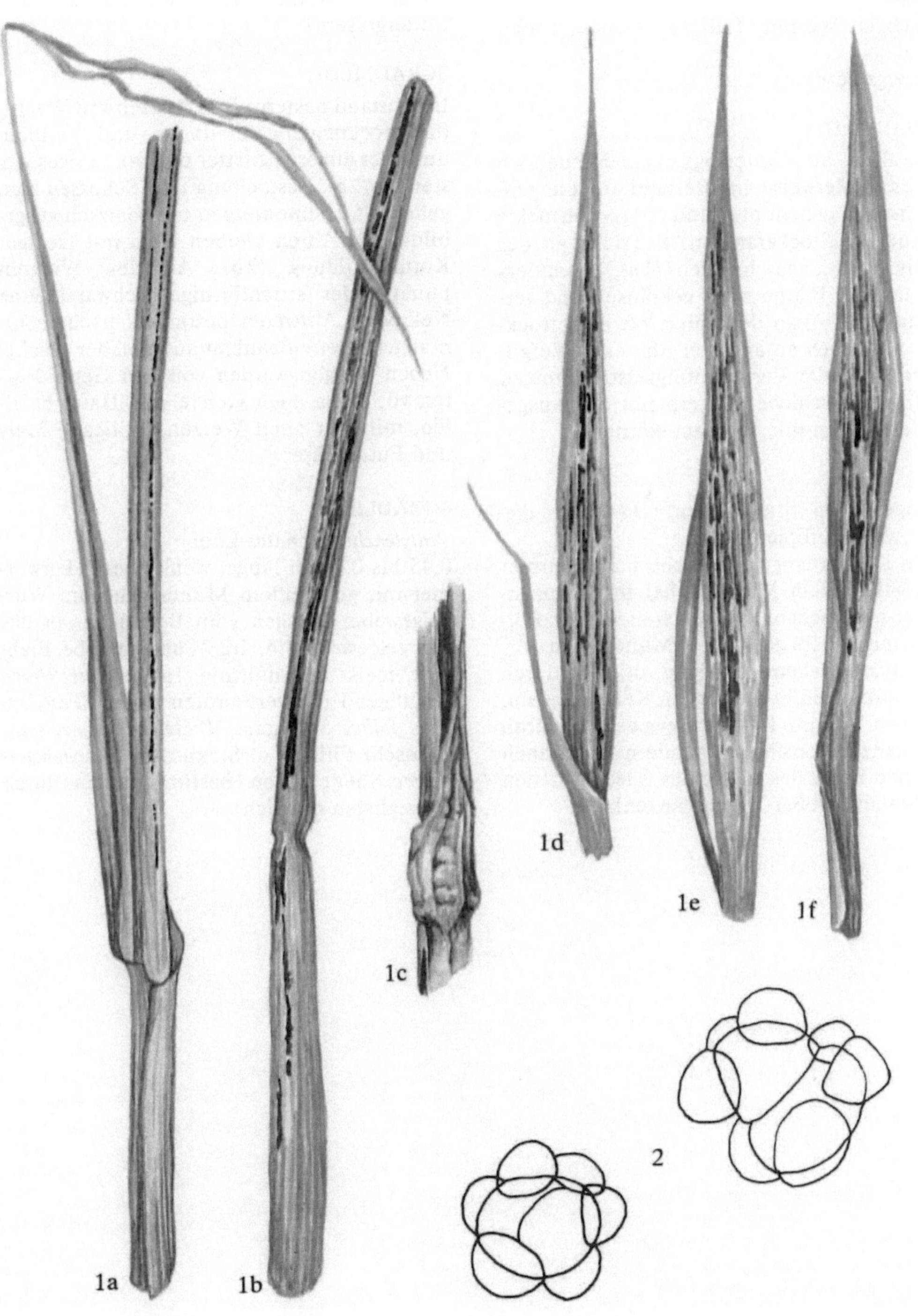

1a 1b 1c 1d 1e 1f 2

Stengelälchen (Stockälchen)

(Ditylenchus dipsaci [Kühn] Filipjev)
(Auch an Weizen, Triticale, Gerste, Hafer, Mais,
Futtergräsern)

SCHADBILD

Vor allem an Winterroggen, aber auch an
Hafer, nesterweise im Bestand im Längenwachstum gehemmte und stark bestockte
Pflanzen („Stockkrankheit"). Triebe an der
Basis stark angeschwollen (1 a), besonders
die unteren Blätter stark gekräuselt und ver-
unstaltet (1 b), an der Spitze oft eingetrocknet, aber auch an anderen Blatteilen Vergil-
bungs- und Verbräunungserscheinungen
(1 b), Ährenschieben unterbleibt oft. Ausgebildete Ähren mit Schmachtkörnern.

SCHÄDLING

Stengelälchen (Stockälchen) *(Ditylenchus dipsaci* [Kühn] Filipjev)
1 bis 1,5 mm lange, weißliche Fadenwürmer
mit geknöpftem Mundstachel im Pflanzengewebe. Daneben aber auch mitunter Formen mit anders gestalteter Mundregion.
Nematoden leben im Boden, dringen durch
Spaltöffnungen in die jungen Keimlinge ein,
Vermehrung im Pflanzengewebe. Im Stroh
jahrelang lebensfähig, wandern aber auch
vor der Reife des Getreides wieder in den
Boden ab. Großer Wirtspflanzenkreis.

Pratylenchus crenatus Loof

(Auch an Weizen, Triticale, Gerste, Hafer,
Futtergräsern)

SCHADBILD

Im Bestand nesterweise Pflanzen mit Wachstumsstockungen. Vergilbung und Verbräunung der äußeren Blätter und vorzeitiges Absterben (2 a). Bestockung und Schossen sind
gehemmt, Halme werden nur schwach ausgebildet, die Ähren bleiben klein mit lückiger
Kornausbildung (2 b). An den Wurzeln
punkt- oder strichförmige, schwarzbraune
Nekrosen. Auftreten besonders nach mehr-
maligem Getreideanbau auf gleicher Fläche.
Neben Roggen werden von den Getreidearten vor allem auch Gerste und Hafer befallen, mitunter auch Weizen, Triticale, Mais
und Futtergräser.

SCHÄDLING

Pratylenchus crenatus Loof
0,45 bis 0,7 mm lange, weißliche Fadenwürmer mit geknöpftem Mundstachel im Wurzelgewebe. Dringen vom Boden her in das
Wurzelgewebe ein. Im Wurzelgewebe Eiablage, meist kettenförmig. In gleicher Weise
schädigend die verwandten Arten: *Pratylenchus fallax* Seinhorst, *Pratylenchus neglectus*
(Rensch) Filipjev et Stekhoven, *Pratylenchus
thornei* Sher et Allen (Bestimmung nur durch
Spezialisten möglich).

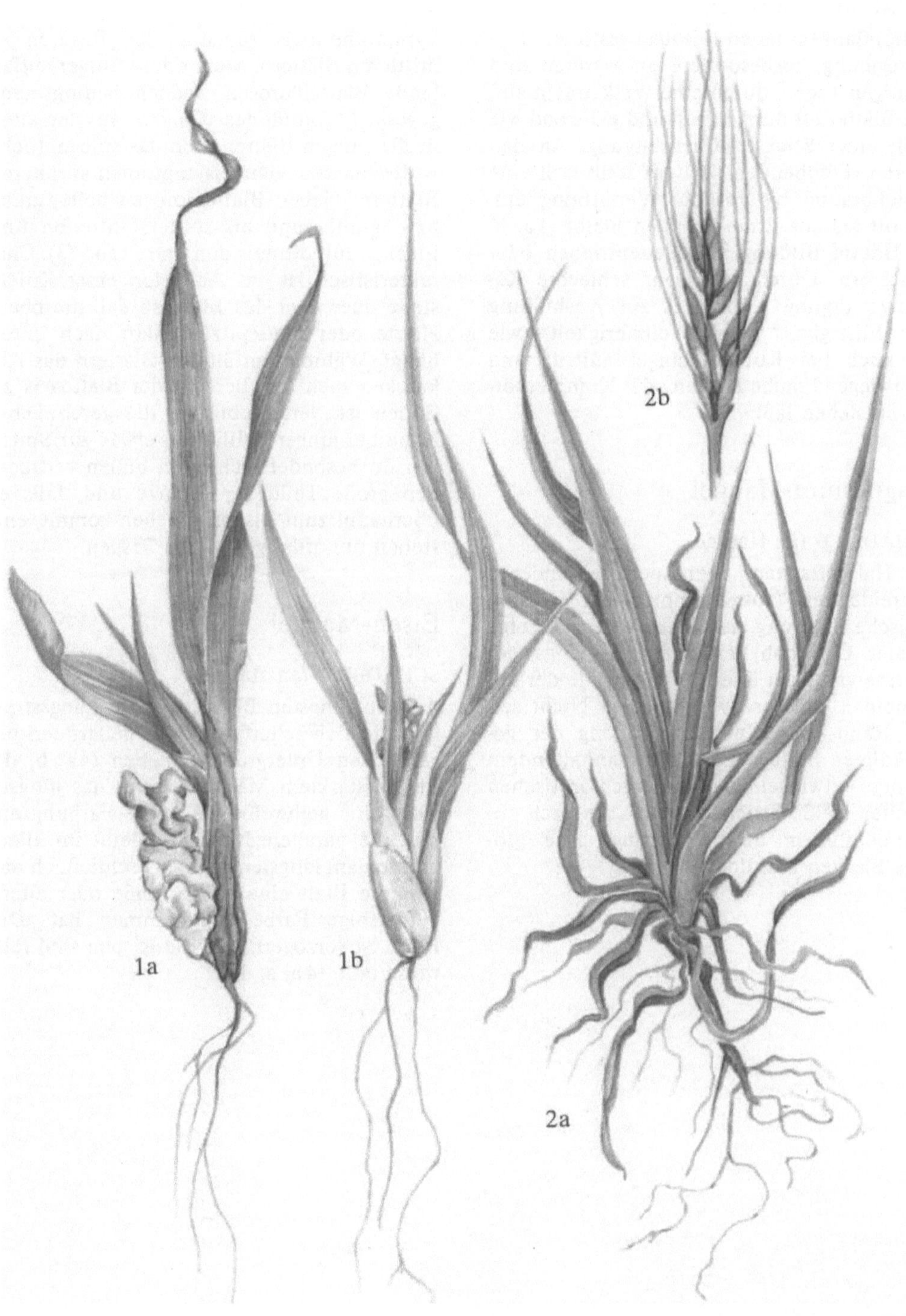
1a
1b
2a
2b

Kalium-Mangel

SCHADBILD (an Hafer)

Haferpflanzen fallen infolge gestörter Turgorregelung, insbesondere an warmen und sonnigen Tagen, durch eine Welketracht auf. Die Blätter oft dunkelgrün und glänzend wie nach einer Stickstoffüberdüngung. An den älteren vergilbenden Blättern stellt sich eine rötlichbraune bis rötliche Verfärbung ein, die oft bis zur Ernte erhalten bleibt (1a, b, c). Häufig Bildung von Seitentrieben oder Schossern. Durch eine sehr schlechte Kaliumversorgung kommt es zur Ausbildung der „Flissigkeit" oder „Weißährigkeit", wie sie auch bei Kupfer-Mangel auftritt und überwiegend taube Rispen oder Kümmerkörner entstehen läßt.

Magnesium-Mangel

SCHADBILD (an Hafer)

An Haferpflanzen, aber auch bei anderen Getreidearten (ausgenommen bei Gerste), typische Tigerung der Blattfläche als Folge lokaler Chlorophyllanhäufungen längs der Blattnervatur der älteren Blätter, die der allgemeinen Chlorose vorausgehen. Nicht selten Rand- und Spitzenvergilbung der geschädigten Blätter (2a, b). Bei anhaltendem Mangel entwickeln sich in den chlorotischen Streifen weiße Strichnekrosen, die auch zusammenfließen und unsymmetrische größere Flecken ausbilden können.

Mangan-Mangel

SCHADBILD (an Hafer)

Symptome meist zuerst an den jüngeren bis mittleren Blättern. Mehr oder weniger auffallende Blattchlorosen. Jedoch bedingt eine gewisse Mobilität des Mangans aus den alten in die jungen Blätter auch das gelegentliche Auftreten von Mangelsymptomen an älteren Blättern. Neben Blattchlorosen helle, graue bzw. graubraune bis rötliche Streifen und Flecken mit oftmals dunklem Rand (3). Charakteristisch ist das Auftreten einer Knickstelle quer über das Blatt, so daß die obere Hälfte oder Blattspitze schlaff nach unten hängt. Während an älteren Blättern das Abknicken mehr im Bereich der Blattbasis zu finden ist, verschiebt sich die geschwächte Zone bei jüngeren Blättern etwas zur Spitze hin. In besonders schweren Fällen vertrocknen große Teile der Pflanze und, falls es überhaupt zum Rispenschieben kommt, entstehen nur „flissige", taube Rispen.

Eisen-Mangel

SCHADBILD (an Hafer)

An den jüngsten Blättern grüne Längsstreifen, die sich scharf von dem hellgrünen bis gelblichen Untergrund abheben (4a, b, d). Bei verstärktem Mangel nimmt das jüngste Blatt eine gelbweiße bis weiße Färbung an, und die parallele Nervatur bleibt im allgemeinen am längsten grün, bis schließlich das gesamte Blatt eine völlig weiße oder elfenbeinfarbige Farbe angenommen hat. Die Blüte ist verzögert, und die Rispen sind teilweise taub (4b, c, d).

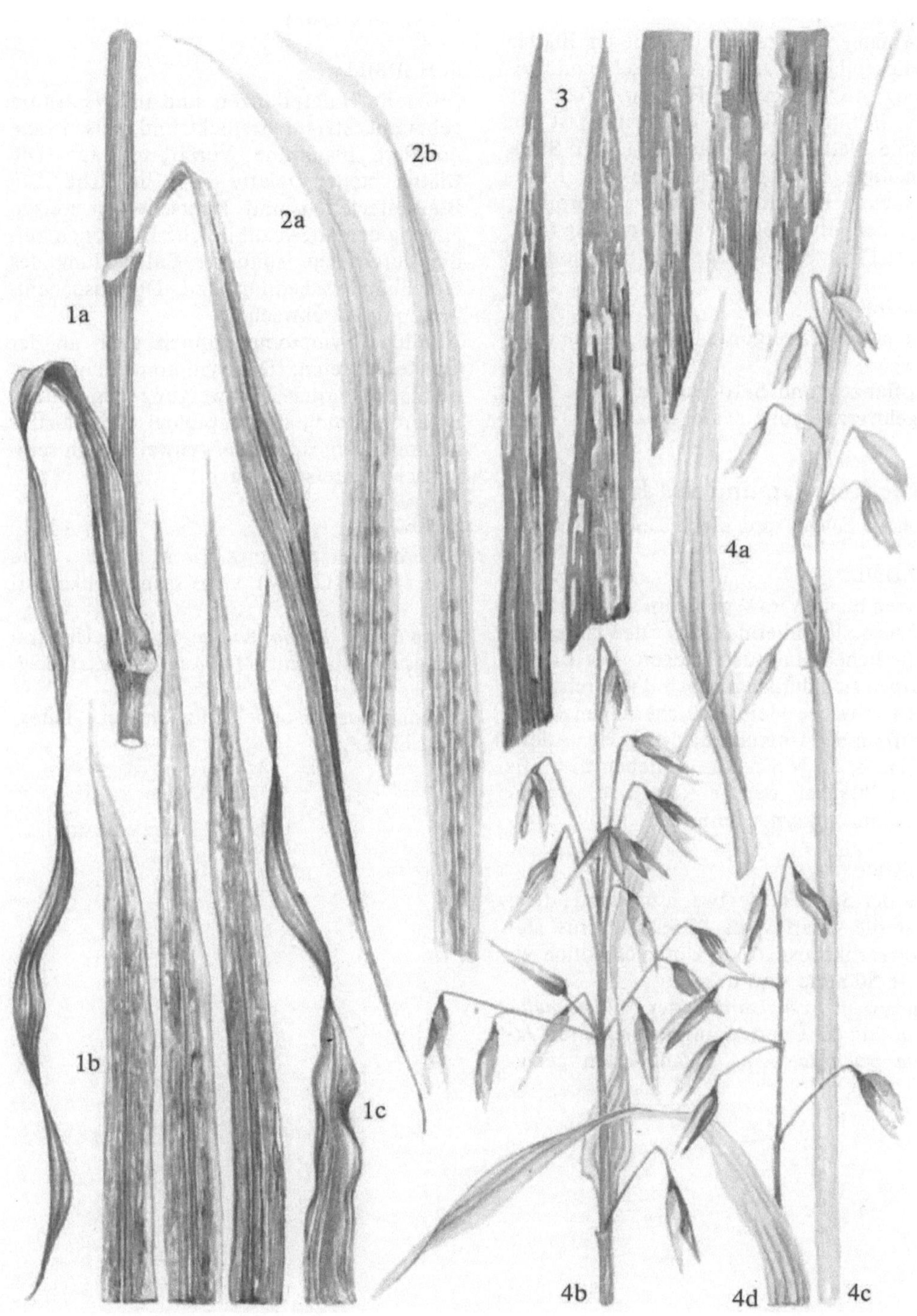
1a
1b
1c
2a
2b
3
4a
4b
4c
4d

Rotblättrigkeit des Hafers

SCHADBILD

Ab Anfang Juni zeigen die oberen Blätter der Haferpflanzen zunächst einzelne orangefarbene bis rotbraune Flecken. Von der Spitze beginnend kann sich später fast die gesamte Blattspreite verfärben (1b, c). Stark geschädigte Pflanzen reagieren mit Kümmerwuchs. Die Rispen sind deformiert, schwächer entwickelt oder fehlen völlig (1a). Kranke Pflanzen bevorzugt am Feldrand.

ERREGER

Gerstengelbverzwergungs-Virus (siehe Tafel 26).
Testpflanzen und **Serodiagnose** siehe Gerstengelbverzwergung (Tafel 26).

Sterile Verzwergung des Hafers

(Auch an *Lolium* spp., siehe Tafel 65)

SCHADBILD

Pflanzen bleiben im Wachstum stark zurück, bestocken sich übermäßig, so daß sie einen grasähnlichen Habitus erlangen. Die Blätter verfärben sich dunkelgrün, sind verdreht und weisen teilweise kleine Wucherungen (Enationen) an der Unterseite entlang der Adern auf (2a, b, c). Nur selten schieben die infizierten Pflanzen wenige Rispen, die lediglich Schmachtkörner enthalten.

ERREGER

Virus der Sterilen Verzwergung des Hafers, oat sterile dwarf virus (OSDV), virus steril'noj karlikovosti ovsa. Unterschiedlich virulente Stämme sind bekannt.
Testpflanzen: *Avena sativa* oder *Lolium multiflorum* sind für Übertragungsversuche mit *Javesella pellucida* u. a. Zikadenarten geeignet.

Haferblauverzwergung

(ohne Abbildung)
(Auch an Gerste)

SCHADBILD

Infizierte Haferpflanzen sind im Wachstum gehemmt, stärker bestockt und weisen eine dunklere blaugrüne Verfärbung auf. Die Blätter stehen relativ starr aufrecht. Die Blattunterseiten und Blattscheiden weisen entlang der Adern zahlreiche Enationen auf, die durch eine abnorme Entwicklung des Gefäßbündels bedingt sind. Die Rispenentwicklung ist schwächer.
Ähnliche Symptome können auch an der Gerste auftreten. (Die Symptome ähneln denen der Sterilen Verzwergung des Hafers. Differenzierung durch biologische, elektronenmikroskopische oder teilweise auch serologische Untersuchungen.)

ERREGER

Haferblauverzwergungs-Virus, oat blue dwarf virus (OBDV), virus sinej karlikovosti ovsa
Testpflanze: *Avena sativa* ist für Übertragungsversuche mit *Macrosteles laevis* geeignet.
Serodiagnose: Doppeldiffusionstest, Latextest, ELISA

44

Ovale Blattfleckigkeit
(Bakterielle Blattdürre)

(*Pseudomonas syringae* pv. *coronafaciens* [Elliott] Young, Dye et Wilkie)
(Auch an Roggen)

SCHADBILD

Zu Beginn der Krankheit auf den Blättern hellgrüne, ovale Flecke mit einem Durchmesser von 4 bis 5 mm. Diese vergrößern sich, wobei das Gewebe im Zentrum allmählich vertrocknet, sich grau oder braun verfärbt und von einem hellen Hof umgeben wird (1a).

Während das dunkle Zentrum nur 1 bis mehrere Millimeter groß wird, breitet sich der umgebende Rand bis zu 1 cm und mehr aus. Zunächst ist er hellgrün, später wird er chlorotisch und weist grüne bis gelbe konzentrische Linien auf. Diese hofähnlichen Ränder dehnen sich unregelmäßig in der Längsrichtung des Blattes aus und verschmelzen teilweise miteinander (1b, c). Blattrandinfektionen bilden meist halbmondförmige Läsionen (1d).

Die Flecke sind niemals wasserdurchsogen, und ein Exsudat wird gewöhnlich nicht gebildet.

Bei starkem Befall ist die gesamte Blattspreite gelb gefärbt, die Blattspitzen schrumpfen und vertrocknen. Das gesamte Blatt stirbt ab; es hängt dann schlaff am Halm herab.

ERREGER

Pseudomonas syringae pv. *coronafaciens* (Elliott) Young, Dye et Wilkie
Auf Nähragar bildet er weiße, mehr oder weniger runde, glatte, flache Kolonien mit leicht erhabenen Rändern.
Die Zellen sind stäbchenförmig und besitzen eine oder mehrere polare Geißeln. Sie reagieren gramnegativ. Durchschnittliche Zellgröße: 0,7 × 2,0 µm.

Bakterielle Streifenkrankheit

(*Pseudomonas syringae* pv. *striafaciens* [Elliott] Young, Dye et Wilkie)
(Auch an Gerste)

SCHADBILD

Anfangs auf den Blättern eingesunkene, wasserdurchtränkte Flecke, die häufig reihenartig angeordnet sind. Diese vereinigen sich zu unterschiedlich langen, wasserdurchsogenen Streifen (2a), die sich über die gesamte Länge der Blattscheide und -spreite ausdehnen können, mitunter durch einen schmalen, gelblichen Saum vom gesunden Gewebe abgegrenzt (2b). Unter feuchten Bedingungen tritt entlang der Läsionen Bakterienexsudat aus, das zu dünnen, weißen Häutchen eintrocknet. Ältere Flecke werden durchscheinend und verfärben sich braun (2c). Bei starkem Befall breiten sich die Läsionen bis in den Rispenbereich aus, so daß mitunter die oberen Teile der Pflanzen absterben.

ERREGER

Pseudomonas syringae pv. *striafaciens* (Elliott) Young, Dye et Wilkie
Bildet auf Nähragar weiße, glatte, mehr oder weniger runde, flache Kolonien mit leicht erhabenen Rändern. Gramnegatives Stäbchen mit einer oder mehreren polaren Geißeln, 1,76 µm Länge und 0,66 µm Breite.

45

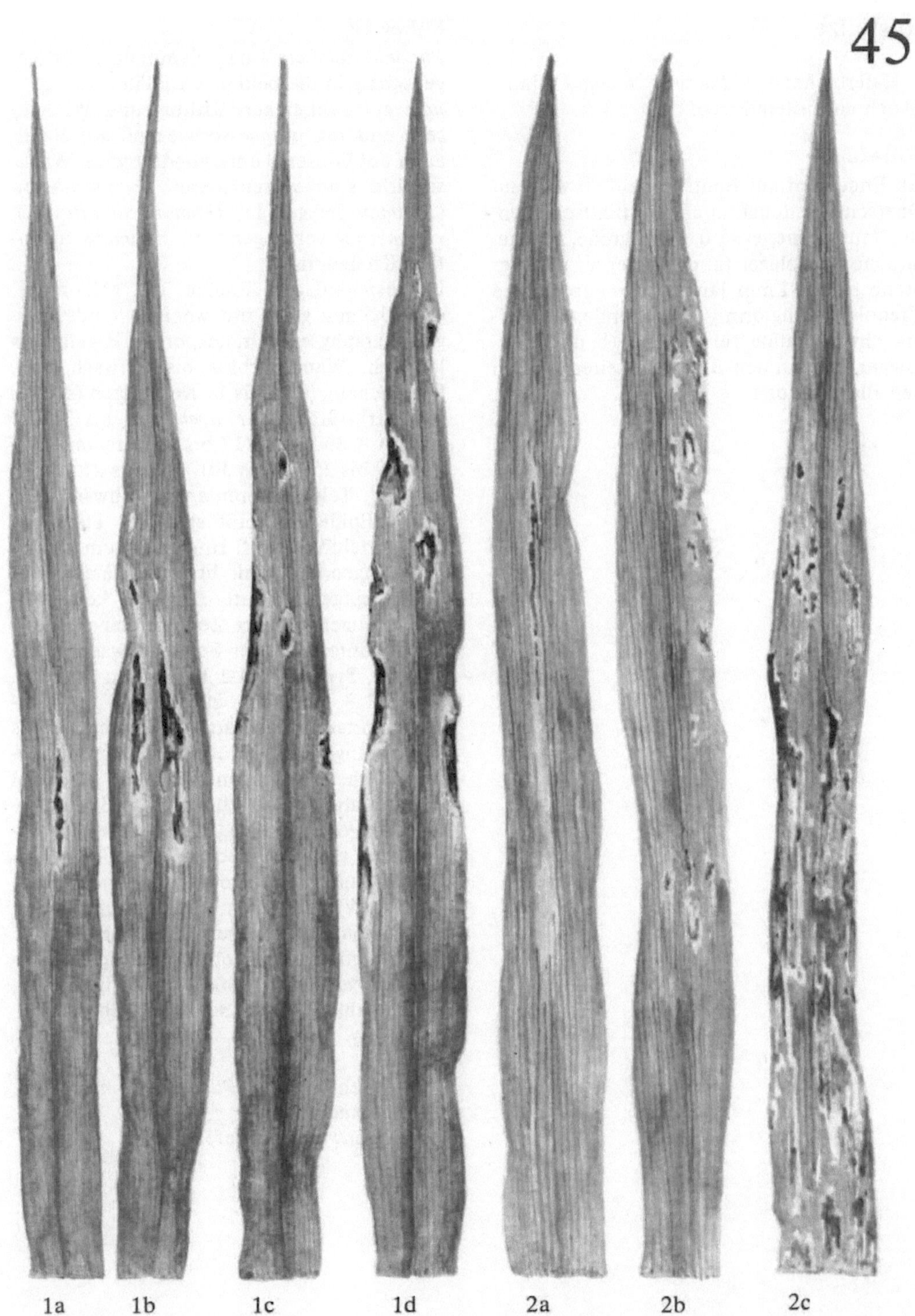

Rostpilze

- Haferkronenrost (*Puccinia coronata* Cda.)
(Auch an Futtergräsern)

SCHADBILD

Ab Ende Juni auf Blattspreiten, vorwiegend Oberseite, seltener auch an Blattscheiden, verstreut kleine, etwa 0,5 mm große, orange-farbene Uredolager (a, c), später an gleicher Stelle bis zu 1 mm lange, zu mehreren die Uredolager ringförmig umgebende, dunkel- bis schwarzbraune Teleutolager (b, d), Teleu-tolager auch an den Blattunterseiten und an den Blattscheiden.

ERREGER

Puccinia coronata Cda., Sammelart, die gegenwärtig in die beiden Varietäten var. *coronata* auf zahlreichen Kultur- und Wildgräsern und var. *avenae* vorwiegend auf Hafer, auch auf Gräsern, untergliedert wird. Wechselwirte sind verschiedene *Rhamnus*-Arten (*Rhamnus frangula* L., *Rhamnus cathartica* L.), var. *avenae* vorwiegend an *Rhamnus cathartica* (Kreuzdorn).

Uredosporenlager: orange bis gelborange, etwa 0,5 mm groß, mit wenigen randständigen Paraphysen, Uredosporen: kugelig bis länglich, Wand farblos bis schwach gelb, feinstachelig (e), 6 bis 14 Keimporen (schwer sichtbar), Größe: var. *avenae* 25 bis 30 (21 bis 34) × 20 bis 24 (17 bis 24) µm, var. *coronata* 19 bis 25 (17 bis 30) × 17 bis 21 (14 bis 25) µm, Teleutosporenlager: schwarz, bedeckt, Epidermis reißt spät auf, bis 1 mm lang, strichförmig, oft ringförmig um Uredolager angeordnet, mit braunen Paraphysen, Teleutosporen: Braun, länglich, keulenförmig, zweizellig, obere Zelle breiter und kürzer als untere, an der Septe schwach eingeschnürt, Sporenwand 1 bis 1,5 µm dick, am Scheitel 3 bis 5 µm, in mehrere fingerförmige Fortsätze ausgezogen, Fortsätze 3 bis 10 µm lang, Zahl, Größe und Form unterschiedlich, eine „Krone" bildend (f), Stiel dünnwandig, bis zu 20 µm lang, Spermogonien: an *Rhamnus* spp., Aecidien: an *Rhamnus* spp., gelbrote geschwollene Flecke, an der Blattunterseite, an Blüten und jungen Trieben Verfärbungen, Schwellungen, Verformungen, Pseudoperidie becherförmig, Saum wenig ausgebogen, Aecidiosporen: kugelig, polyedrisch, 16 bis 24 × 13 bis 16 µm, Wand farblos, Sporen schwach gelb, fein bewarzt.

- Haferschwarzrost (*Puccinia graminis* Pers. f. sp. *avenae*)
(Siehe Schwarzrost, Tafel 40)

Brandpilze

- Haferflugbrand *(Ustilago avenae* (Pers.)
Rostr.
(ohne Abbildung)

SCHADBILD

Beim Schieben der Rispenäste sind anstelle
der länglichen Ährchen runde, schwarze
Sporenmassen zu erkennen, die sehr schnell
ausstäuben, die leeren Rispenäste bleiben
zurück. Bei Teilbefall sind die unteren Rispenäste befallen.

ERREGER

Ustilago avenae (Pers.) Rostr.
Brandsporen: kugelig, gelblich bis olivbraun,
feinwarzig, 5 bis 9 µm, bei der Keimung Bildung von Promyzel und Sporidien (siehe
auch: *Ustilago nigra,* Tafel 29).

- Gedeckter Haferbrand *(Ustilago kolleri*
Wille, Syn.: *Ustilago laevis* [Kellerm. et Sw.]
Magn.)
(ohne Abbildung)

SCHADBILD

In den Rispen sind die Körner, die Deck-
und Vorspelzen und mitunter auch die basalen Teile der Hüllspelzen zerstört, dafür
Ausbildung von Brandsporen, die von den
Hüllspelzen als dünnes Häutchen umschlossen werden und auch nach dem Schieben als
erhärtete Gebilde (Brandbutten) bis zum
Dreschen erhalten bleiben.

ERREGER

Ustilago kolleri Wille
Brandsporen: kugelig bis elliptisch, gelb-
braun, Wand glatt, 5 bis 9 µm, Keimung mit
Promyzel und Sporidien.

Septoria-Blattfleckenkrankheit des Hafers (Hoher Halmbruch)

(Septoria avenae f. sp. *avenae* Frank, Perfektform: *Leptosphaeria avenaria* f. sp. *avenaria*
Weber
(ohne Abbildung)
(Siehe auch Beschreibung vor Tafel 10)

SCHADBILD

An Keimpflanzen wenig auffällige, strichförmige Nekrosen an den Koleoptilen (Verwechslungsmöglichkeit mit *Drechslera avenae*). An älteren Pflanzen gelbbraune, nekrotische Blattflecke von unterschiedlicher
Form und Größe, von feinem braunem Rand
begrenzt und chlorotischem Hof umgeben.
Die Flecke laufen zusammen, Blätter sterben ab. Auf den nekrotischen Stellen kaum
erkennbare Pyknidien. Befall auch an Blattscheiden und Halmen. Rotbraune, langgestreckte Nekrosen über mehrere Internodien,
in deren Bereich die Halme vor oder während der Reife umbrechen. An den Halmknoten Bildung von Pyknidien, Befall an
Rispenästen, Spelzen und Körnern, Bildung
kleiner, rotbrauner Flecke.

ERREGER

Septoria avenae f. sp. *avenae* Frank, Perfektform: *Leptosphaeria avenaria* f. sp. *avenaria*
Weber
Pyknidien: bei höheren Temperaturen Ma-
kropyknidien, braun bis schwarz, 90 bis
150 µm, mit Makrokonidien, bei niederen
Temperaturen Mikropyknidien 50 bis
150 µm, mit Mikrokonidien, Makrokonidien: zylindrisch, hyalin, an den Enden abgerundet, 4zellig, 25 bis 45 × 3 bis 4 µm, Mikrokonidien: 4 bis 5 × 0,5 bis 1 µm, Perfektform an abgestorbenen Blättern und Halmen, Perithezien: 60 bis 130 µm, schwarz,
eingesenkt, Asci: keulenförmig, 30 bis
100 × 10 bis 18 µm, 8 Ascosporen, zweireihig angeordnet, spindelförmig, 3 Querwände, gelblich, 23 bis 48 × 4,5 bis 6 µm.

Streifenkrankheit des Hafers

(*Drechslera avenae* [Eidam] Scharif,
Perfektform: *Pyrenophora avenae* Ito et Kurib. (ohne Abbildung)

SCHADBILD

An jungen Pflanzen auf Koleoptilen und
Blättern typisch rotbraune Flecke mit hellerem Zentrum (augenfleckenähnlich), zunächst sehr klein, rund bis oval, dehnen sich
in Längsrichtung aus, von den Blattadern begrenzt, Entstehung nekrotischer Streifen.
Keimpflanzen können absterben. Bei starkem Befall älterer Pflanzen sterben die Blätter ab, Streifenbildung undeutlich oder fehlt.
Befall an Blattscheiden und Halmen seltener, gelegentlich an Rispen und Körnern,
Bildung von Kümmerkörnern.

ERREGER

Drechslera avenae (Eidam) Scharif, Syn.:
Helminthosporium avenae Eidam; Perfektform: *Pyrenophora avenae* Ito et Kurib., Syn.:
Pyrenophora chaetomioides Speg., befällt
außer Hafer auch Glatthafer.
Konidien: gerade bis leicht gekrümmt, zylindrisch, 1 bis 7 Pseudosepten, gelbbraun, 50
bis 110×15 bis $19\,\mu m$, Keimung vorwiegend an den Endzellen, dabei Bildung von
Sekundärkonidien möglich. Pseudothezien:
selten, an abgestorbenen Pflanzenteilen, in
das Gewebe eingesenkt, dunkel, Oberfläche
mit Borsten, Konidienträgern und Konidien
besetzt, Durchmesser bis zu $500\,\mu m$, Asci:
keulenförmig, 2 bis 8 Sporen, Ascosporen:
gelbbraun, zylindrisch, an den Enden abgerundet, 3 bis 6 Quer- und 2 bis 3 Längssepten, 40 bis 75×14 bis $30\,\mu m$.

Weitere, an Hafer auftretende *Drechslera*-Arten

Drechslera sorokiniana (Sacc.) Subram et
Jain
(Auch an Weizen, Gerste (Tafel 31), Roggen,
Futtergräsern (Beschreibung vor Tafel 71))
Drechslera verticillata (O 'Gara) Shoem., Syn.:
Helminthosporium cyclops Drechsl., Perfektform: *Pyrenophora semeniperda* (Brittlebank et
Adam) Shoem.
(ohne Abbildung)
Blattflecke dunkelbraun mit hellem Hof, unspezifische Fußkrankheit, Konidien zylindrisch, olivfarben, 70 bis 160×13 bis
$17\,\mu m$, 7 bis 12 Pseudosepten.
Drechslera victoriae (Meehan et Murphy) Subram. et Jain, Syn.: *Helminthosporium victoriae*
Meehan et Murphy, Perfektform: *Cochliobolus victoriae* Nelson
(ohne Abbildung)
Blattflecke dunkelbraun, oval, unspezifische
Fußkrankheit, Konidien: gebogen, gegen die
Enden deutlich verjüngt, 40 bis 120×12 bis
$19\,\mu m$, 4 bis 11 Pseudosepten.

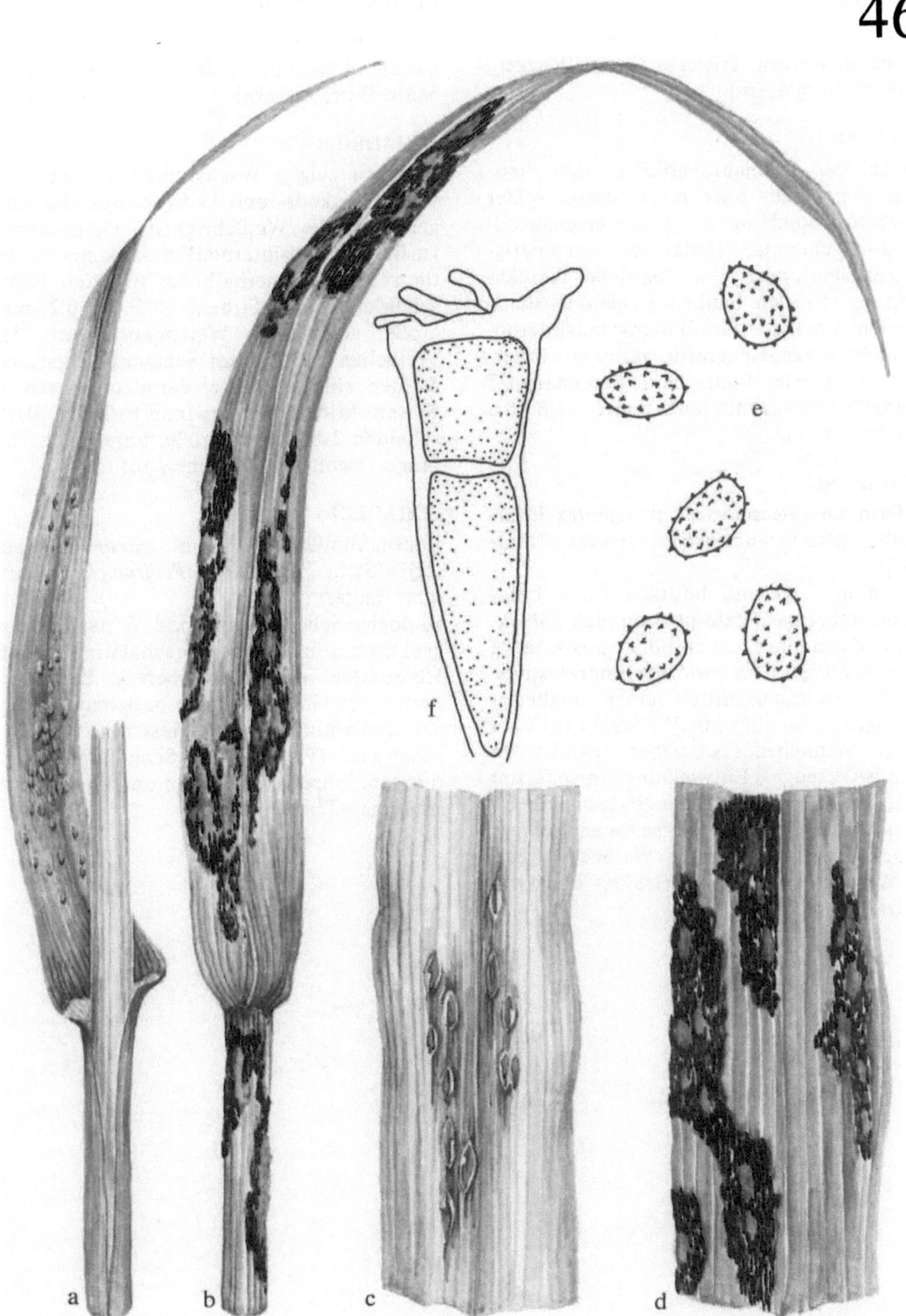
a
b
c
d
e
f

Hafermilbe

(*Steneotarsonemus spirifex* [Marchal])
(Auch an Weizen, Triticale, Gerste, Roggen,
Mais, Futtergräsern)

SCHADBILD

Im zeitigen Frühjahr verfärben sich Blattspitzen gelblich- oder rötlichbraun, später
Wachstumsstockungen, die Rispenausbil-
dung ist gehemmt, Flissigkeits- oder Fedrig-
keitserscheinungen (1 a) (partielle Weißährigkeit), zuweilen bleiben Rispen in Blattscheide stecken, das Blütenstandsinternodium ist korkenzieherartig verbildet. Innerhalb der obersten Blattscheiden geschädigter
Halme 0,2 bis 0,3 mm lange, zarte, weißliche
Milben (1 b, c).

SCHÄDLING

Hafermilbe (*Steneotarsonemus spirifex* [Mar-
chal]), (Syn.: *Tarsonemus spirifex* [Mar-
chal]).
Im adulten Zustand besitzen sie 4 Bein-
paare, wobei das letzte nur schwach entwik-
kelt und mit einer langen Borste ausgestattet
ist, ausgeprägter Geschlechtsdimorphismus.
Zur Schadwirkung mittels feiner, eingliedri-
ger Stechborste sind nur Weibchen (1 b) be-
fähigt, Männchen (1 c) haben rudimentäre
Mundwerkzeuge. Entwicklung in oberster
Blattscheide. Innerhalb der Blattscheide Eiablage. Im Laufe eines Jahres treten mehrere
Generationen auf. Adulte Weibchen überwintern in Trieben der Getreide- und Gräserarten.

Grashalmmilbe

(*Siteroptes graminum* [Reuter])
(Auch an Weizen, Triticale, Gerste, Roggen,
Mais, Futtergräsern)

SCHADBILD

Pflanzen zeigen Wachstumsstockungen sowie Flissigkeits- und Fedrigkeitserscheinun-
gen (partielle Weißährigkeit). Gelegentlich
ist Blütenstandsinternodium korkenzieherartig verdreht. Innerhalb der obersten Blattscheide bernsteinfarbene, 0,2 bis 0,25 mm
große, achtbeinige Weichhautmilben (2 a,
Weibchen). Oft ist am Schadort neben den
Milben eine auffällige Verpilzung nachzuweisen. Mitunter treten innerhalb der Blattscheiden 2 bis 3 mm große, physogastrische
(angeschwollene) Weibchen auf (2 b).

SCHÄDLING

Grashalmmilbe (*Siteroptes graminum* [Reu-
ter]), (Syn.: *Pediculoides (Pediculopsis) graminum* Reuter).
Biologie, Schadwirkung und Wirtspflanzen-
spektrum stimmen bei Grashalmmilbe und
Hafermilbe weitgehend überein. Besonder-
heiten der Grashalmmilbe bestehen in Ver-
gesellschaftung bzw. Symbiose mit Pilz *Fusarium poae* (Peck) Woll. Schädling besitzt
mehrere Jahresgenerationen und überwintert
in jungen Trieben.

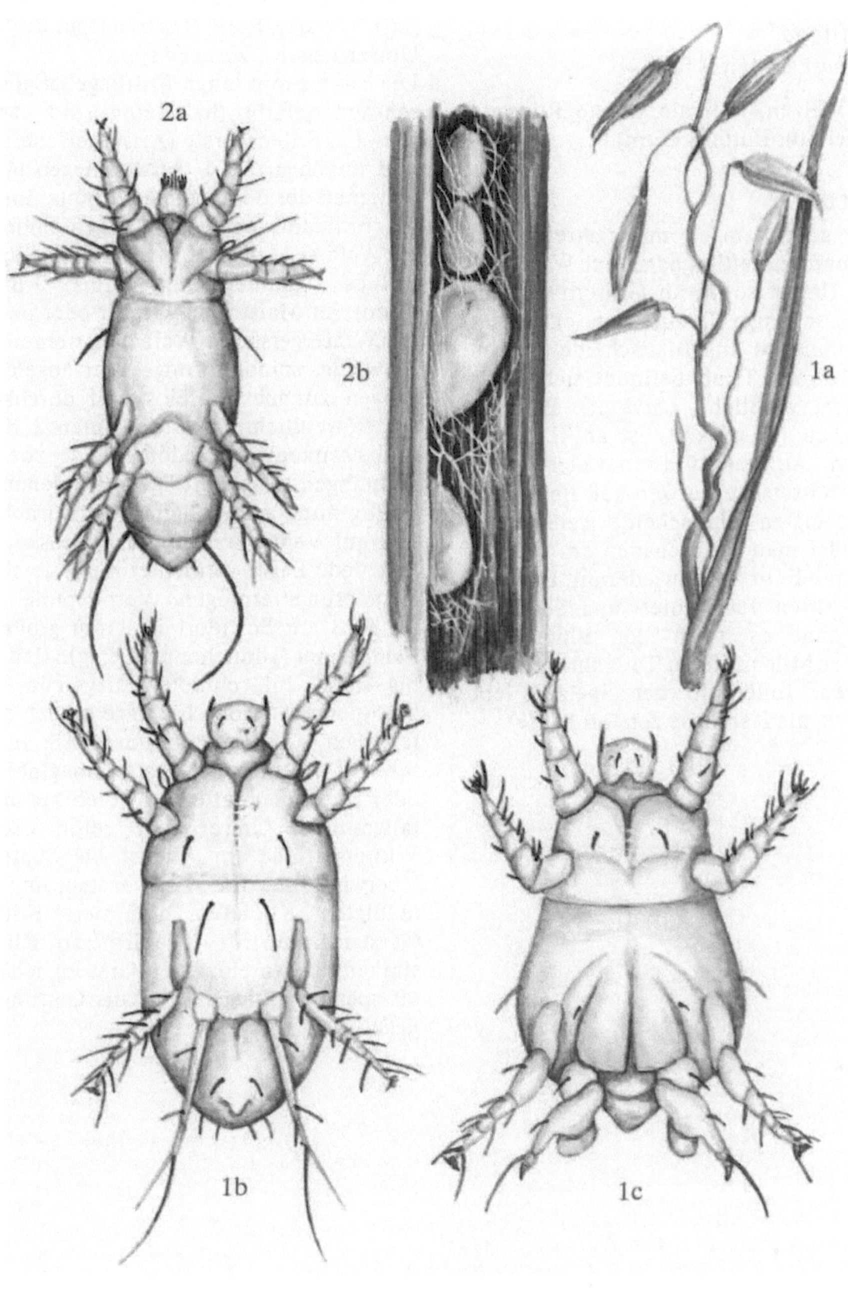
2a
2b
1a
1b
1c

Fritfliege
(*Oscinella frit* [L.]) und
Gerstenfliege
(*Oscinella pusilla* Meig.)

(Auch an Weizen, Triticale, Gerste, Roggen, Mais (Tafel 60), Futtergräsern)

SCHADBILD

An spät gedrilltem Sommergetreide im Frühjahr und an zeitig gedrilltem Wintergetreide im Herbst sowie an Gräsern vergilbt das Herzblatt junger Triebe (a, b, c). Dieses läßt sich mühelos aus Blattscheide ziehen. Im geschädigten Trieb befindet sich 4 bis 6 mm lange, weißliche Larve (f). Partielle Weißährigkeit (Flissigkeit) ist an Hafer zu beobachten. An Futtergräsern treten totale Weißährigkeitserscheinungen auf. Beim Öffnen der obersten Blattscheide weißähriger Halme findet man Fraßschäden am Blütenstandsinternodium und wiederum Fliegenlarve. An Ähren der Winter- und Sommergerste kommt es nach der Blüte und während der Milchreife zu Taubährigkeitserscheinungen. Innerhalb der Spelzen lebt Fliegenlarve, die Karyopse zerstört hat (e).

SCHÄDLING

Fritfliege (*Oscinella frit* [L.]), (Syn.: *Oscinis frit* [L.]), Gerstenfliege (*Oscinella pusilla* Meig.), Gräserfliegen (*Oscinella* spp.).
Die 1 bis 2 mm lange Fritfliege ist glänzend schwarz gefärbt (h). Beine sind ebenfalls schwarz, Fühlerborste (Arista) erscheint glatt und unbehaart. Bei Gerstenfliegen besitzen Schienen der Beine gelbe Färbung. Imagines der Frühjahrsgeneration fliegen Ende April bis Anfang Mai. Eiablage erfolgt an spät gedrilltes Sommergetreide (bis 3-Blattstadium), an Maistriebe, Gräser oder in Ähren der Wintergerste. Je Weibchen werden 40 bis 70 weiße, spindelförmige Eier abgelegt (d). Larven zunächst farblos und durchsichtig, später weißlich. Sie durchlaufen 3 Stadien und besitzen am Abdomenende zwei Ausstülpungen (Stigmenträger) (f). Genaue Artbestimmung nur anhand von Dörnchenreihen auf Ventralseite unter Mikroskop möglich. Jede Larve vernichtet nur 1 Trieb, kein Wanderungsvermögen. Verpuppung erfolgt im Juni am Schadort in 3 mm großer, rötlichbrauner Tönnchenpuppe (g). Ende Juni bis Anfang Juli schlüpfen Fliegen der 2. oder Sommergeneration. Eiablage findet an Haferrispen, Ähren der Sommergerste und Gräser statt. Ab Ende Juli treten Imagines der 3. oder Herbstgeneration auf. Eiablage an Ausfallgetreide, Gräser und zeitig gedrilltes Wintergetreide im August bis September. Überwinterung im 3. Larvenstadium. In gemäßigten Klimaten dominiert Fritfliege. Gerstenfliege tritt in wärmeren Klimaten stärker auf. An einzelnen Gräsern schädigen oft spezielle Fliegenarten aus Gattung *Oscinella*.

48

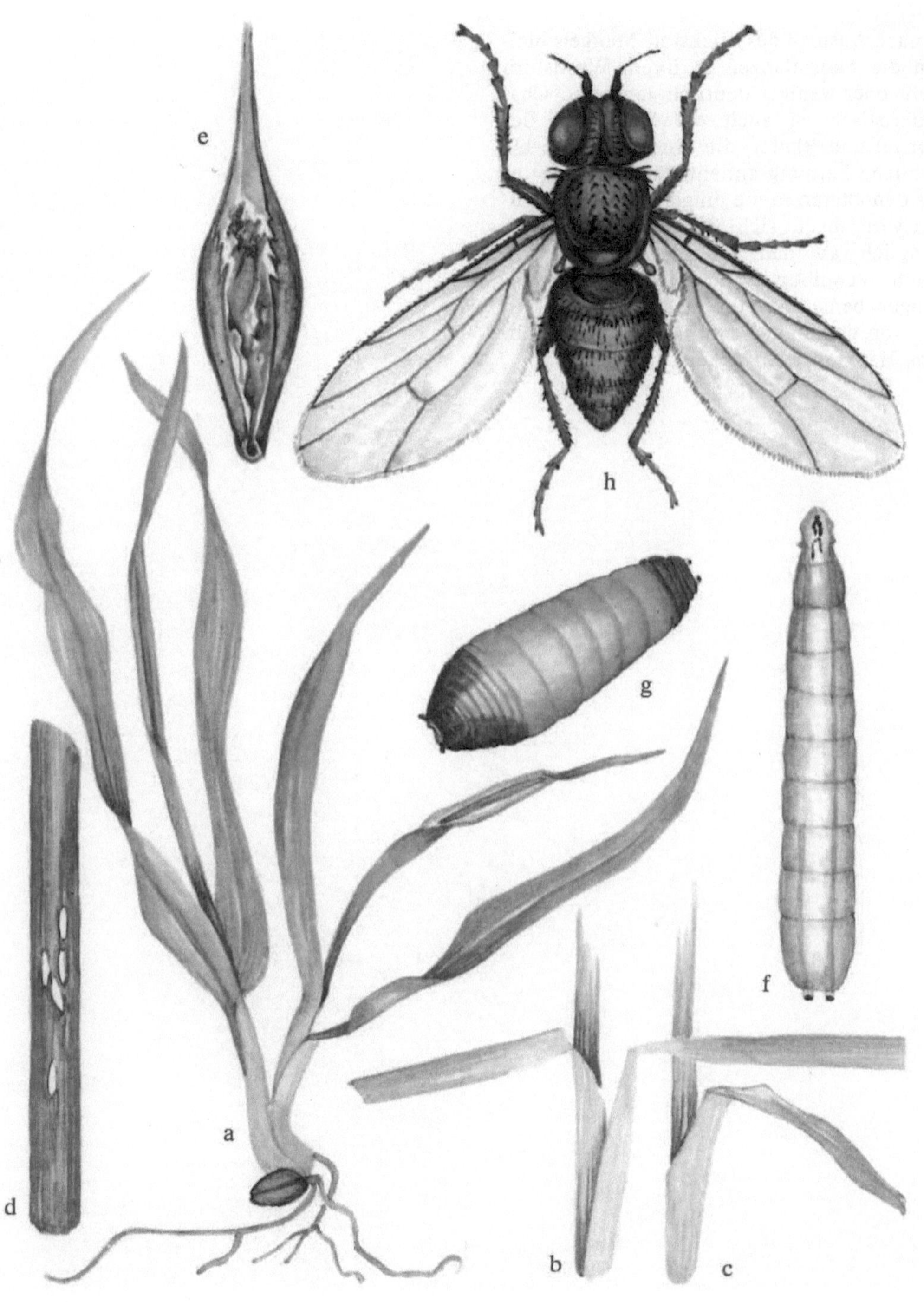

Stickstoff-Mangel

SCHADBILD

Je nach Ausmaß des Stickstoff-Mangels bleiben die Maispflanzen in ihrem Wachstum
mehr oder weniger deutlich gehemmt. Charakteristisch ist auch die Starrtracht der
Stengel und Blätter, die eine blaßgrüne bis
gelbliche Färbung annehmen. Da Stickstoff
aus den älteren in die jüngeren Blätter verla-
gert wird, macht sich Stickstoff-Mangel vor-
dringlich an den älteren Pflanzenteilen
durch Vergilbungs- und Absterbeerscheinungen bemerkbar, die sich häufig wie ein
„V" von der Blattspitze ausgehend in Rich-
tung Hauptader entwickeln. (a, b).

a
b

Phosphor-Mangel

SCHADBILD

Bei starkem Phoshor-Mangel bereits im frühesten Jugendstadium bleiben die geschädigten Pflanzen im Wachstum erheblich zurück. Die relativ kleinen Blätter erscheinen starr aufgerichtet mit herabhängenden Blattspitzen und fallen durch eine dunkel- bis blaugrüne Blattfarbe auf, die ebenso wie der Blattstengel von einer rötlichvioletten Färbung ganz oder teilweise begleitet wird. Jedoch kann diese teilweise abnorme Anthocyananreicherung in Abhängigkeit von der Sorte unterschiedlich stark ausgeprägt sein. An älteren Pflanzen entwickeln sich die Symptome in ähnlicher Weise. Unter Eindrehen sterben dann die Blätter von unten nach oben fortschreitend unter brauner bis braunroter Verfärbung ab (1 a, b). Die reproduktive Phase ist verzögert und die Kornausbildung im Kolben unausgeglichen.

Kalium-Mangel

SCHADBILD

Kalium-Mangelsymptome bei Mais beginnen, wie auch bei anderen Kulturarten, stets an den älteren Blättern. Dort kommt es zur Ausbildung hellbrauner bis dunkelbrauner Nekrosen entlang der Blattspitzen und -ränder, meist ohne vorhergehende chlorotische Aufhellungen, die zur Bezeichnung „Blattrandverbrennungen" geführt haben. Im Gegensatz zum Stickstoff-Mangel bildet sich an den so geschädigten Blättern häufig ein umgekehrtes „V" heraus. Die jüngeren Blätter der so geschädigten Pflanze haben schmalere Spreiten mit einem normalen Grün, können jedoch auch auffällig dunkelgrün gefärbt sein. Infolge einer zunehmenden Turgorabnahme und ungenügender Ausbildung des Stützgewebes neigen unter Kalium-Mangel leidende Maispflanzen zu einer Welketracht bzw. zum Lagern (2 a, b).

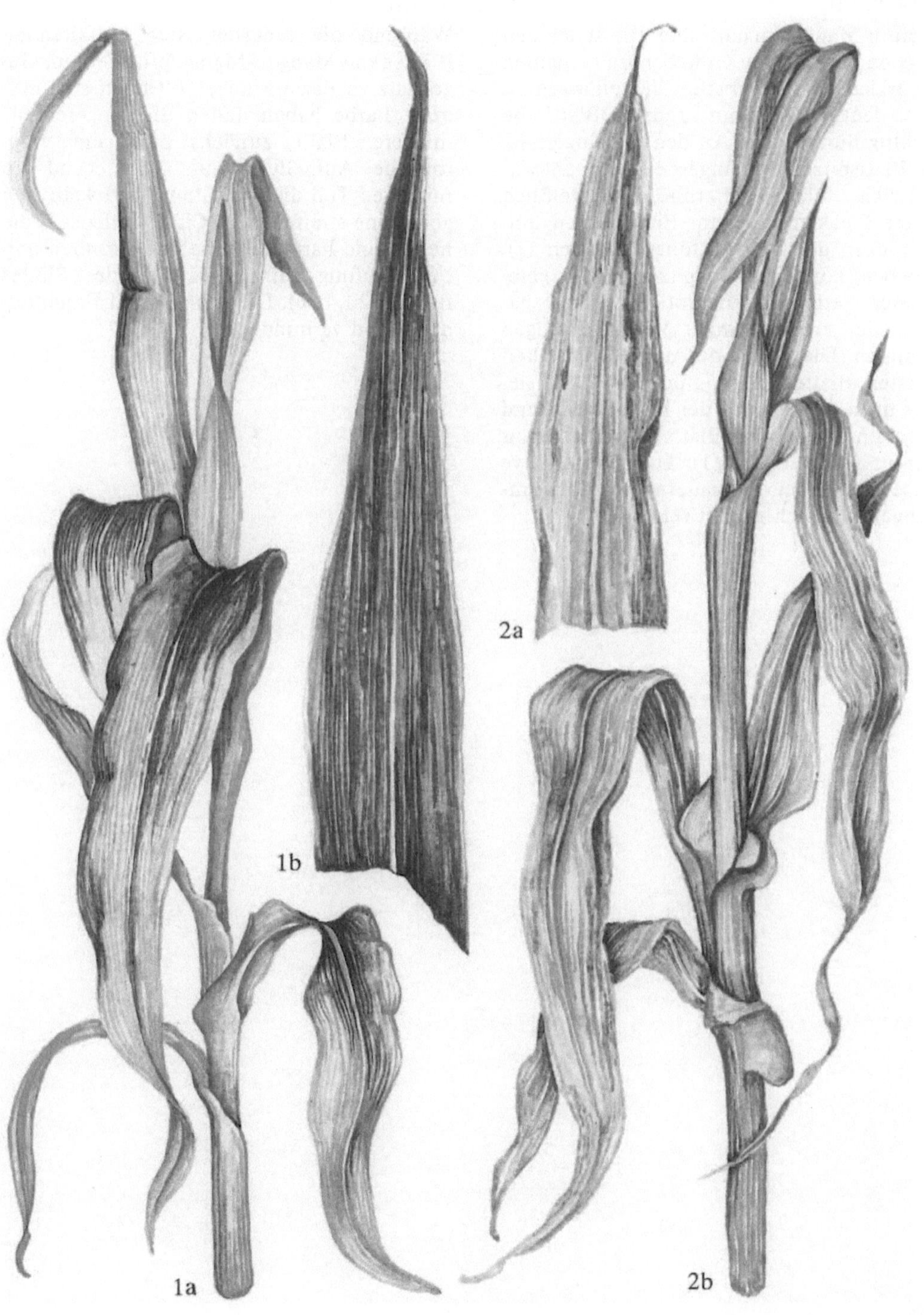
1a
1b
2a
2b

Calcium-Mangel

SCHADBILD

Calcium-Mangel macht sich zuerst an den jüngsten bis jüngeren Geweben und Organen bemerkbar. Das Wachstum der Pflanzen ist meist deutlich gehemmt und die Blattfarbe auffällig dunkelgrün. An den oft eingerissenen Blattspitzen der jüngeren Blätter entwickeln sich zunächst hellgrüne, dann weißlich glasige Flecken, die zum Einschnüren und Abknicken der Spitzen führen können (1). Daneben können Blattspitzen unter gelbbrauner Verfärbung nekrotisieren und haken- oder krallenförmige Verkrümmungen ausbilden. Die Spitze des noch eingerollten jüngsten Blattes bleibt infolge Gelatinisierung nach Austritt aus der Blattscheide und Entrollen des basalen Blattabschnittes mehr oder minder verklebt (1). Die reproduktive Phase kann bei fortdauerndem Calcium-Mangel erheblich gestört sein.

Mangan-Mangel

SCHADBILD

Während die jüngsten, sich entfaltenden Blätter von Mangan-Mangelpflanzen, im Gegensatz zu Eisen-Mangel, oft noch eine normale Farbe haben, fallen die jüngeren bis mittleren Blätter zunächst durch eine chlorotische Aufhellung auf. Vorwiegend im mittleren Teil dieser Blätter entwickeln sich gelbgrüne streifenartige Chloroseflecken, die hellbraune Farbtöne annehmen können und bei Häufung zum Abknicken des Blattes führen (2 a, b, c). Die Blüten- und Fruchtbildung sind vermindert.

51

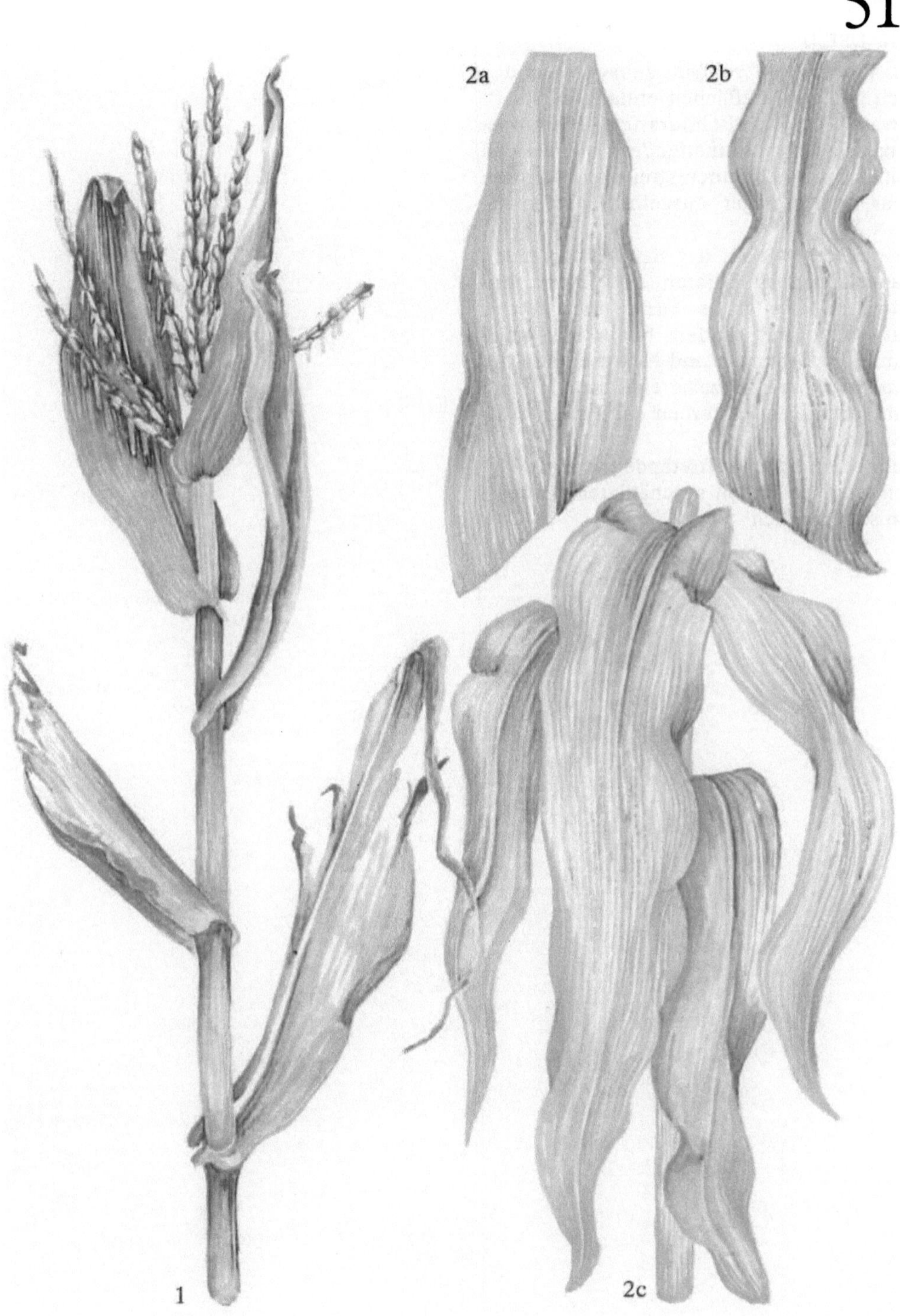

Magnesium-Mangel

SCHADBILD

An älteren Blättern tritt zunächst an den noch grünen Blattflächen entlang der Blattnervatur eine perlschnurartige Marmorierung auf, die bei anhaltendem Mangel von weißen bis weißbraunen streifigen Nekrosen mehr oder weniger ausgefüllt werden (a, b).

Im weiteren Verlauf der sich verstärkenden Mangelsituation verlieren die Blätter fortschreitend ihre grüne Farbe und an den Blattspitzen und -rändern bilden sich weißbraune Verfärbungen und Nekrosen aus, die allmählich die Blattbasis erreichen (c) und zum vorzeitigen Absterben der älteren Blätter führen.

Mehr oder minder auftretende purpurne Pigmentierungen in den geschädigten Blattpartien sind möglich.

52

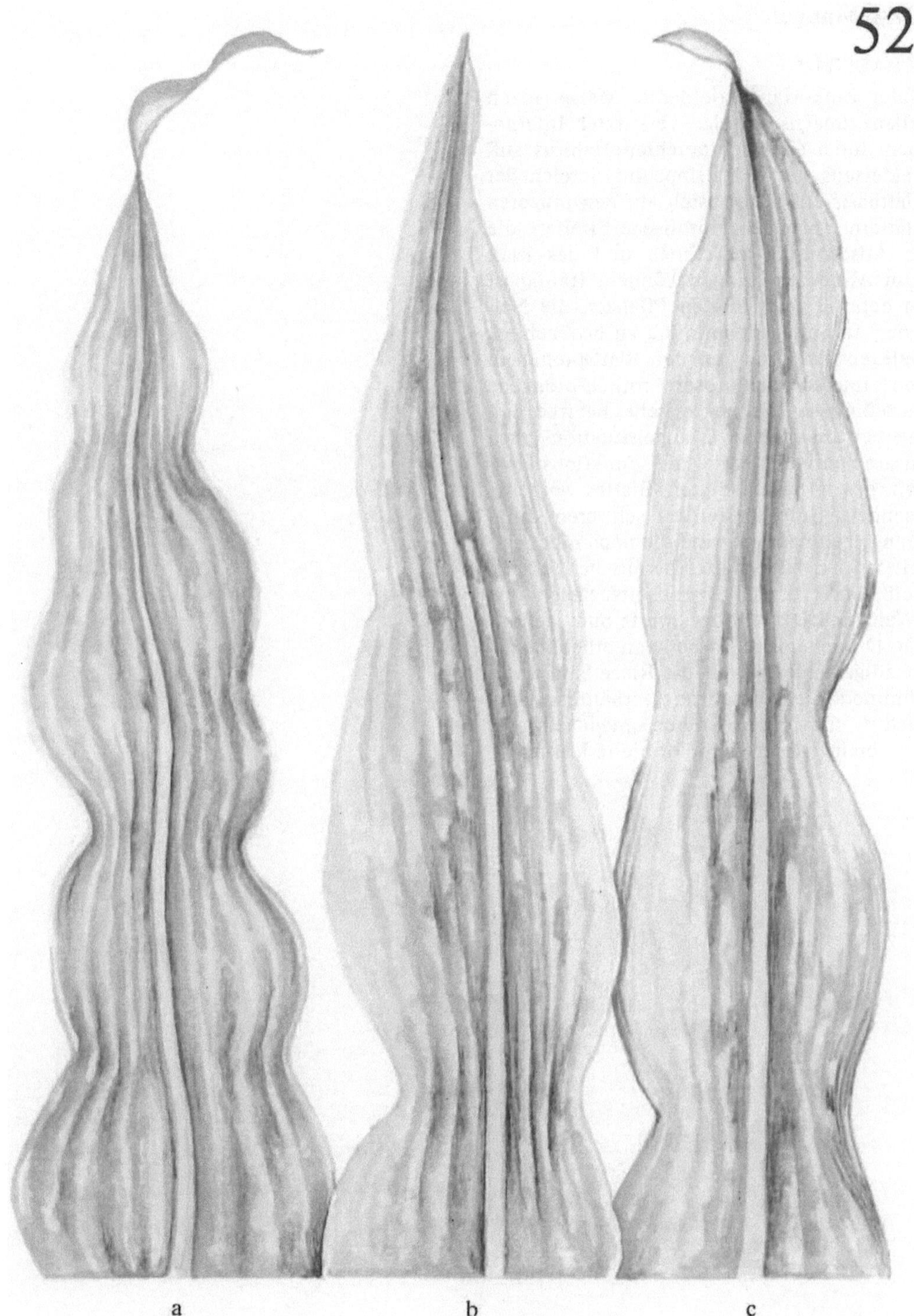

a b c

Zink-Mangel

SCHADBILD

Unter Zink-Mangel leidende Maispflanzen fallen zunächst infolge verkürzter Internodien durch einen gestauchten Habitus auf. Beiderseits der Mittelrippe im Bereich der Blattbasis entwickeln sich auf den jüngeren Blättern fahlgelbe chlorotische Streifen, die an Ausdehnung zunehmen und das Blatt zum Absterben bringen können. Häufig ist an derartig geschädigten Pflanzen die Neigung zur Seitentriebbildung zu beobachten. Gelegentlich treten auf den Blattspreiten in den Interkostalchlorosen rötlich-bronzene Farbtönungen als nekrotische Bezirke auf, die bei anhaltender Mangelsituation rasch zusammenfließen und die Funktionsfähigkeit des so geschädigten Blattes vorzeitig beenden. Unter besonders schweren Zink-Mangelbedingungen sind die noch nicht entfalteten jüngsten Blätter bereits hellgelb bis weiß, was zu der Krankheitsbezeichnung „Weißknospigkeit" oder „white bud" geführt hat. Die generative Phase kann erheblich geschädigt werden. So ist die Rispe häufig verkümmert, die Befruchtungsverhältnisse sind gestört, und in den Kolben entwickeln sich nur vereinzelte, meist deformierte Körner.

53

Bor-Mangel

SCHADBILD

Bor-Mangel tritt stets an den jüngsten Blättern und an den Vegetationspunkten von Sproß und Wurzel in Erscheinung. Das Wachstum der Internodien ist auffällig gestaucht, die Blätter sind insgesamt kleiner, und an der Basis der sich entfaltenden Blätter beobachtet man häufig eine Chlorose, die sich nach der Blattspitze ausweiten kann. In anderen Fällen entwickeln sich auf der hellgrünen jüngeren Blattspreite weiße, durchsichtige schmale Streifen, die das Blattgewebe an diesen Stellen erheblich schädigen können (a). Weit stärker werden vom Bor-Mangel die jüngsten Blätter betroffen, indem sie unter Ausscheidung einer siruppartigen Substanz verdreht und eingerollt bleiben (c) und unter Verbräunung absterben (b). Der so ausgefallene Hauptsproß verursacht das Austreiben neuer Sprosse aus den Blattachseln, die bald nach ihrem Erscheinen das gleiche Schicksal erleiden. Kommt es zur Ausbildung der generativen Phase, dann sind die Rispen häufig mißgestaltet und die Ährchen verkümmert.

Am Maiskolben bilden sich nicht selten nur reduzierte und deformierte Körner aus.

Die Wurzeln zeigen ein gehemmtes Wachstum mit einer anomalen Vermehrung von Seitenwurzeln, die sich kurz hinter der Spitze unter Braunfärbung verdicken.

54

Maisrauhverzwergung

SCHADBILD

Infektionen an jungen Pflanzen führen zu starkem Kümmerwuchs. Bedingt durch die verkürzten Internodien erscheint der Stengeldurchmesser besonders im unteren Bereich verdickt (1). Das Blattgrün ist etwas dunkler als bei befallsfreien Pflanzen. Die Blattadern sind durch eine abnorme Entwicklung des Gefäßbündels verdickt. Auf den Blättern sind außerdem chlorotische Strichel und Streifen zu erkennen. Die Blattunterseite ist rauh, da sich im Bereich der Adern zahlreiche gallenartige Auswüchse (Enationen) befinden. Werden die Maispflanzen erst im späteren Entwicklungsstadium infiziert, ist das Wachstum kaum vermindert. Typisch sind dann lediglich die Enationen auf der Blattunterseite.

ERREGER

Maisrauhverzwergungs-Virus, maize rough dwarf virus (MRDV), virus šervatoj karlikovosti kukuruzy

Testpflanzen: Amerikanische Zahnmaishybriden sind für Übertragungsversuche mit der Zikadenart *Laodelphax striatellus* geeignet.

Serodiagnose: Agargeldiffusionstest oder Präzipitations-Tropfentest

Maisverzwergung
(Europäisches Maismosaik)

SCHADBILD

Auf den jüngsten Blättern der Maispflanzen sind parallel zu den Blattadern unregelmäßige hellgrüne Flecken und Strichel angeordnet (2). An dem teilweise noch eingerollten Spitzenblatt sind die Symptome auch auf der Blattunterseite erkennbar. In Abhängigkeit von der Maissorte sind Rotfärbungen und Nekrosen möglich. Bei frühzeitiger Infektion werden Wachstum und Kolbenentwicklung gehemmt.

ERREGER

Maisverzwergungs-Virus, maize dwarf mosaic virus (MDMV), virus karlikovoj mozaiki kukuruzy

Testpflanze: mechanische Inokulation von *Euchlaena mexicana*

Serodiagnose: Latextest

1

2

Maisrost

(*Puccinia sorghi* Schw.,
Syn.: *Puccinia maydis* Bér.)

SCHADBILD

Vereinzelt ab Ende Juni, im allgemeinen jedoch später (August, September) auf beiden Blattseiten, vorwiegend auf der Oberseite der unteren Blätter, zerstreut, bis zu 1 mm lange, zimtbraune Uredosporenlager zu finden, Epidermis erst spät spaltförmig aufgerissen (a, b). Im Herbst auf beiden Blattseiten schwarze Teleutosporenlager, einzeln zerstreut oder auch zu kompakten Gruppen zusammenfließend, zunächst von der Epidermis bedeckt, später von Resten der aufgerissenen Epidermis umgeben (c).

ERREGER

Puccinia sorghi Schw. verschiedene Pathotypen
Wechselwirt: *Oxalis*-Arten (*Oxalis stricta* L., *Oxalis corniculata* L.), Uredolager: auf beiden Blattseiten, zimtbraun bis dunkelbraun, bis zu 1 mm lang, von spaltförmig aufgerissener Epidermis begrenzt, Uredosporen: kugelig oder länglich, 21 bis 35 × 22 bis 29 µm, Wand hellbraun, 1,5 bis 2 µm dick, mit locker stehenden Stacheln, 3 bis 4 äquatorial angeordnete Keimporen mit breiten, flachen Papillen, Teleutosporenlager: auf beiden Blattseiten, rundlich bis länglich, einzeln oder zu Gruppen zusammenfließend, schwarz, von Epidermisresten umgeben, Teleutosporen: länglich, am Scheitel abgerundet oder verjüngt, zweizellig, an der Septe schwach eingeschnürt, 29 bis 50 × 16 bis 23 µm, Wand glatt, dunkelbraun, 1 bis 2 µm, am Scheitel verdickt bis zu 7 µm, Stiel bis zu 70 µm lang und fest (d), Spermogonien: auf *Oxalis* spp., in Gruppen auf beiden Blattseiten, Aecidienlager: auf *Oxalis* spp., blattunterseits ringförmig um die Spermogonien angeordnet oder zerstreut, becherförmig, hellorange, stark hervortretend (e), Aecidiosporen: kugelig oder länglich, 18 bis 26 × 13 bis 19 µm, Wand blaßgelb, etwa 1,5 µm dick, fein bewarzt.
Weitere an Mais auftretende Rostpilze mit geringer Bedeutung:
Puccinia polysora Underw.
(ohne Abbildung)
Wechselwirt nicht bekannt, Uredolager heller und kleiner als bei *Puccinia sorghi,* auf beiden Blattseiten, Wand der Teleutosporen am Scheitel nicht verdickt.
Puccinia purpurea Cooke
(ohne Abbildung)
An Mais und *Sorghum*-Arten, Wechselwirt *Oxalis corniculata* L. Uredo- und Teleutolager an der Blattunterseite, im Gegensatz zu *Puccinia sorghi* mit zahlreichen gelb- bis rotgefärbten Paraphysen.

Blattfleckenkrankheiten
(ohne Abbildung)

(Vgl. *Helminthosporium*-Krankheiten, *Diplodia*-Stengel- und Kolbenfäule (Beschreibung vor Tafel 59)).
Auf Mais können zahlreiche Erreger von Blattfleckenkrankheiten auftreten, insbesondere bei hoher Luftfeuchtigkeit in Gebieten mit verbreitetem Maisanbau.

- *Ascochyta maydis* Stout und *Ascochyta zeae* Stout.
(ohne Abbildung)
(Vgl. auch Beschreibungen vor Tafel 33)

SCHADBILD UND ERREGER
Auf den Blättern elliptische, sich vergrößernde Flecke von unregelmäßiger Form, zusammenfließend. Bei *Ascochyta zeae* auch auf den Stengeln. Wichtigstes Bestimmungsmerkmal sind die in das Gewebe eingesenkten, mitunter in Längsreihen angeordneten, mit bloßem Auge kaum zu erkennenden Pyknidien mit den für *Ascochyta*-Arten typischen 2zelligen elliptischen bis spindeligen, hyalinen Konidien, Pyknidien: dunkelbraun, mit deutlicher Mündung, 60 bis 160 µm, Konidien: *Ascochyta maydis* 11 bis 18 × 3 bis 4,5 µm, *Ascochyta zeae* 8 bis 14 × 3 bis 4,5 µm.

- *Cercospora zeae-maydis* Teh. et Dan.
(ohne Abbildung)

SCHADBILD UND ERREGER
Langgestreckte, strichartige, nekrotische Flecke, ohne Saum und ohne chlorotischen Hof, von den Adern begrenzt, bis zu 3 × 0,3 cm. Bei hoher Feuchtigkeit feiner olivgrüner Belag (Konidienträger und Konidien). Konidien: farblos, fadenförmig, ein Ende spitz zulaufend, 3 bis 10 Querwände, 30 bis 95 × 5 bis 9 µm.
Ähnlich: *Cercospora sorghi* Ell. et Ev.

- *Colletotrichum graminicola* (Ces.) Wils. f. sp. *zeae* Messiaen, Perfektform: *Glomerella graminicola* Politis, Syn.: *Glomerella tucumanensis* (Speg.) v. Arx et E. Müll.
(ohne Abbildung)
(Siehe auch Futtergräser)

SCHADBILD UND ERREGER
An Blattspreiten, gelegentlich auch an Blattscheiden, spindelförmig oder unregelmäßig geformte Flecke mit aufgehelltem Zentrum und scharfem, rotbraunem Saum (sehr ähnlich *Rhynchosporium* an Gerste [Tafel 28]), am Stengelgrund schwarze Streifen bis stengelumfassend, auch Keimlings- und Wurzelfäulen, Fleckenbildung auf Körnern.

Konidien: an kurzen Konidienträgern, in schwarzen, krustenartigen, etwa 1 mm langen Lagern (Acervuli) im Zentrum der Flecke gebildet, einzellig, hyalin, leicht gekrümmt, an den Enden mehr oder weniger verschmälert, 18 bis 26 × 3 bis 4 µm. In den Lagern bis zu 120 µm lange schwarze, 1- bis 3zellige Borsten, Perithezien: schwarz, in das Gewebe eingesenkt, mit deutlicher Mündung, 110 bis 220 µm, Asci: zylindrisch bis keulig, 60 bis 90 × 12 bis 18 µm, 8 Ascosporen, einzellig, hyalin, elliptisch, 14 bis 24 × 6 bis 8 µm.

Kabatiella-zeae-Augenflecken-krankheit

(*Kabatiella zeae* Narita et Hiratsuka)
(ohne Abbildung)

SCHADBILD UND ERREGER

Auf den Blättern 1 bis 4 mm große, vorwiegend runde Flecke, zunächst ölig durchscheinend, später im Zentrum nekrotisch, von dunkelpurpurfarbigem Rand mit chlorotischem Saum umgeben, die Flecke vergrößern sich nicht. Das nekrotische Zentrum trocknet ein und bricht mitunter aus. Die Konidienträger kommen zu mehreren aus den Spaltöffnungen und schnüren mehrere, einzellige, hyaline, sichelförmig gebogene und an den Enden zugespitzte Konidien ab, 20 bis 40 × 2,2 bis 3,4 µm.

Phyllachora maydis Maubl.

(ohne Abbildung)

SCHADBILD UND ERREGER

Auf Blättern, Blattscheiden und Hüllblättern, seltener auf Stengeln, teerschwarze, aufgeworfene Flecke (Pseudostroma) von wenigen Millimetern Durchmesser, im weiteren Verlauf Ausbildung nekrotischer Höfe um die Flecke mit feiner, brauner Begrenzung, Blätter sterben ganz oder teilweise ab. Befall der Pflanzen von unten nach oben. Im Bereich des Pseudostromas im Blattgewebe Pyknidien mit fadenförmigen, 20 bis 30 × 1 bis 2 µm großen Konidien und Perithezien mit Asci mit je 8 einzelligen, hyalinen, leicht gelblichen, elliptischen Ascosporen, 9 bis 15 × 5 bis 7 µm.

Falscher Mehltau

(*Sclerospora graminicola* Schröter, *Sclerospora macrospora* Sacc., Syn.: *Sclerophthora macrospora* [Magnus] Thirum. und andere Arten)
(ohne Abbildung)

(*Sclerospora macrospora* auch an Weizen, Gerste, Hafer, Roggen, Futtergräsern)

SCHADBILD

Chlorotische Streifen an den Blattspreiten und Blattscheiden, Blätter gerollt, verdickt, verkrüppelt, Pflanzen bleiben im Wuchs zurück, männliche Blütenstände vergrünen, Kolben deformiert, keine Kornbildung. Auf den Blättern spärlicher weißgrauer Belag (Sporangienträger und Sporangien). Sporenbildung bei *Sclerospora macrospora* geringer.

ERREGER

Sporangienträger: bis zu 100 µm lang, im unteren Teil stark verdickt, am oberen Ende gabelig verzweigt, Sporangien an kurzen Sterigmen 2 bis 6 an einem Zweig gebildet. Sporangien: *Sclerospora graminicola* 13 bis 37 × 11 bis 25 µm, *Sclerospora macrospora* 60 bis 70 × 38 bis 52 µm, Keimung mit Zoosporen, Oosporen: *Sclerospora graminicola:* in großer Zahl als braunes Pulver aus schwielig aufgetriebenen Pflanzenteilen hervorbrechend, 22 bis 35 µm, blaßbraun, Keimung mit einem Keimschlauch. *Sclerospora macrospora:* in geringerer Zahl, im Blattgewebe eingeschlossen, 35 bis 80 µm, bildet an einem kurzen Keimschlauch ein Sporangium, das mit Zoosporen keimt.

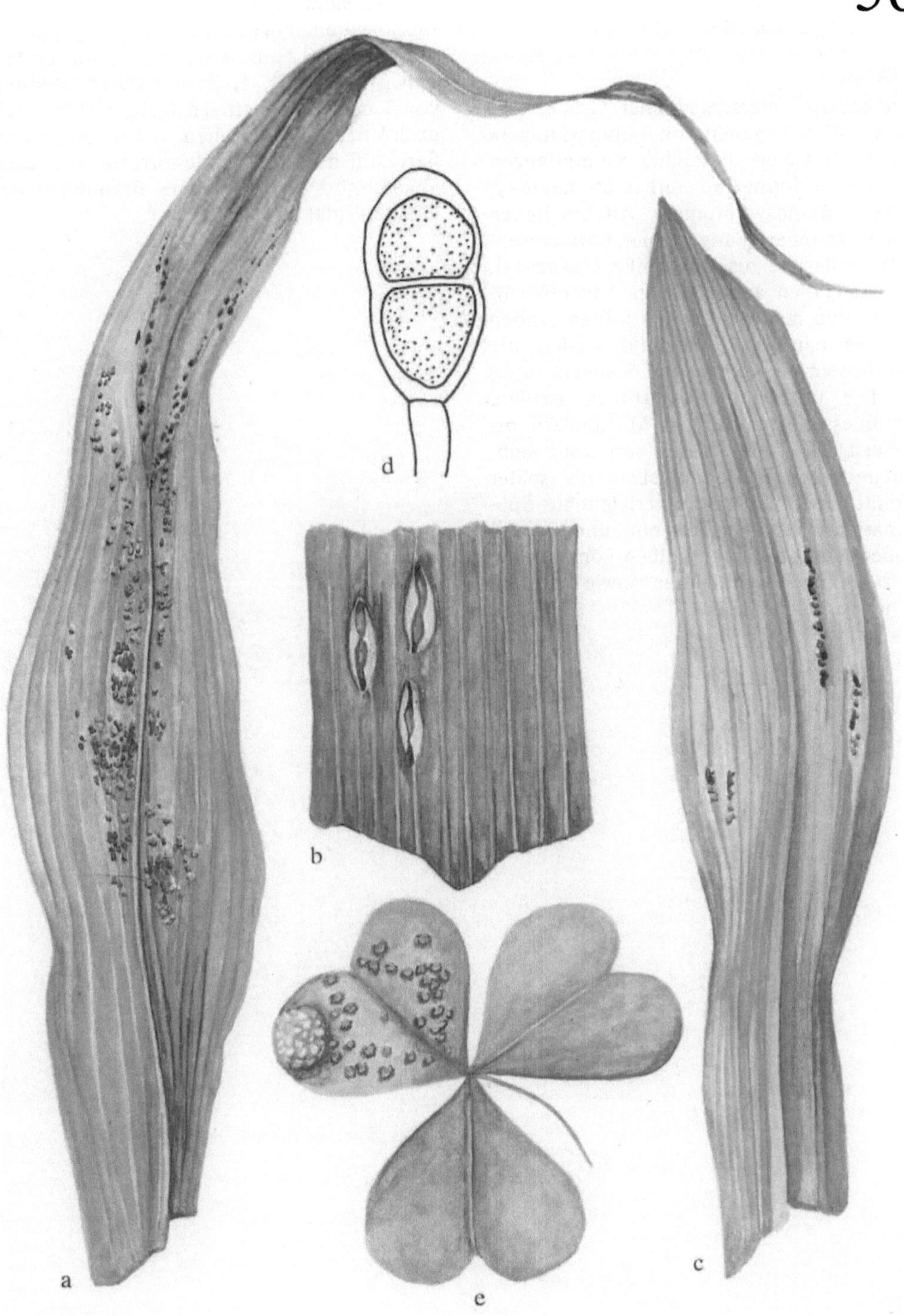

Maisbeulenbrand

(Ustilago maydis [DC.] Corda,
Syn.: *Ustilago zeae* [Beckm.] Ung.)

SCHADBILD

Brandbeulen unterschiedlicher Größe können an allen Organen mit teilungsfähigem Gewebe auftreten. Befallene Keimpflanzen sind stark verformt und sterben ab (keine typischen „Brandsymptome"). An befallenen Blättern kettenartig angeordnet, etwa erbsengroße, hellgrüne bis fast weiße Gallen (a), kleinere Gallen auch an den Adventivwurzeln und an den männlichen Blütenständen (b). Das häufigste Schadbild stellen die Brandbeulen an Kolben und Stengeln (a, c) dar. Die unterschiedlich großen Beulen, Durchmesser von wenigen Millimetern bis zu Faustgröße, sind anfangs von einer weißgrauen derben Hülle umgeben, die später aufreißt. Im Inneren schmierigfeuchte Sporenmasse, trocknet später ein, und Sporen stäuben aus. An einem Kolben können eine bis zahlreiche Brandbeulen sowie gesunde Körner vorhanden sein.

ERREGER

Ustilago maydis (DC.) Corda
Brandsporen: kugelig bis elliptisch, Durchmesser 8 bis 12 µm, Wand gelbbraun mit feinen Warzen (d), Keimung durch Bildung von 1 oder 2 vierzelligen (gelegentlich auch dreizelligen) Promyzelien, von denen in großer Zahl hyaline, spindelförmige Sporidien abgeschnürt werden (siehe Brandpilze der Gerste (Tafel 29 [3]).

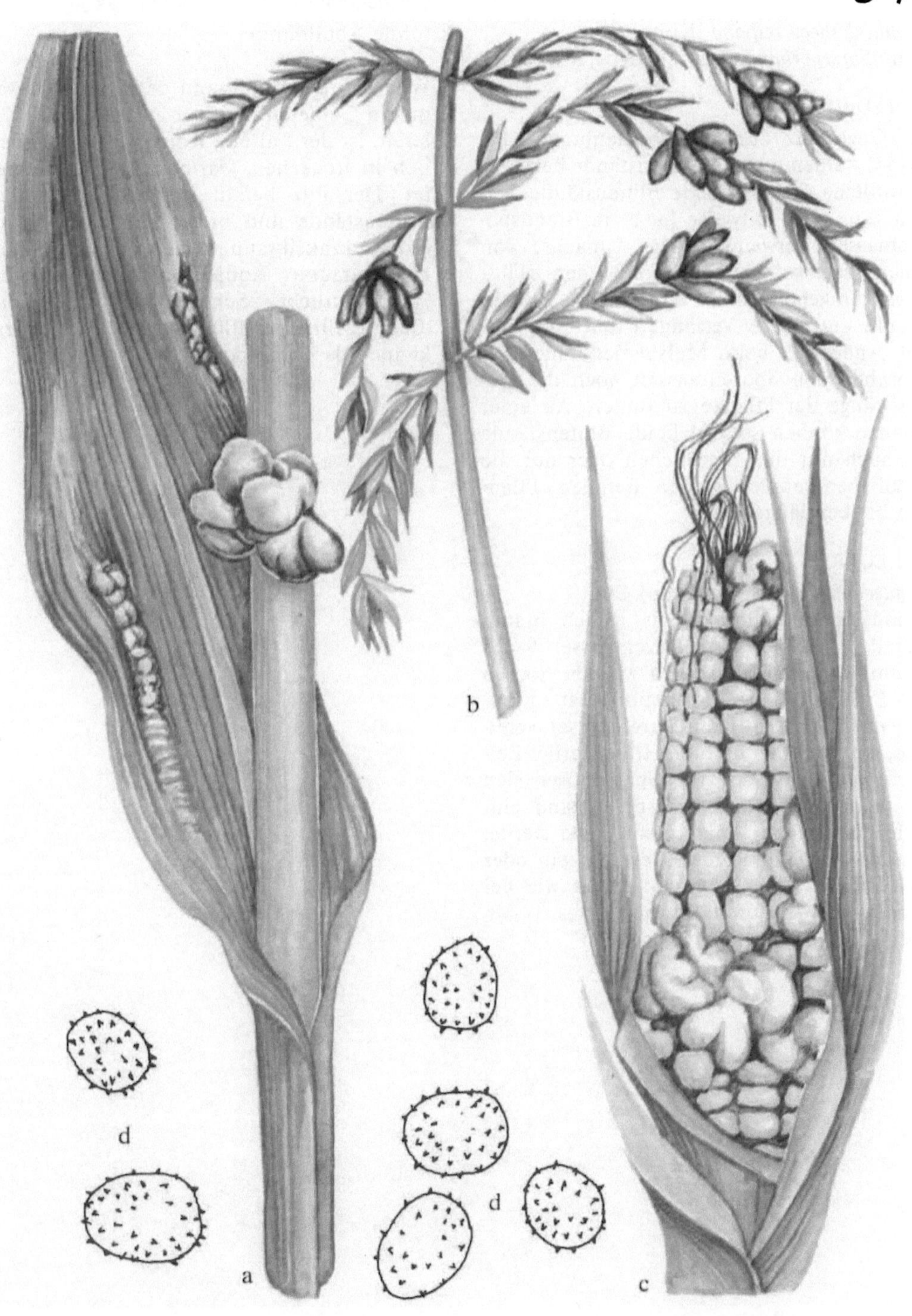

a
b
c
d
d

Kopfbrand des Maises

(*Sphacelotheca reiliana* [Kühn] Clint.,
Syn.: *Sorosporium holcisorghi* [Riv.] Moesz)

SCHADBILD

Im Gegensatz zum Maisbeulenbrand (Tafel 57) werden nur die Blütenstände befallen. Männliche und weibliche Blütenstände werden ganz oder teilweise (a, b) in Brandsporenmassen verwandelt, die zunächst von einem zarten, schnell aufreißenden Häutchen umgeben sind. Männliche Blütenstände sind häufig verlängert und mißgebildet. Anders als beim Maisbeulenbrand sind zwischen den Sporenmassen noch die Gefäßstränge der Pflanze zu finden. An einer Pflanze können sowohl beide Blütenstände als auch nur die männlichen oder nur die weiblichen befallen werden. Befallene Pflanzen bleiben länger grün.

ERREGER

Sphacelotheca reiliana (Kühn) Clint.
Brandsporen: hellbraun bis rötlich braun, kugelig, fein bewarzt, Durchmesser 9 bis 17 µm (d). Im Unterschied zu den Sporen von *Ustilago maydis* sind sie zunächst zu Ballen von 80 bis 120 µm Durchmesser vereinigt, die von einer dichten Hülle steriler Zellen umgeben werden (c). Später lösen sich die Ballen auf, die Brandsporen sind einzeln, dazwischen 7 bis 16 µm große sterile, hyaline bis hellbraune Zellen, einzeln oder in Gruppen. Die Keimung erfolgt wie bei *Ustilago maydis* durch Bildung eines 3- bis 4zelligen Promyzels und Sporidien.

Falscher Kopfbrand

(*Ustilaginoidea virens* [Cooke] Tak.)
(ohne Abbildung)

Während der Kopfbrand des Maises in wärmeren Gebieten häufiger auftritt als in kühleren, ist der Falsche Kopfbrand ausschließlich in trockenen, warmen Arealen verbreitet. Der Pilz befällt nur die männlichen Blütenstände und bildet dort 5 bis 8 mm große, dunkelbraune Sklerotien sowie dunkelolivbraune Konidienmassen, die ein „brandähnliches" Schadbild bewirken. Konidien: 1zellig, rundlich-kantig, fein bewarzt, kleiner als Brandsporen, 4 bis 6 µm.

58

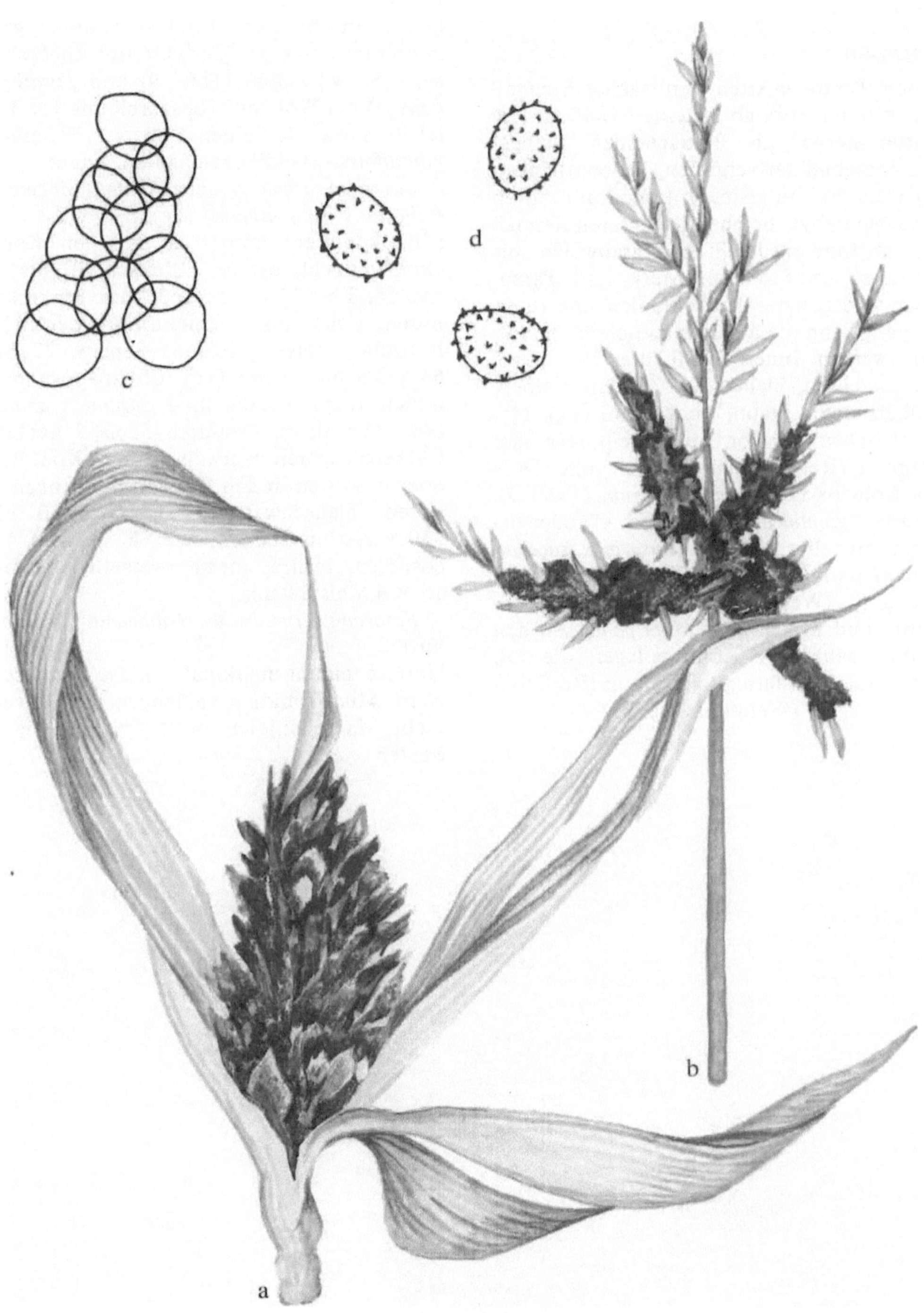

Fusarium-Stengel- und Kolbenfäulen
(*Fusarium* spp.)

SCHADBILD

Durch *Fusarium*-Arten verursachte Stengelfäulen treten etwa ab Milchreife auf. Untere Blätter sterben ab, Blattscheiden, Stengel und Lieschblätter vergilben, Kolben hängen nach unten, unterstes Internodium braun verfärbt, Stengel brechen im unteren Bereich um. Im Inneren der Stengel grauweißes bis schmutzig-rotes Myzel, Mark und Parenchym sind zersetzt. Kolbenfäulen sind zu erkennen, wenn die äußeren Lieschblätter entfernt werden. Innere Hüllblätter von Myzel durchwachsen, kleben fest an den Kolben, Kolbenspitzen braun, trockenfaul (1a), Myzel zwischen den Kornzeilen weiß, rosa oder rotbraun (Rotfäule), überzieht große Teile des Kolbens (*Fusarium culmorum* (Tafel 9), *Fusarium graminearum* (1a, b, d, e)) oder bedeckt einzelne Körner (*Fusarium sacchari* (1c), *Fusarium verticillioides*). Myzel weiß, watteartig (Weißfäule), durchwächst Hüllblätter und Kolben (*Fusarium poae*). An den Kolben zahlreiche Konidienlager, die rot, karminrot, lachsfarbig, zimtbraun (Rotfäule) oder weißgelb (Weißfäule) gefärbt sind.

ERREGER

Zahlreiche *Fusarium*-Arten, von denen folgende Bedeutung haben: *Fusarium culmorum* (W. G. Smith) Sacc. (Tafel 9), *Fusarium graminearum* Schwabe (Perfektform: *Gibberella zeae* [Schw.] Petch) (Tafel 9) und *Fusarium poae* (Peck) Wollenw. (Beschreibung vor Tafel 9), sowie die beiden bisher als *Fusarium moniliforme* Sheld bezeichneten Arten:

- *Fusarium sacchari* v. *subglutinans* (*Gibberella fujikuroi* v. *subglutinans*) (1c)

Mikrokonidien: immer zu falschen Köpfchen verklebt, hyalin, elliptisch, 0 (bis 3) Septen, 8 bis 12 × 2,5 bis 3,0 µm, Makrokonidien: sichel- bis pfriemenförmig, deutliche Fußzelle, meist 3 (bis 5) Septen, 27 bis 63 × 3,5 bis 4,5 µm (1c), Chlamydosporen: fehlen (zum Vergleich: *Fusarium graminearum* (1b, d, e), Konidien 5 bis 7 Septen, Chlamydosporen paarweise in den Konidien oder in Ketten in den Hyphen), Perithezien: selten, blauschwarz, aufsitzend, 250 bis 330 × 220 bis 280 µm, Asci: 8 (auch 4) Ascosporen, hyalin, meist zweizellig, 12 bis 15 × 4,5 bis 5,0 µm.

- *Fusarium verticillioides* (*Gibberella moniliformis*)

Unterscheidungsmerkmal zu *Fusarium sacchari*: Mikrokonidien zu langen Ketten verklebt, Makrokonidien meist 3 bis 5 (0 bis 5) Septen.

Diplodia-Stengel- und Kolbenfäule
(*Stenocarpella* spp., Syn.: *Diplodia* spp.)

SCHADBILD

Stengel an den unteren Internodien unterhalb der Knoten braun verfärbt, mehr oder weniger scharf gegen grüne Stengelpartien abgegrenzt (2 a), Stengel vermorschen (2 b) und brechen leicht um (Verwechslungsmöglichkeit mit *Fusarium*-Stengelfäulen). Im Spätsommer an den abgestorbenen Teilen reichlich Pyknidien. Die Sporen sind wichtigstes Unterscheidungsmerkmal zu *Fusarium*- und anderen Stengelfäuleerregern (z. B. *Pythium aphanidermatum* [Eds.] Fitzp. mit gürtelartig eingesunkener, braun verfärbter Schadstelle am untersten Internodium und *Cephalosporium acremonium* Cda. sensu Fr. Kolbenentwicklung schlecht, Gefäßbündel in den vermorschenden Stengeln von den Wurzeln ausgehend braun verfärbt).
Durch *Diplodia* spp. verursachte Kolbenfäulen ähneln der durch *Fusarium* spp. verursachten Weißfäule. Von den Kolbenspitzen ausgehende Trockenfäule, Kolben dicht von weißgrauem Myzel durchwachsen, an der Basis der Hüllblätter und zwischen den Körnern reichlich Pyknidien (2 c, d).
Stenocarpella macrospora verursacht auch entlang der Blattadern nekrotische Flecke, die von einer schmalen gelben Zone (gegen das Licht gehalten deutlich erkennbar) umgeben sind. In kühleren Gebieten stärker *Fusarium* vorherrschend, in wärmeren Gebieten *Diplodia* gleiche Bedeutung.

ERREGER

- *Stenocarpella maydis* (Berk.) Sutton, (Syn.: *Diplodia maydis* [Berk.] Sacc., *Macrodiplodia zeae* [Schw.] Petrak et Syd.)
Schäden an Keimpflanzen und im Spätsommer. Pyknidien: schwarz, kugelig oder flaschenförmig, in die Epidermis eingesenkt, deutliche Mündung, 150 bis 450 µm, Pyknosporen: zylindrisch, gerade oder leicht gebogen, Enden abgerundet (2 e), olivgrün, zweizellig, an den Septen kaum eingeschnürt, 25 bis 30 × 4,5 bis 6,5 µm.
- *Stenocarpella macrospora* (Earle) Sutton, (Syn.: *Diplodia macrospora* Earle, *Macrodiplo-*

dia zeae [Schw.] Petrak et Syd. var. *macrospora* [Earle] Petrak et Syd.)
(ohne Abbildung)
Schäden in allen Entwicklungsstadien. Im Unterschied zu *Stenocarpella maydis* sind die Pyknosporen 2- (selten auch bis zu 4zellig, an den Septen schwach eingeschnürt, größer, 43 bis 95 × 6 bis 13 µm.

Helminthosporium-Krankheiten

- *Drechslera zeicola* (Stout) Subram. et Jain, Syn.: *Bipolaris zeicola* (Stout) Shoem., *Helminthosporium carbonum* Ullstr., Perfektform: *Cochliobolus carbonum* Nelson
(ohne Abbildung)

SCHADBILD

Auf Blättern, Blattscheiden, Lieschblättern und am Stengel ovale bis rundliche Flecke bis zu 2,5 cm Durchmesser, Rasse 1: Flecke zunächst hellgrün, später gelbbraun, eingetrocknet, konzentrisch gezont, mit rotem Rand, Flecke zahlreich, fließen bei starkem Befall zusammen, Rasse 2: Flecke dunkelbraun, etwas kleiner und in geringerer Zahl als bei Rasse 1.
Auf dem Kolben bilden beide Rassen einen schwarzen Belag, Kolbenfäule (Kolben „verkohlt").

ERREGER

Drechslera zeicola (Stout) Subram. et Jain. (Rasse 1 und 2). Konidienträger bis zu 300 µm lang, Konidien: olivbraun bis dunkelbraun, gekrümmt, in der Mitte breiter als an den abgerundeten Enden, 2 bis 12 Pseudosepten, mit undeutlichem Hilum, 30 bis 100 × 12 bis 18 µm, die Keimung erfolgt nur aus den Endzellen. Pseudothezien: schwarz, kugelig, deutliche Mündung, mit Konidienträgern besetzt, 320 bis 550 µm, Asci: zylindrisch bis keulig, mit kurzem Fuß, 160 bis 250 × 18 bis 27 µm, (1 bis) 8 Ascosporen, fadenförmig, im Ascus spiralig aufgewickelt, hyalin, 180 bis 300 × 6 bis 10 µm, 5 bis 9 Septen, undeutlich eingeschnürt.

- *Drechslera maydis* (Nisik.) Subram. et Jain,
Syn.: *Bipolaris maydis* (Nisik. et Miyak.)
Shoem., *Helminthosporium maydis* Nisik. et
Miyak., Perfektform: *Cochliobolus heterostrophus* Drechsl.
(ohne Abbildung)

SCHADBILD

Bei Keimpflanzen nekrotische Streifen entlang der Mittelrippe, Pflanzen bleiben im Wuchs zurück, auf Blättern älterer Pflanzen durch Blattadern begrenzte, bis zu 2,5 cm lange graubraune bis rötlichbraune Flecke mit rotbraunem Rand, Zonierung möglich. T-Rasse: Befall kann zum Absterben der Blätter führen, Stengelfäulen, Kolbenfäulen mit dunklem Myzelbelag und Bildung kleiner, bis zu 0,3 mm großer Sklerotien.

ERREGER

Drechslera maydis (Nisik.) Subram. et Jain. (Rassen O und T). Konidienträger sehr lang, bis zu 700 µm, Konidienbildung bei T-Rasse wesentlich stärker als bei O-Rasse, Konidien gekrümmt, in der Mitte breiter als an den Enden, helloliv, 5 bis 11 Pseudosepten, Hilum dunkel, 30 bis 160 × 10 bis 20 µm, Keimung erfolgt aus den Endzellen, Pseudothezien: schwarz, mit deutlicher Mündung, mit Konidienträgern und Konidien besetzt, 400 bis 600 µm, Asci: zylindrisch, mit kurzem Fuß, 160 bis 180 × 24 bis 28 µm, (1 bis 8) 4 Ascosporen, fadenförmig, im Ascus spiralig aufgewickelt, helloliv, 130 bis 340 × 6 bis 9 µm, 5 bis 9 Septen, stark eingeschnürt.

- *Drechslera turcica* (Pass.) Subram. et Jain,
Syn.: *Bipolaris turcica* (Pass.) Shoem., *Helminthosporium turcicum* Pass., Perfektform: *Trichometasphaeria turcica* Luttr.
(ohne Abbildung)

SCHADBILD

Keimpflanzen sterben vor dem Auflaufen ab oder auf den Blättern sehr kleine, wasserdurchsogene Flecke, später elliptische Nekrosen. An älteren Pflanzen bis zu 10 cm langgestreckte und bis zu 4 cm breite dunkelbraune Streifen, die später austrocknen, aufhellen und von dunkelbraunem Rand begrenzt werden, Symptome auch an Lieschblättern. Kolben selten befallen.

ERREGER

Drechslera turcica (Pass.) Subram. et Jain. (zahlreiche Rassen und Ökotypen)
Konidienträger bis zu 300 µm lang, Konidien: auf älteren Flecken sehr reichlich, gerade oder nur leicht gekrümmt, am breitesten in der Mitte, gelblich, 3 bis 9 Pseudosepten, Hilum stark hervortretend, 45 bis 132 × 15 bis 25 µm, Keimung aus den Endzellen, Pseudothezien: oberflächlich, kugelig, schwarz, Mündung mit kurzen Borsten besetzt, 350 bis 720 µm, Asci: zylindrisch bis keulig, mit kurzem Fuß, doppelwandig, 170 bis 250 × 24 bis 31 µm, 1 bis 6 Ascosporen, hyalin, spindelförmig, (3-7) 4zellig, mit deutlicher Schleimhülle, 42 bis 78 × 13 bis 17 µm.

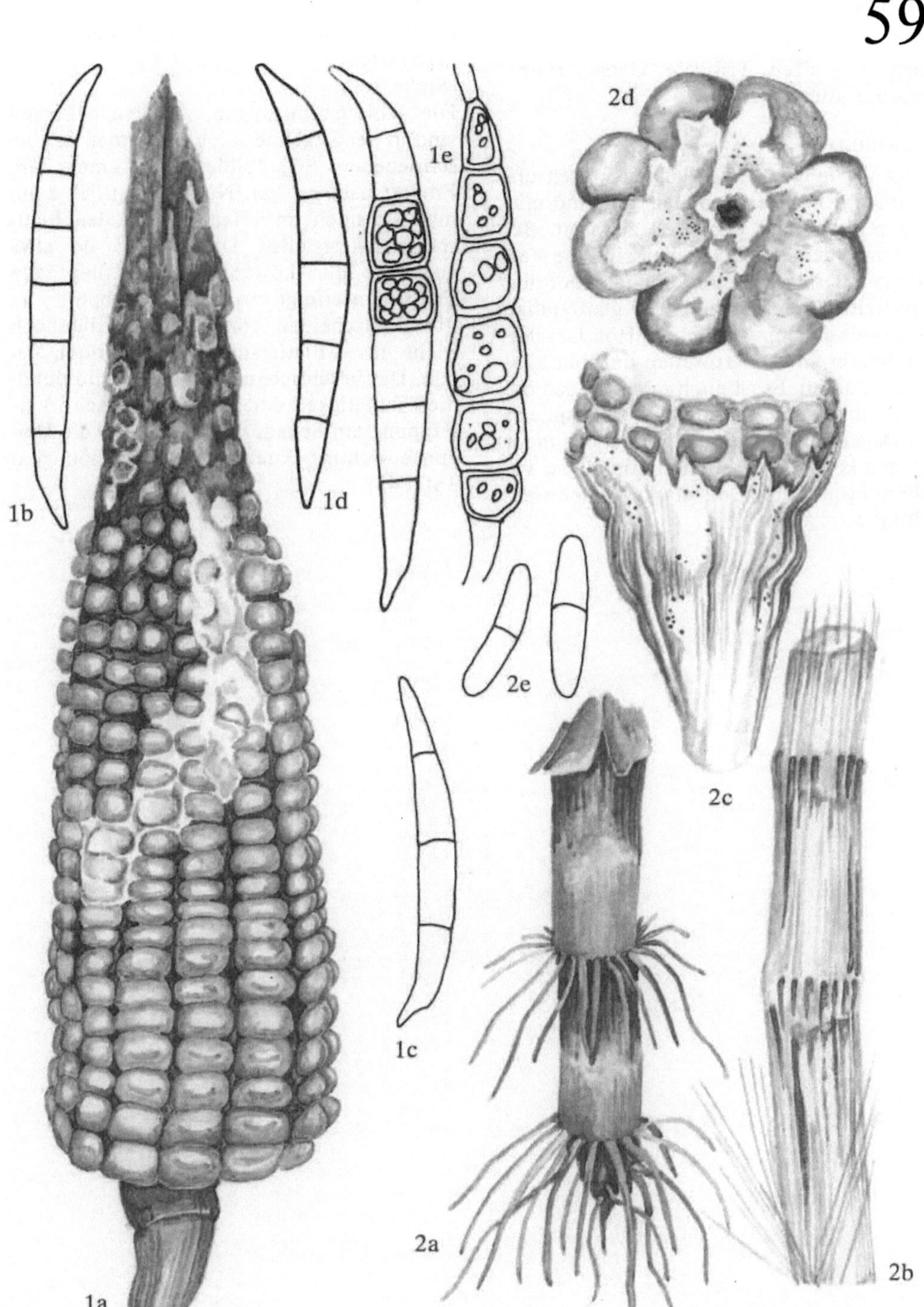

1a
1b
1c
1d
1e
2a
2b
2c
2d
2e

Fritfliege

(*Oscinella frit* [L.])

(Auch an Weizen, Triticale, Gerste, Hafer, Roggen, Futtergräsern)

SCHADBILD

Blätter der jungen Maispflanzen weisen unregelmäßige Fraßverletzungen auf, sind mitunter verdreht und zum Teil zerfasert. Bei Sichtbarwerden dieser Schäden sind die Verletzungen bereits vernarbt. Vielfach auf den Blattspreiten auch längliche, glattrandige Löcher mit hellem, gelblichem Hof. Geschädigte Blätter knicken zuweilen um und hängen nach unten. Es ist auch möglich, daß bei den geschädigten Blättern die Blattspitzen beim Austrieb steckenbleiben und sich nicht entfalten können. Dadurch kommt es zu Tütenbildungen. Zum Teil starke Seitentriebbildung.

SCHÄDLING

Fritfliege (*Oscinella frit* [L.] und andere *Oscinella*-Arten)

(Siehe Tafel 48)

Die 4 bis 6 mm langen, weißlichen Larven sind in der Regel bei Sichtbarwerden des beschriebenen Schadbildes nicht mehr am Fraßort nachweisbar. Nur gelegentlich kann man sie noch im Trieb oder in den Blattscheiden feststellen. Die Eiablage der etwa zur Zeit der Löwenzahnblüte fliegenden Fritfliegen erfolgt hinter die Koleoptile und die Blattscheiden von Pflanzen, die noch nicht das 3-Blattstadium überschritten haben. Das beschriebene Schadbild wird durch die Fraßtätigkeit der Larven verursacht. Verpuppung am Schadort. (Weitere für die Diagnose wichtige Daten siehe Beschreibung zu Tafel 48).

Maiszünsler
(*Ostrinia nubilalis* [Hbn.])

SCHADBILD

Im Maisbestand sind umgeknickte oder abgebrochene Fahnen festzustellen. Unterhalb der Bruchstellen befinden sich Bohrlöcher, die mit gelbem Fraßmehl und Kot angefüllt sind (a). Mark befallener Stengel weist ebenfalls Fraßspuren auf (b). Im fortgeschrittenen Befallsstadium zeigen auch Kolben und Körner auffällige Fraßschäden. Am Schadort lebt 25 bis 30 mm lange, gelbliche bis graubraune, zuweilen auch rosa aussehende Larve (c). Ihr Kopf ist schwärzlich, der Nackenschild braun. Auf den Brust- und Hinterleibssegmenten befinden sich je 6 kleine, dunkle Warzen. Dorsal fallen ein dunkler Mittelstreifen und hellere Seitenlinien auf.

SCHÄDLING

Maiszünsler (*Ostrinia nubilalis* [Hbn.], Syn.: *Pyrausta nubilalis* [Hbn.]).
Der Falter hat eine Flügelspannweite von etwa 3 cm. Vorderflügel des Männchens sind zimtbraun gefärbt und mit gelben Querstreifen versehen (d). Die etwas größeren Weibchen tragen ockergelbe Vorderflügel bräunliche Querbinden (e). Hinterflügel des Männchens erscheinen graubraun, die des weiblichen Falters strohgelb. Flugzeit an warmen, trockenen Abenden und Nächten ab Mitte Juni. Weibchen legen ihre 700 bis 800, etwa 0,5 mm großen, weißlichen Eier zu je 15 bis 35 Stück dachziegelartig an Blätter. Nach 10 bis 14 Tagen erfolgt Larvenschlupf. Sie fressen zunächst blattunterseits und an den Fahnen und bohren sich anschließend in Stengel nahe des obersten Knotens ein. Fraßschaden erstreckt sich zunächst auf Mark des männlichen Blütenstandes. Erst später wird Fraß stengelabwärts fortgesetzt. Häufig bohrt sich die Larve oberhalb des Knotens aus und dringt unterhalb desselben wieder in Stengel ein. Dabei erfolgt auch Übergang in Nachbarpflanzen oder Fraß an Kolben. Im Bereich der Fraß- und Bohrstellen kommt es zur Ansiedlung von Fäulniserregern. Im Herbst spinnt sie sich am Grunde des Maisstengels oder an anderen hohlen Pflanzenteilen ein und überwintert. Verpuppung findet im Mai bis Juni des nächstens Jahres statt. Nach 3wöchiger Puppenphase schlüpft Falter. In Mitteleuropa entwickelt der Maiszünsler eine Generation, in wärmeren Klimaten gelangen 2 Jahresgenerationen zur Ausbildung.

61

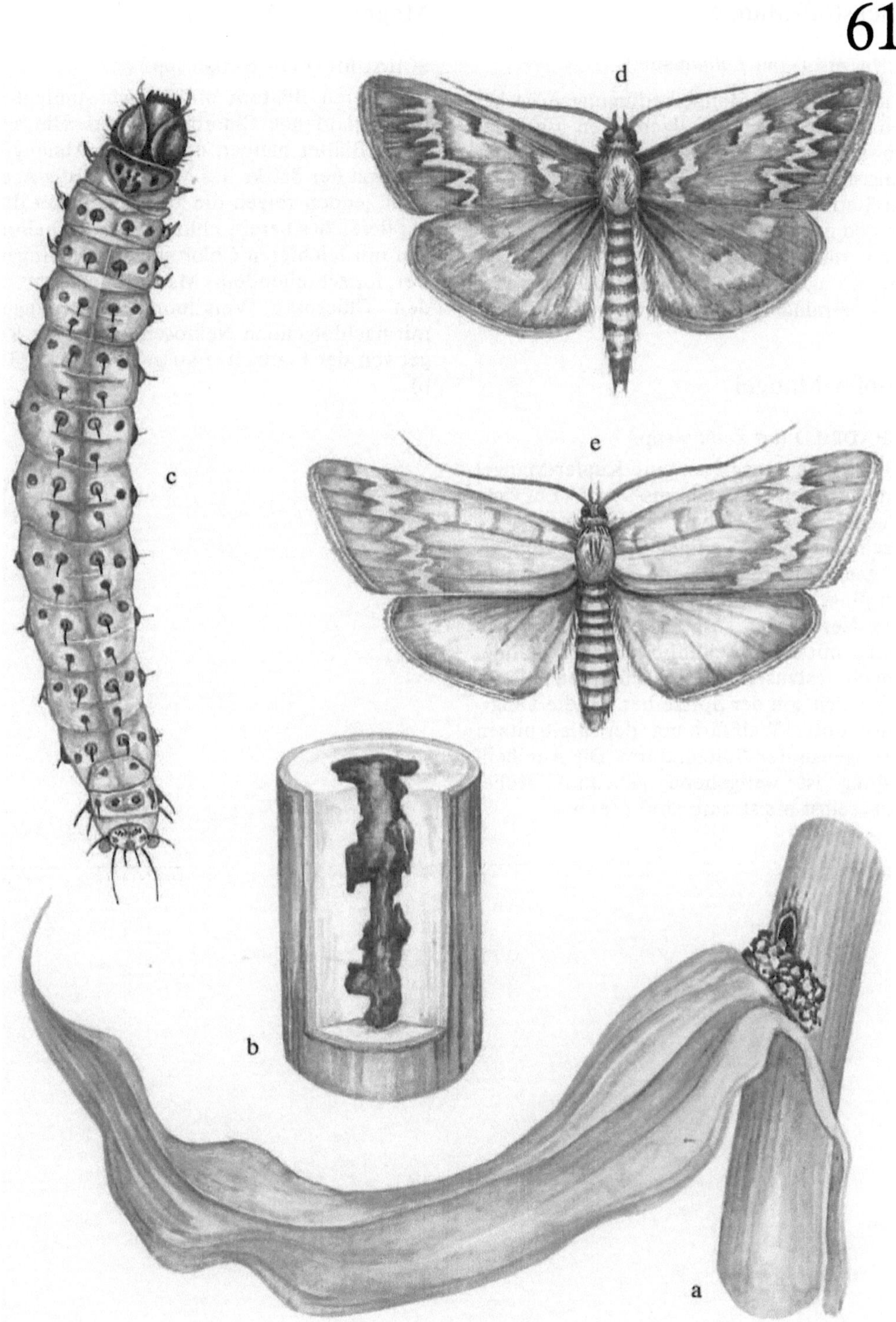

Stickstoff-Mangel

SCHADBILD (an *Lolium* spp.)

Unter Stickstoff-Mangelbedingungen ist bei den *Lolium*-Arten im allgemeinen mit einer schwächeren Entwicklung der insgesamt hellgrünen Pflanzen mit deutlicher Tendenz zur Starrtracht zu rechnen. Die unteren Blätter sind gelb und vertrocknen unter hellbrauner Verfärbung (1 a, b, c, d).
Die Ertragsbildung ist mehr oder weniger stark vermindert.

Kupfer-Mangel

SCHADBILD (an *Lolium* spp.)

Die Pflanzen reagieren auf Kupfer-Mangel zunächst mit Wachstums- und Entwicklungsstörungen. Dabei ist das vegetative Wachstum meist weniger beeinträchtigt als die generative Entwicklung. Insbesondere an den jüngeren Blättern ist durch den frühzeitigen Verlust der Turgeszenz eine auffällige Welke mit chloroseähnlichen Farbveränderungen festzustellen. Die jüngsten Blätter rollen sich von der Spitze her um die Längsachse unter Weißfärbung der Blattspitzen zur sogenannten Spitzendürre. Die Ährchenbildung ist weitgehend gehemmt, wobei diese selbst meist taub sind (2 a, b).

Magnesium-Mangel

SCHADBILD (an *Lolium* spp.)

An älteren Blättern bilden sich streifenförmig verlaufende Chlorosen heraus. Die jüngeren Blätter bleiben dagegen in Abhängigkeit von der Stärke des Mangels häufig noch grün, jedoch zeigen die äußeren Blätter dieses Bereiches bereits chlorotische Aufhellungen mit leichteren Chlorophyllschoppungen. Bei fortschreitendem Mangel kommen zu den Chlorosen Vergilbungserscheinungen mit nachfolgenden Nekrosen, die in der Regel von der Blattspitze ausgehen, hinzu (3 a, b).

62

Kalium-Mangel

SCHADBILD (an *Dactylis glomerata*)

An den oft blaugrün und glänzend erscheinenden älteren Blättern bilden sich an Blattspitzen und -rändern braune bis rotbraune Flecken heraus, die an Blattrandverbrennungen erinnern und zum Absterben der Lamina führen können (a, b, c, d, e).

Die Gesamtpflanze nimmt durch den zunehmenden Turgorverlust eine charakteristische Welketracht an.

Die Erträge an Grünmasse oder Samen können bei anhaltender Kalium-Mangelsituation erheblich reduziert werden.

63

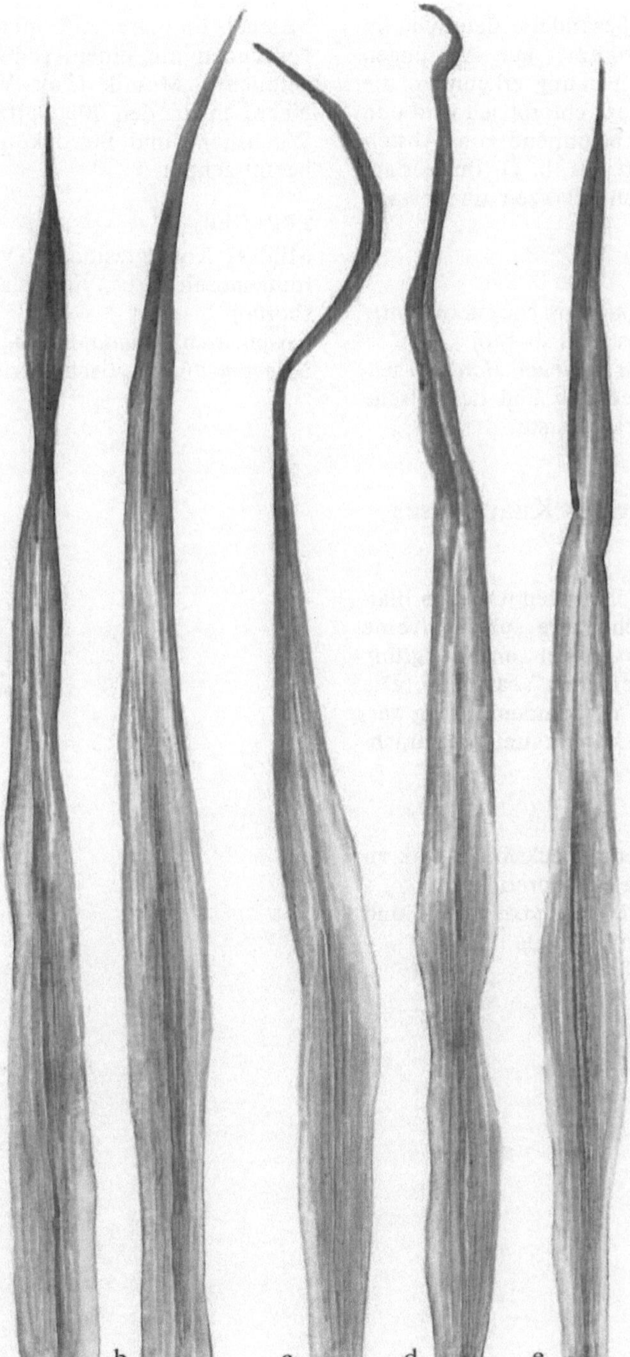

Knaulgrasscheckung

SCHADBILD

Symptome treten besonders deutlich im Frühjahr und Frühsommer auf. An jungen Blättern ist eine Scheckung erkennbar, die beim älteren Blatt stark chlorotisch wird und an den Blattspitzen beginnend zum Absterben der Blätter führt (1 a, b, c). Im Verlauf der Infektion können Pflanzen im Bestand absterben (1 d).

ERREGER

Knaulgrasscheckungs-Virus, cocksfoot mottle virus, virus krapčatosti eži sbornoj.
Testpflanzen: *Triticum aestivum, Hordeum vulgare* (deutliche Scheckung und nekrotische Läsionen besonders an Gerste).

Strichelkrankheit des Knaulgrases

SCHADBILD

Anfänglich bilden sich an den jüngeren Blättern hellgrüne Strichel, die später in eine deutlich erkennbare dunkel- und hellgrüne Mosaikstreifung übergehen (2 a, b, c). Die Wuchshöhe, Blüten- und Samenbildung werden durch eine Infektion kaum beeinträchtigt.

ERREGER

Knaulgrasstrichel-Virus, cocksfoot streak virus, virus polosatosti eži sbornoj.
Testpflanzen: *Phalaris paradoxa* (hell- und dunkelgrüne Streifenbildung).

Mildes Mosaik des Knaulgrases

SCHADBILD

Strichel- und streifenförmige Aufhellungen, verbunden mit einem schwachen, diffusen gelblichen Mosaik (3 a). Vereinzelt treten Nekrosen an den Blattspitzen auf (3 b, c). Wuchshöhe und Bestockung werden kaum beeinträchtigt.

ERREGER

Mildes Knaulgrasmosaik-Virus, cocksfoot mild mosaic virus, virus slaboj mozaiki eži sbornoj
Testpflanzen: *Setaria italica, Paspalum membranaceum* (chlorotische Strichelung).

64
1a
1b
1c
2a
2b
2c
3a
3b
3c
1d

Trespenmosaik

SCHADBILD (an *Lolium* spp.)

Hellgrüne, z. T. chlorotische oder nekrotische Strichel und Streifen (1 a, b, c). Manchmal verschwinden die anfänglich gut sichtbaren Symptome wieder. Es kann aber auch ein Absterben der Blattspitzen beobachtet werden.

ERREGER

Trespenmosaik-Virus, brome mosaic virus, virus mozaiki kostra bezostogo
Testpflanzen: *Datura stramonium, Chenopodium quinoa* (Lokalläsionen).

Raygrasmosaik

SCHADBILD (an *Lolium* spp.)

In Abhängigkeit vom Virusstamm treten chlorotische oder stark nekrotische Streifen auf, die zunächst an jüngeren Blättern als hellgrüne Strichelung zu erkennen sind (2 a, b, c). Das Symptombild wird außerdem stark vom Genotyp der Wirtspflanzen beeinflußt.

ERREGER

Raygrasmosaik-Virus, ryegrass mosaic virus, virus mozaiki plevela
Testpflanzen: *Cynosurus cristatus, Poa annua* (chlorotische Strichel)

Gerstengelbverzwergung

(Auch an Weizen, Gerste, Hafer, Roggen, Mais (siehe auch Tafeln 26, 44))

SCHADBILD (an *Lolium* spp.)

Wachstumsdepressionen (Verzwergungen) und verstärkte Bestockung, zum Teil Vergilbungen, Blattchlorosen und Steckenbleiben der Ähren (3). Meistens werden die Pflanzen jedoch nur latent infiziert.

ERREGER

Gerstengelbverzwergungs-Virus, barley yellow dwarf virus, virus želtoj karlikovosti jačmena
Testpflanzen: Das Virus ist nur durch Blattläuse übertragbar. Bei Hafer tritt eine charakteristische Rotfärbung auf.

Sterile Verzwergung des Hafers
(Siehe auch Hafer, Tafel 44)

SCHADBILD (an *Lolium* spp.)

Extreme Verzwergung und Bestockung, Bildung histoider Enationen entlang der Blattadern (4 a) und Stengel (4 b) sowie Verkrümmung der Blütentriebe (4 c).

ERREGER

Virus der Sterilen Verzwergung des Hafers, oat sterile dwarf virus, virus steril'noj karlikovosti ovsa.
Testpflanzen: Übertragung durch Zwergzikaden auf Hafer (Enationenbildung).

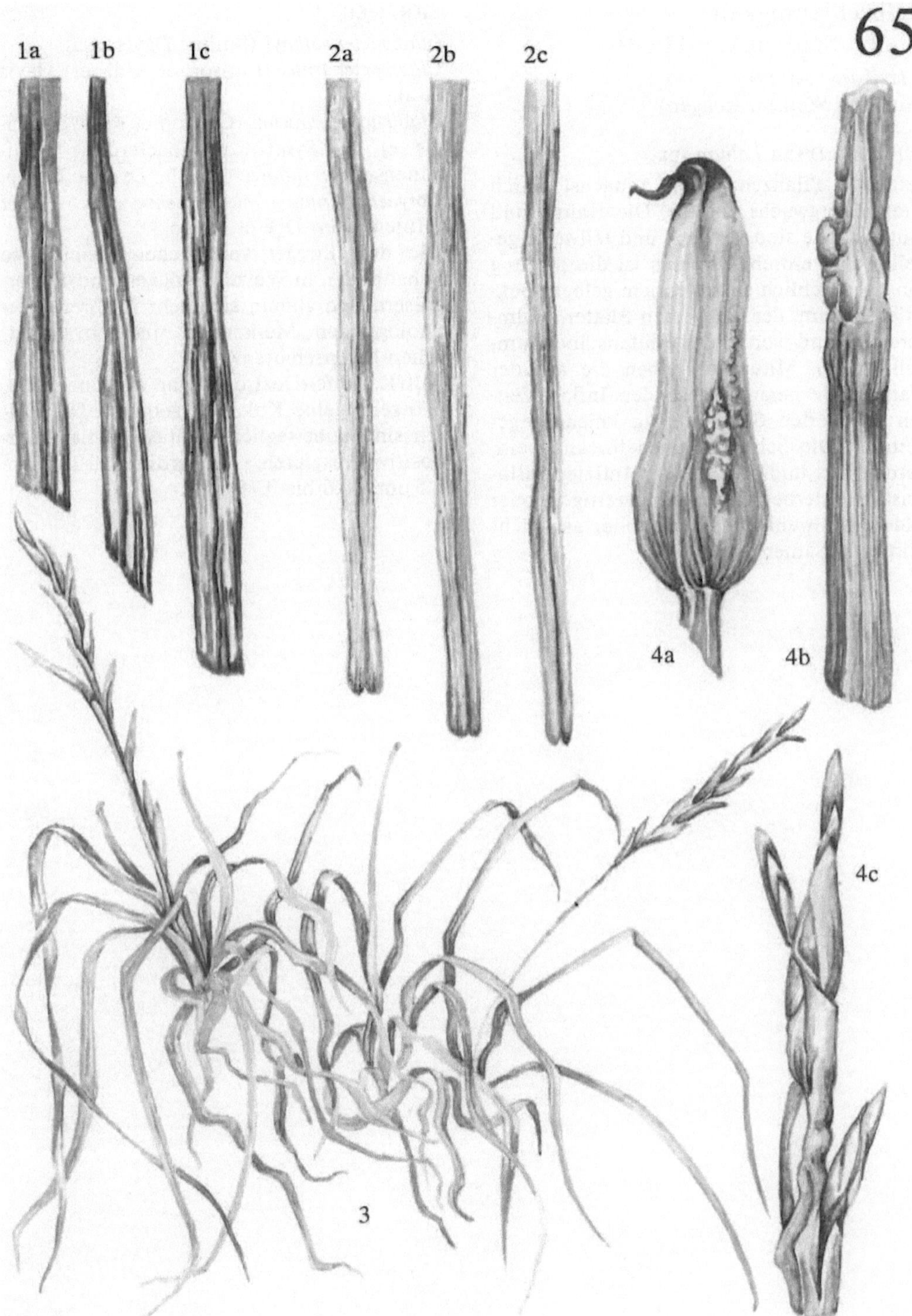
1a
1b
1c
2a
2b
2c
65
4a
4b
4c
3

Gelbschleimigkeit
(Gelbe Schleimkrankheit)
(*Clavibacter*-Arten)
(Auch an Weizen, Roggen)

SCHADBILD (an *Lolium* spp.)
Befallene Pflanzen fallen zunächst durch ihren Zwergwuchs auf (a). Die Halme und Blütenstände sind verkürzt und teilweise gewellt bzw. verdreht. Typisch ist die Bildung von oberflächlich austretendem gelbem Bakterienschleim, der die oberen Blätter, Halmbereiche und vor allem Blütenstände umhüllt (b, c). Mitunter bleiben die aus der Blattscheide herauswachsenden Infloreszenzen durch den Schleimbelag knieartig gekrümmt. Die Schleimmassen trocknen ein, werden hart und bröckeln ab. Infizierte Blütenstände sterben entweder vorzeitig ab oder bilden nur wenige, schlecht oder gar nicht keimende Samen.

ERREGER
Clavibacter rathayi (Smith) Davis et al.,
Clavibacter tritici (Carlson et Kidaver) Davis et al.,
Clavibacter iranicum (Carlson et Kidaver) Davis et al., Syn.: Corynebacterium michiganense pv. *rathayi* (Smith, Dye et Kemp, *Corynebacterium michiganense* pv. *tritici* (Hutchinson) Dye et Kemp.
Die drei Erreger verursachen gleichartige Schadbilder an Weizen, Roggen und Futtergräsern und ähneln sich sehr in ihren morphologischen Merkmalen und physiologischen Eigenschaften.
Auf Kartoffel-Dextrose-Agar werden kleine, glänzend gelbe Kolonien gebildet. Die Zellen sind unbewegliche Stäbchen, die grampositiv reagieren. Zellgröße: 0,75 bis 1,5 µm × 0,6 bis 0,75 µm.

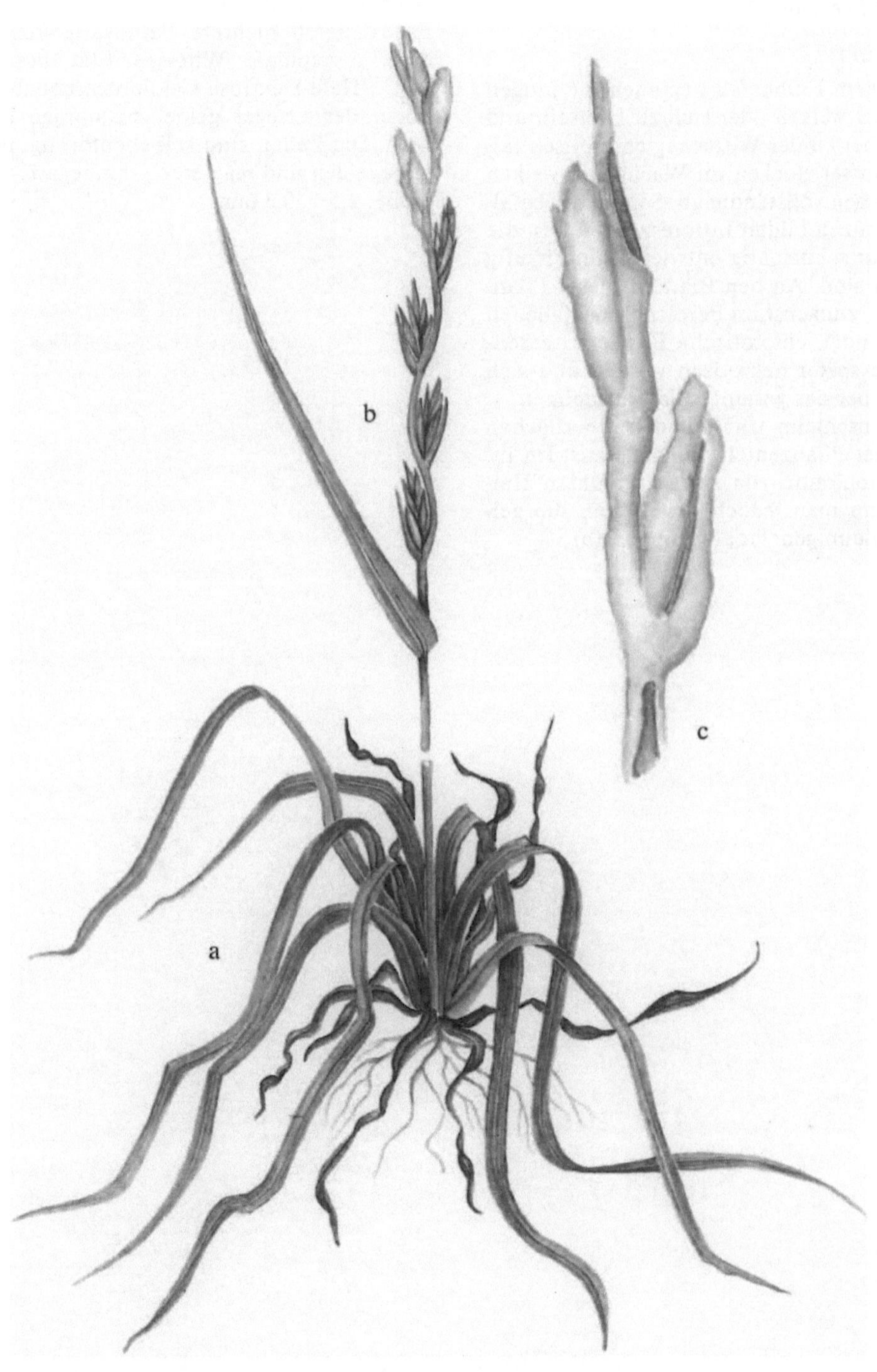

Bakterielle Welke

(Xanthomonas campestris pv. *graminis* [Egli]
Goto et Schmidt, Dye)

SCHADBILD

Bei starkem Frühbefall beginnen die jungen
Blätter zu welken oder sich zu kräuseln und
werden bei kühler Witterung chlorotisch (a).
Die Schosser stocken im Wachstum, welken
oder sterben vollständig ab. Schwächer befallene Pflanzen bilden Infloreszenzen aus, die
meist nur schmächtig entwickelt und häufig
verdreht sind. An den Blättern dieser Pflanzen sind, zunächst im Bereich der befallenen
Gefäßbündel, chlorotische Flecke zu erkennen, die später nekrotisch werden und sich
häufig über das gesamte Blatt ausdehnen.
Bakterienschleim tritt auf den Oberflächen
befallener Pflanzenteile niemals aus. Im inneren Hohlraum von stark erkrankten Halmen kann man jedoch des öfteren die gelben, schleimigen Tropfen finden (b).

ERREGER

Xanthomonas campestris pv. *graminis* (Egli)
Goto et Schmidt, Dye.
Es existieren mehrere Pathovarietäten, die
eine ausgeprägte Wirtsspezifität besitzen.
Auf Hefe-Dextrose-Calciumcarbonat-Agar
bildet der Erreger gelbe, schleimige Kolonien. Die Zellen sind stäbchenförmig, meist
unbegeißelt und reagieren gramnegativ. Zellgröße: 2,5 × 0,3 µm.

67

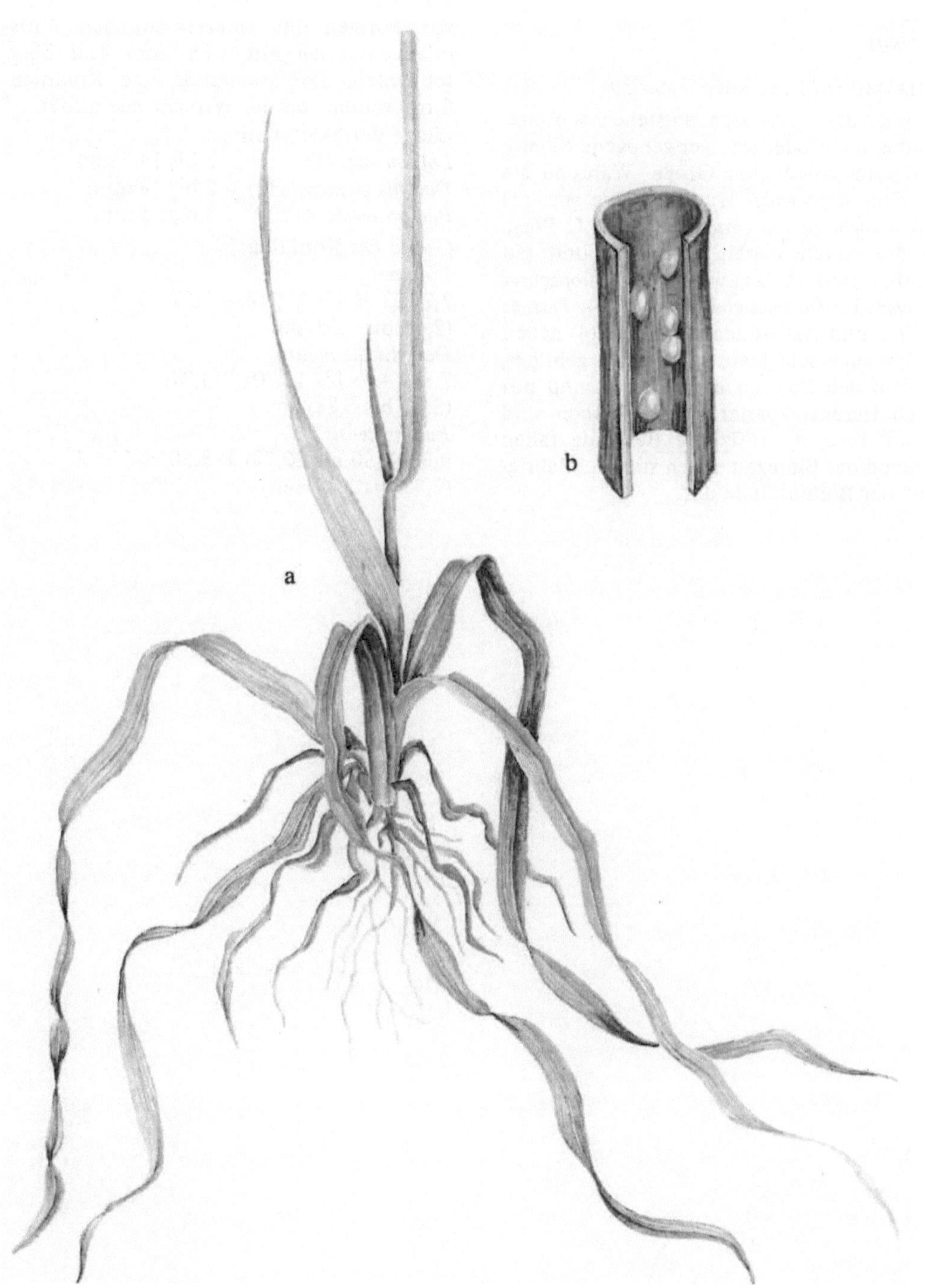

Mutterkorn

(*Claviceps purpurea* [Fr.] Tul.)

(Auch an Weizen, Triticale, Gerste, Hafer, Roggen)

SCHADBILD (Siehe auch Tafel 39)

Anstelle der Karyopsen entstehen schwarzbraune, mehr oder weniger gebogene Sklerotien unterschiedlicher Größe. Während sie bei *Festuca pratensis* Huds., *Lolium* spp. (1) und *Arrhenatherum elatius* (L.) I. et C. Presl. (2) die Ährchen weit überragen und gut sichtbar sind (1, 2), werden an *Alopecurus pratensis* L., *Dactylis glomerata* L. (3), *Festuca rubra* L. und insbesondere *Poa* spp. (4) neben großen auch sehr kleine Sklerotien gebildet, die von den Spelzen umschlossen und nur durch Herauspräparieren zu erkennen sind (3, 4a, b, c, d). Infizierte Bestände fallen während der Blütezeit durch starke „Klebrigkeit" der Blütenstände auf.

ERREGER (Siehe auch Tafel 39)

Claviceps purpurea (Fr.) Tul.

Innerhalb des Gräsermutterkorns Bildung von Formen mit unterschiedlichen Wirtspflanzenkreisen, die sich zum Teil überschneiden. Sklerotiengröße und Konidienform werden von der Wirtsart beeinflußt.

Länge der Sklerotien:

Lolium spp. (1)	2 bis 14,5 mm
Dactylis glomerata (3)	2 bis 8 mm
Poa pratensis (4)	1,5 bis 5 mm

Größe der Konidien:

Lolium spp.
7,29 (2,66 bis 17,70) × 3,57
(2,66 bis 7,38) µm
Dactylis glomerata
7,84 (4,41 bis 14,70) × 3,27
(2,67 bis 5,88) µm
Poa pratensis
9,33 (2,90 bis 20,72) × 3,50
(2,73 bis 7,78) µm

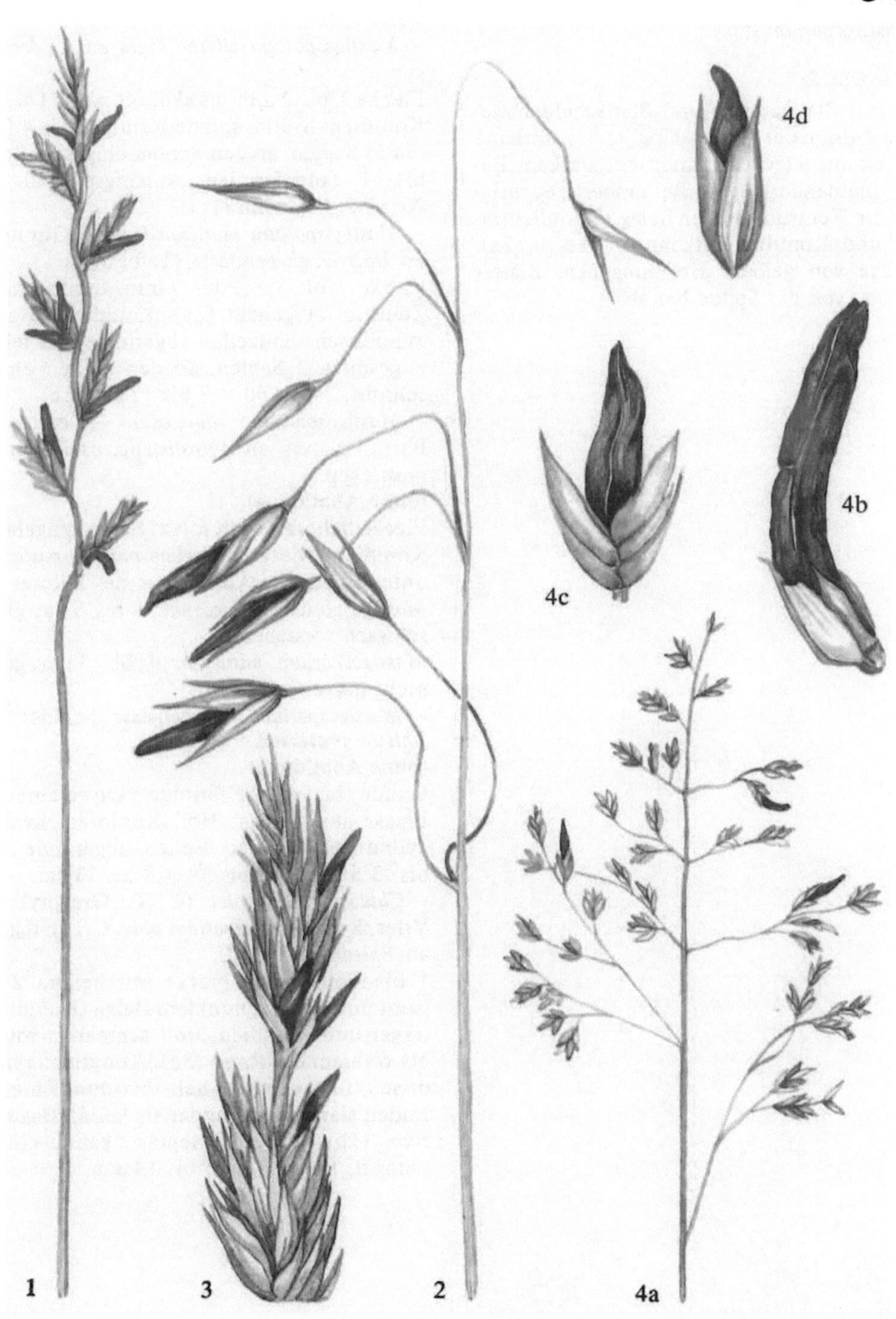

Mastigosporium-Blattfleckenkrankheiten

(*Mastigosporium* spp.)

SCHADBILD

An den Blattspreiten und Blattscheiden wenige Millimeter große, längliche, rotbraune bis braune Flecke, können bei starkem Befall ineinanderlaufen. Bei hoher Feuchtigkeit im Zentrum weißer Belag (Konidienträger und Konidien) erkennbar (1a, b, 2a). Flecke von gelbem Hof umgeben, Blätter sterben von der Spitze her ab.

ERREGER

Mehrere, auf bestimmte Grasarten spezialisierte Arten:

- *Mastigosporium album* Riess an *Alopecurus* spp.

Flecke 1 bis 2 mm, dunkelrotbraun (1a, b). Konidien: hyalin, spindelförmig, 3 bis 4 (selten 5) Septen, an den Septen eingeschnürt, 1 bis 4 fadenförmige Anhängsel, 40 bis 70 × 12 bis 16 µm (1c).

- *Mastigosporium muticum* (Sacc.) Gunnerb. an *Dactylis glomerata* L. (Tafel 69)

Flecke 1 bis 8 × 1 bis 2 mm, dunkelbraun, Zentrum aufgehellt (2a), Konidien: hyalin, zylindrisch, Endzellen abgerundet bis leicht zugespitzt, 3 Septen, an den Septen eingeschnürt, 29 bis 60 × 9 bis 17 µm (2b).

- *Mastigosporium rubricosum* (Dearn. et Barth.) Nannf. an *Agrostis* spp. und *Calamagrostis* spp.

(ohne Abbildung)

Flecke hellbraun von rotem Saum umgeben. Konidien: wie bei *Mastigosporium muticum*, unterschiedliche Ausbildung des Hilums:

Mastigosporium rubricosum: 4 bis 5 µm groß, schwach vorstehend;

Mastigosporium muticum: 4 bis 5 µm groß, nicht hervortretend.

- *Mastigosporium kitzebergense* Schlöss. an *Phleum pratense* L.

(ohne Abbildung)

Runde bis spindelförmige, schwarzbraune Flecke mit gelbem Hof, Konidien: hyalin, zylindrisch, an den Enden abgerundet, (1 bis) 3 Septen, 22 bis 39 × 8 bis 13 µm.

- *Cladosporium phlei* (C. T. Gregory) de Vries, Syn.: *Heterosporium phlei* C.T. Gregory an *Phleum pratense* L.

1 bis 4 mm lange Flecke mit hellem Zentrum und feinem, dunklem Belag (Konidienträger und Konidien) und schmalem rotem bis rotbraunem Rand (3a). Konidien: zylindrisch, fein bewarzt, hell- bis dunkelbraun, Enden stärker abgerundet als bei *Mastigosporium* (3b), 0 bis 5 Septen, kaum eingeschnürt, 13 bis 57 × 6 bis 14 µm.

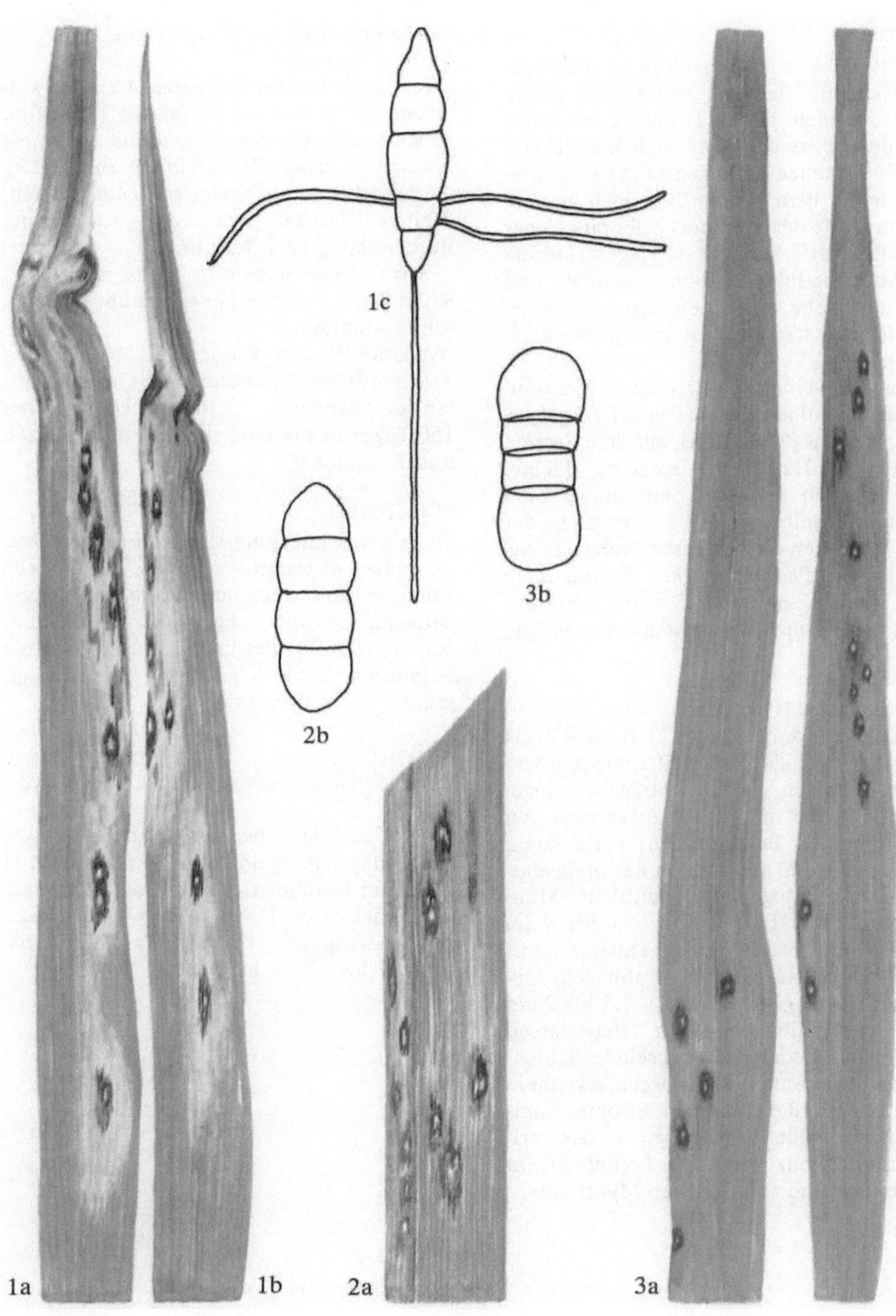
1c
2b
3b
1a
1b
2a
3a

Erstickungsschimmel

(*Epichloë typhina* [Pers.] Tul.)

SCHADBILD

Ab Mitte Mai erstes Schadbild an schossenden Halmen, die kolbenartig von einem dichten, weißen, bis zu 10 cm langen Belag umschlossen werden. Die sich entwickelnden Blütenstände ersticken (a, b) oder werden nur mit dem oberen Teil noch geschoben. Im Laufe des Sommers gelborange oder graugelbe Verfärbung des Belages (Stroma (c)). An einer Pflanze können gesunde und befallene Triebe vorhanden sein, an befallenen Pflanzen stärkere Bestockung als an gesunden.

An jungem, weißem Stroma häufig Fraßspuren der Epichloë-Fliege (*Phorbia (Pegohylemyia) phrenione* [Séguy]) (a), auf dem Stroma parallel zur Halmachse einzelne, kleine, weiße Eier zu erkennen, am orangeroten Stroma Aufwölbungen (Larvenhöhlen der Fliege). Befallen werden insbesondere *Dactylis glomerata, Phleum pratense, Festuca rubra* sowie *Agrostis* spp. und *Poa* spp.. Verseuchung von Vermehrungsbeständen möglich.

ERREGER

Epichloë typhina (Pers.) Tul.

Konidien: eiförmig, farblos, 1 bis 3×3 bis 9 µm, an den Enden zugespitzt, einzeln von kurzen, spitzen Konidienträgern abgeschnürt (d), die mit Myzel zusammen den dichten weißen Belag bilden, Perithezien: 300 bis 600×250 µm groß, in das orangefarbene Stroma eingebettet, deutliche Mündung (e), Asci: 150 bis 230×6 bis 9 µm groß, zylindrisch, hyalin, zahlreich, mit 8 Ascosporen, fadenförmig, hyalin, fein septiert, fast so lang wie die Asci, 1,5 bis 2 µm breit. Querschnitte befallener Triebe lassen mehrere miteinander abwechselnde Schichten von Stroma und Blattgewebe erkennen, wobei nur an dem äußeren Stroma Konidienträger gebildet werden bzw. in das Perithezien eingesenkt sind. Die Leitbündel im Blattgewebe sind zum Teil von Myzel durchzogen.

Parasitäre Auswinterung

- *Fusarium* spp., *Typhula* spp., *Myriosclerotinia borealis* (Bub. et Vleug.) Kohn
(ohne Abbildung)
Wichtigster Erreger der parasitären Auswinterung ist *Monographella nivalis* (Schaffn.). E. Müll., Konidienform: *Gerlachia (Fusarium) nivalis* var. *major* (Beschreibung zu Tafel 9). Gefährdet sind insbesondere *Lolium*-Arten. Weitere Ursachen parasitärer Auswinterung Beschreibung zu Tafel 9 und 30.
- *Myriosclerotinia borealis* (Bub. et Vleug.) Kohn, Syn.: *Sclerotinia borealis* Bub. et Vleug.
(ohne Abbildung)
(Auch an Weizen, Roggen)
Tritt vorwiegend in nördlichen Gebieten mit langanhaltender Schneedecke (über 150 Tage) an zahlreichen Grasarten, Weizen und Roggen auf.

SCHADBILD

Nach der Schneeschmelze im Frühjahr fleckenweise abgestorbene oder absterbende Pflanzen, mit dünnem grauweißem Myzel bedeckt, an den abgestorbenen Blättern runde bis ovale oder unregelmäßig geformte Sklerotien, 2 bis 8×1 bis 4 mm, anfangs grauweiß, später schwarz.

ERREGER

Myriosclerotinia borealis (Bub. et Vleug.) Kohn

Sklerotien bilden bei der Keimung 1 bis 6 trichterförmige, gelbbraune Apothezien, 1 bis 8 mm Durchmesser mit 1 bis 15 mm langem Stiel, Asci: 150 bis 220×8 bis 13 µm, mit 8 Ascosporen, elliptisch bis eiförmig, hyalin, 12 bis 22×6 bis 8 µm.

Rotfadenkrankheit

(*Laetisaria fuciformis* [McAlp.] Burds.,
Syn.: *Corticium fuciforme* [Berk.] Wakef.)
(ohne Abbildung)

SCHADBILD

An zahlreichen Grasarten, besonders gefährdet ist *Festuca rubra*, vorwiegend auf Rasenflächen. Nesterweise rötliche Verfärbung der Grasnarbe, auf den Pflanzen weißer bis rosafarbener Pilzbelag, besonders typisch sind nadelartige, verzweigte, rote Myzelstränge, die bis zu mehreren Zentimetern herausragen.

ERREGER

Laetisaria fuciformis (McAlp.) Burds.
An den Myzelsträngen Hyphengeflecht (Hymenium) mit keulenförmigen Basidien mit 4 Sterigmen, an denen 9 bis 12 × 5 bis 6,5 µm große, hyaline Basidiosporen gebildet werden.

Blind seed disease

(*Gloeotinia temulenta* [Prill. et Delacr.]
Wilson, Noble et Gray)
(ohne Abbildung)

SCHADBILD

Vorwiegend an *Lolium*-Arten, insbesondere *Lolium perenne*. Die Karyopsen haben normale Größe oder sind nur unwesentlich geschrumpft. Unter den Spelzen rötlicher Konidienschleim an den Körnern, trocknet zur Reifezeit ein und bildet einen wachsartigen Belag, schwer erkennbar. Früher Befall verhindert die Kornbildung, später Befall vermindert die Keimfähigkeit.

ERREGER

Gloeotinia temulenta (Prill. et Delacr.) Wilson, Noble et Gray
Konidien: Makrokonidien einzellig, hyalin, zylindrisch bis sichelförmig, Enden abgerundet, 11 bis 21 × 3,3 bis 6,0 µm, Mikrokonidien einzellig, eiförmig, hyalin, 3 × 4 µm, Apothezien: an der Bodenoberfläche in unmittelbare Nähe der Pflanzen, einzeln oder in Gruppen, hellrot-braun, flach, leicht nach außen gewölbt, Durchmesser 1 bis 3,5 mm, Stiel bis zu 8 mm, Reife zur Blütezeit der Gräser, Asci: zylindrisch bis keulig, etwa 110 × 7 µm, mit 8 Ascosporen, einzellig, hyalin, ellipsoidisch, 7,5 bis 12 × 3 bis 6 µm.

Brandkrankheiten

- Streifenbrand der Gräser (*Ustilago striiformis* [West.] Niessl. und *Urocystis agropyri* [Preuss.] Schroet.)
(ohne Abbildung)
(Siehe auch Beschreibung vor Tafel 7 sowie Tafel 41)

SCHADBILD
Auf Blättern und Blattscheiden zahlreicher Grasarten lange, von der Epidermis bedeckte, bleigraue Streifen, beim Aufreißen braunschwarze Sporenmassen, Brandschwielen auch an unterirdischen Rhizomen, Pflanzen im Wuchs gehemmt.

ERREGER
Die Unterscheidung beider Erreger ist anhand der Symptombildung nicht möglich, sondern kann nur durch Vergleich der Sporen erfolgen.
Ustilago striiformis: kugelig bis oval, deutlich bewarzt, 10 bis 15 × 8 bis 11 µm, Keimung durch Bildung eines Promyzels (manchmal verzweigt), Sporidien selten oder fehlen.
Urocystis agropyri: Sporenballen, 1 bis 4 fertile Sporen, die von einer Hülle steriler Zellen umgeben werden, Größe der Ballen 18 bis 40 µm.

- Rispenbrand des Glatthafers (*Ustilago avenae* f. sp. *perennans* [Rostr.] Boer. et Verhoev.
(ohne Abbildung)
(Siehe Beschreibung vor Tafel 46)

SCHADBILD
Im Bereich der Rispen schwarzbraune Sporenmassen, die zur Blütezeit verstäuben. Mitunter bleiben von den Hüllspelzen umschlossene Reste etwas länger erhalten.

ERREGER
Brandsporen: braun, fein bewarzt, kugelig bis oval, 5 bis 8 µm oder 6 bis 8 × 4 bis 7 µm. Bei der Keimung Bildung von Promyzel und Sporidien.

- Steinbrand (*Tilletia caries* [DC.] Tul.) und Zwergsteinbrand (*Tilletia controversa* Kühn)
(ohne Abbildung)
(Siehe Beschreibung vor Tafel 7)
Es können auch zahlreiche Grasarten befallen werden.

Hinweis: Außer den aufgeführten Brandpilzen sind für zahlreiche Grasarten spezielle Brandpilze bekannt geworden, deren Bedeutung in den meisten Fällen gering ist. Zu ihrer genauen Identifizierung ist die Verwendung von Spezialliteratur erforderlich.

70

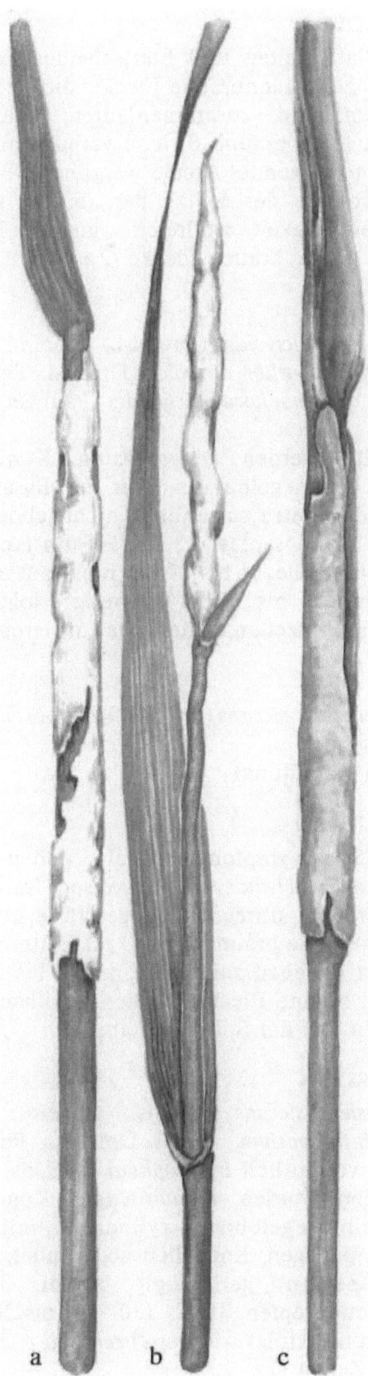

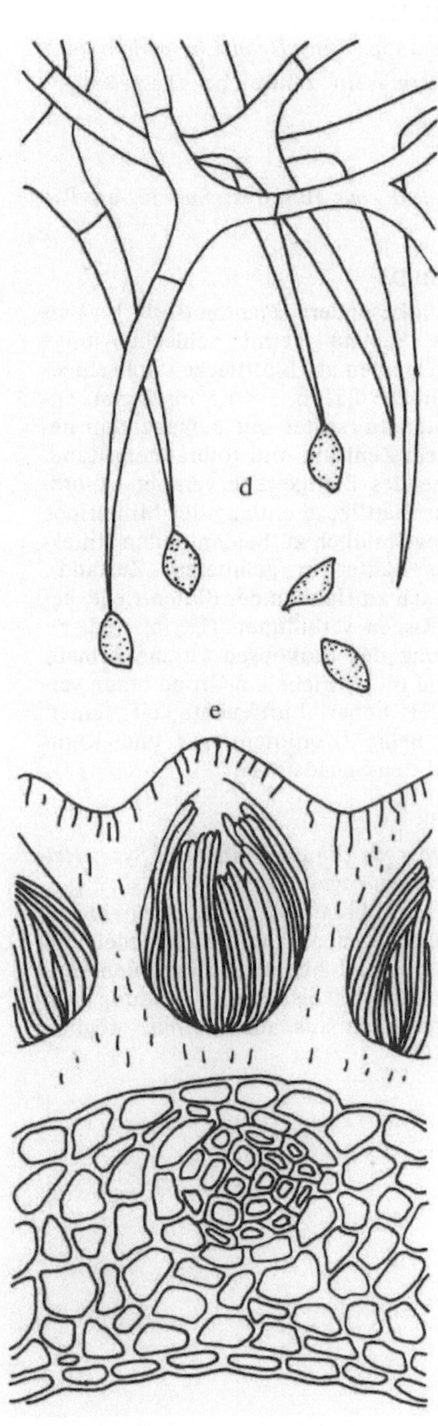

Helminthosporium-Blattflecken-krankheiten

(*Drechslera* spp., Syn.: *Helminthosporium* spp.)
An Futtergräsern zahlreiche *Drechslera*-Arten,
vor allem:

- *Drechslera poae* (Baudys) Shoem. an *Poa* spp.

SCHADBILD
Befällt insbesondere *Poa pratensis* L. Verseuchtes Saatgut keimt schlecht, junge Pflanzen sterben ab. Blattflecke unterschiedlicher Größe, 0,5 bis 3 × 1,5 bis 8 mm, anfangs rotbraun, später mit aufgehelltem nekrotischem Zentrum und rotbraunem Rand. Angrenzendes Blattgewebe vergilbt. Anordnung der Blattflecke entlang der Mittelrippe oder spiegelbildlich zu beiden Seiten (Infektion der Blätter in gefaltetem Zustand), Flecke auch an Halmen der Blütentriebe, befallene Rispen verbräunen (1a, b, c, d, e), Ausbildung der Karyopsen ist mangelhaft, Blatt- und Blütentriebe am Grund braun verfärbt. Bei hoher Luftfeuchtigkeit feiner, dunkler Belag (Konidienträger und Konidien) auf den Schadstellen.

ERREGER
Drechslera poae (Baudys) Shoem., Syn.: *Helminthosporium vagans* Drechsl.
Konidien: gelbbraun bis dunkelolivbraun, zylindrisch, an den Enden abgerundet und leicht verjüngt, 1 bis 10 Pseudosepten (1f), 25 bis 130 × 17 bis 23 µm. Bildung von Keimschläuchen aus allen Zellen möglich (1g).

- *Drechslera dictyoides* (Drechsl.) Shoem. an *Festuca* spp.

SCHADBILD
An Blattspreiten und Blattscheiden vereinzelt schokoladenbraune Flecke, die sich vergrößern und zusammenlaufen, mitunter durch feine braune Striche verbunden. Dazwischenliegende Areale vergilben, Blätter sterben von der Spitze her ab, bei hoher Luftfeuchtigkeit zahlreiche kleine, 1 bis 2 mm große, braune Flecke (2 a, b).

ERREGER
Drechslera dictyoides (Drechsl.) Shoem., Syn.: *Helminthosporium dictyoides* Drechsl., Perfektform: *Pyrenophora dictyoides* Paul et Parbery
Befallen werden *Festuca*-Arten. Konidien: hellgelb bis gelbbraun, von der Basalzelle nach der Spitze zu verjüngt, nicht gebogen, 1 bis 7 Pseudosepten, 23 bis 115 µm lang, an der Basalzelle 14 bis 17 µm breit, am apikalen Ende 8 bis 9 µm. Keimung erfolgt aus beiden Endzellen, selten aus mittleren Zellen (2 c).

- *Drechslera siccans* (Drechsl.) Shoem. an *Lolium* spp.
(ohne Abbildung)

SCHADBILD
Die Schadsymptome ähneln denen von *Drechslera dictyoides* an *Festuca* spp. Im Frühjahr größere, unregelmäßig geformte, zusammenlaufende braune Flecke auf Blättern, im Herbst daneben zahlreiche, nur 1 bis 2 mm große, braune Flecke. Blätter vergilben und sterben von der Spitze her ab.

ERREGER
Drechslera siccans (Drechsl.) Shoem., Syn.: *Helminthosporium siccans* Drechsl., Perfektform: vermutlich *Pyrenophora lolii* Dov.
Befallen werden *Lolium*-Arten. Konidien: hellgelb bis gelbbraun, zylindrisch, mitunter leicht gebogen. Endzellen abgerundet, mittlere Zelle(n) geringfügig breiter, 3 bis 10 Pseudosepten, 35 bis 130 × 14 bis 20 µm. Keimung erfolgt wie bei *Drechslera poae* aus allen Zellen (1g).

242

Weitere, an Gräsern häufig auftretende *Drechslera*-Arten sind:
- *Drechslera bromi* (Died.) Shoem. an *Bromus inermis* Leyss.
(ohne Abbildung)
Syn.: *Helminthosporium bromi* Died.
Konidien: blaßgelb, zylindrisch, 4 bis 5 (1 bis 9) Pseudosepten, 42 bis 210×16 bis 26 µm, Keimung aus allen Zellen, Perfektform: *Pyrenophora bromi* (Died.) Drechsl., sehr häufig an befallenen, abgestorbenen Blättern zu finden, Pseudothezien: 300 bis 500 µm, schwarz, rund oder länglich mit deutlicher Mündung, mit und ohne Borsten, Asci mit 8 Ascosporen (Reifezeit im Frühjahr), gelbbraun, 3 Quer- und 0 bis 2 Längssepten, 50 bis 90×17 bis 40 µm.
- *Drechslera catenaria* (Drechsl.) Ito, an vielen Grasarten
(ohne Abbildung)
Syn.: *Helminthosporium catenarium* Drechsl.
Die Konidien ähneln denen von *Drechslera dictyoides,* keimen ebenfalls nur aus den beiden Endzellen.
- *Drechslera sorokiniana* (Sacc.) Subram. et Jain
Syn.: *Helminthosporium sativum* P. K. B. (Beschreibung und Tafel 31)
Verursacht an vielen Grasarten Wurzelfäulen und Blattflecke.

Rostkrankheiten

- Schwarzrost (*Puccinia graminis* Pers.)
(Beschreibung vor Tafel 40)
An *Phleum pratense* und *Dactylis glomerata*
- Gelbrost (*Puccinia striiformis* West.)
(Beschreibung vor Tafel 7)
- Haferkronenrost (*Puccinia coronata* Corda)
(Beschreibung vor Tafel 46)
An *Festuca* spp., *Lolium* spp. und *Arrhenatherum elatius.* Von diesen Rostarten spezialisierte Formen, Unterarten oder Pathotypen auf Gräsern. Identifizierung von Rostpilzen an Grasarten erfordert Spezialliteratur. Weitere wichtige Rostpilze:

- Gelbrost an *Poa* (*Puccinia striiformis* West. f. sp. *poae* Tollen. et Houst.)
(ohne Abbildung)

SCHADBILD
Gelbe Uredosporenlager, vorwiegend auf der Blattoberseite auf chlorotischen Streifen, häufig am Blattrand.

ERREGER
Uredosporen: 18 bis 28×14 bis 22 µm, 10 bis 14 Keimporen, Teleutolager: selten, schwarzbraune, von der Epidermis bedeckte Streifen auf der Blattunterseite und Blattscheiden, Teleutosporen: zweizellig, 24 bis $53 \times 9{,}5$ bis 21 µm.

- Orange-Streifenrost an *Poa* (*Puccinia poarum* Niels.)
(ohne Abbildung)

SCHADBILD
Blattoberseits orangegelbe Uredolager, 0,5 mm lang, können zu Streifen zusammenfließen, später auf beiden Blattseiten schwarze, langgestreckte oder ringförmige, von Epidermis bedeckte Teleutosporenlager.

ERREGER
Uredosporen: 21 bis 37 × 14 bis 26 µm, 7 bis 11 Keimporen, mit feinen Stacheln besetzt, in den Uredosporenlagern selten Paraphysen, fein, dünnwandig, Teleutosporen: zweizellig, 36 bis 77 × 14 bis 28 µm, in den Teleutosporenlagern braune Paraphysen, Wechselwirt: *Tussilago farfara* L.

- Braunrost an *Poa* (*Puccinia brachypodii* Otth. var. *poae-nemoralis* (Otth.) Cumm. et Greene)
(ohne Abbildung)

SCHADBILD
Blattoberseits 0,5 bis 2 mm lange, runde oder ovale, rotbraune bis zimtbraune Uredolager, häufig mit chlorotischem Hof, kurze Zeit von Epidermis bedeckt, schwarzbraune Teleutolager blattunterseits, selten.

ERREGER
Uredosporen: 20 bis 29 × 16 bis 25 µm, 8 bis 12 Keimporen, kugelig bis elliptisch, in den Uredolagern zahlreiche dickwandige Paraphysen mit Kopf und Hals, 50 bis 80 × 16 bis 18 µm, Teleutosporen: zweizellig, 31 bis 48 × 16 bis 21 µm, braun, an der Basis heller, an der Septe leicht eingeschnürt, mitunter Mesosporen, Wechselwirt: *Berberis* spp. (nicht *Berberis vulgaris* L.).
- Braunrost an Glatthafer (*Puccinia brachypodii* Otth. var. *arrhenatheri* (Kleb.) Cumm. et Greene
(ohne Abbildung)
Schadbild, Morphologie ähnlich var. *poae-nemoralis*. Wechselwirt: *Berberis*-Arten, auch *Berberis vulgaris* L.

- *Uromyces dactylidis* Otth. var. *dactylidis* an *Dactylis glomerata* L. und *Festuca*-Arten
(ohne Abbildung)

SCHADBILD
Gelbbraune, elliptische bis längliche Uredosporenlager, zunächst von Epidermis bedeckt, später strichförmige, schwarze, von Epidermis bedeckte Teleutolager. Bei *Dactylis* Uredo- und Teleutolager auf beiden Blattseiten, bei *Festuca* bevorzugt an Blattoberseite.

ERREGER
Uredosporen: bestachelt, kugelig bis elliptisch, 22 bis 34 × 18 bis 26 µm, Teleutosporen: braun, rund bis oval oder birnenförmig, einzellig, im Unterschied zu Uredosporen gestielt, 18 bis 34 × 12 bis 24 µm. In den Teleutolagern zahlreiche Paraphysen, Wechselwirt: *Ranunculus*-Arten.
- *Uromyces dactylidis* Otth. var. *poae* (Rabenh.) Cumm. an *Poa*-Arten
(ohne Abbildung)
Schadbild, Morphologie wie var. *dactylidis*, Uredosporen kleiner, 17 bis 27 × 16 bis 23 µm, Wechselwirt: *Ranunculus ficaria* L.

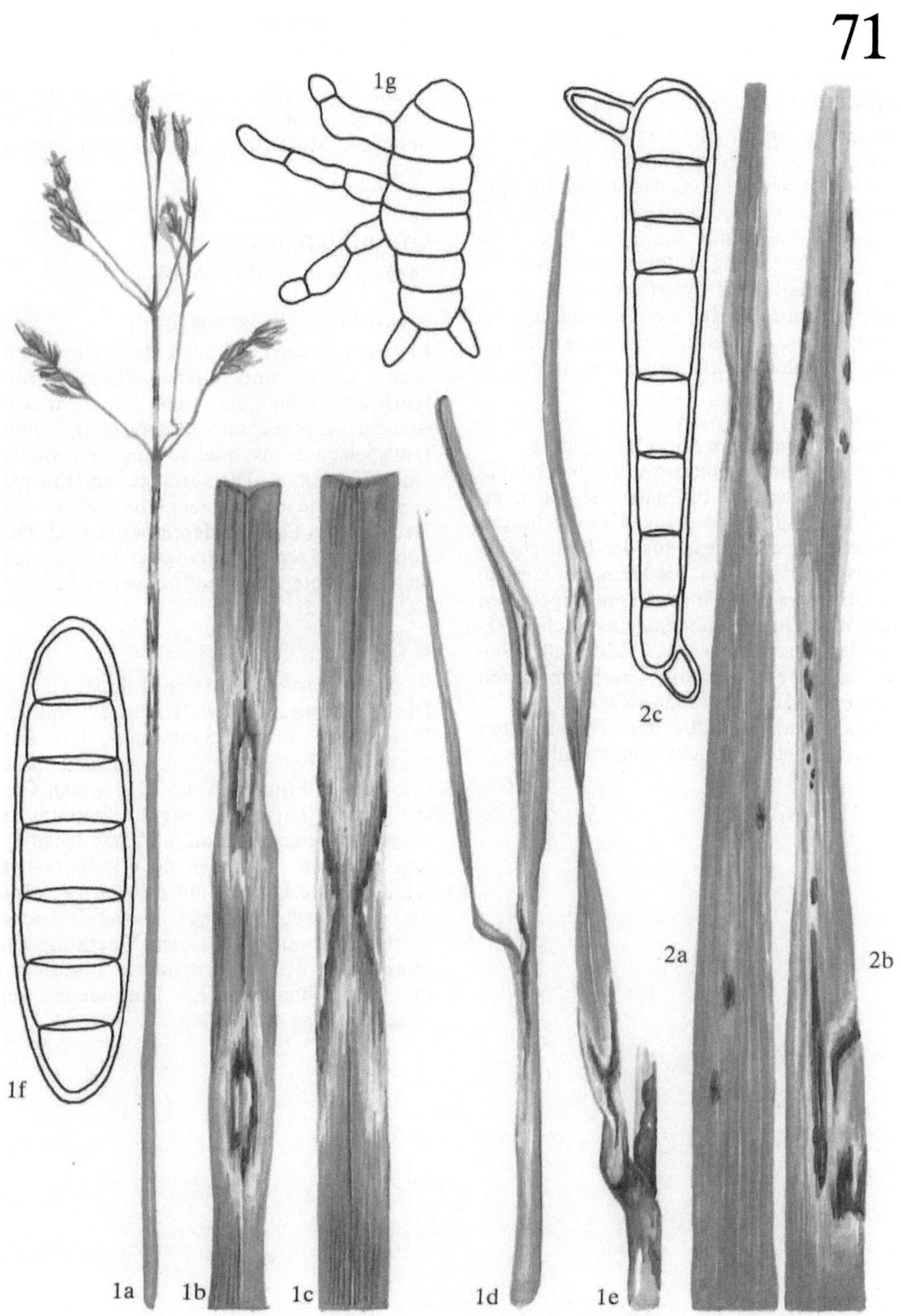
1g
1f
1a
1b
1c
1d
1e
2a
2b
2c

Anguina graminophila (Goodey) Thorne

SCHADBILD

An *Agrostis*-Arten, selten an anderen Futtergräsern, treten auf den Blättern, vor allem in der Nähe der Blattbasis oder auf der Blattunterseite (1 a, b, c) Gallen von 1 bis 15 mm Länge und 1 bis 2 mm Breite auf. Ihre Farbe wechselt von grüngelb über purpurrot bis schwarzviolett. Ihre Oberfläche wird später hart und runzelig. In den Hohlräumen der Gallen leben 1,4 bis 2,5 mm lange plumpe, weißliche oder weißlichgelbe Nematoden.

SCHADBILD

Anguina graminophila (Goodey) Thorne
Die Larven des 4. Stadiums (1,2 bis 1,4 mm lang) verlassen im Frühjahr die alten, erweichten Gallen und dringen in die jungen Blätter ein, bevor diese aus der Blattscheide herausgewachsen sind. Sie können in diesem Stadium aber auch längere Trockenperioden ohne Wirtspflanzen überstehen. Nach Infektion des Pflanzengewebes Bildung der Gallen, in denen sich die geschlechtsreifen Tiere entwickeln und Eier ablegen.
Blattgallen an *Agrostis*- und *Festuca*-Arten können ferner verursacht werden durch:

Anguina graminis (Hardy) Filipjev
(ohne Abbildung)

Größe der Gallen 1 bis 4 mm lang, 0,5 bis 2 mm breit, die kleineren gewöhnlich an der Seite der Mittelrippe, die größeren beidseitig.

Grasblütenälchen

(*Anguina agrostis* [Steinbuch] Filipjev)

SCHADBILD (an *Agrostis* spp.)

Blätter befallener Pflanzen etwas kürzer und breiter als bei unbefallenen Pflanzen. Blütenrispen vielfach gestaucht, mit mehr oder weniger zahlreichen Blütengallen, deren Hüllspelzen 2- bis 3mal so lang sind wie bei gesunden (2 a, b). Die verlängerten Hüllspelzen umschließen die ebenfalls verlängerten Deckspelzen (2 c), in deren Mitte nach Öffnen der Spelzen die anfangs grüne (2 d), später purpurrote, flaschenförmige Älchengalle sichtbar wird.

SCHÄDLING

Anguina agrostis (Steinbuch) Filipjev
Die Weibchen sind etwa 1,5 bis 2,7 mm, die Männchen 1,1 bis 1,8 mm lang. Ihre Entwicklung ähnelt der von *Anguina tritici* (Steinbuch) Filipjev (Tafel 12). In den Gallen lebende Larven im zweiten Stadium im eingetrockneten Zustand jahrelang lebensfähig. Aus den zu Boden gefallenen Gallen schlüpfen die Larven und dringen zwischen die den Wachstumskegel umschließenden Blätter ein, werden mit dem Wachstum der Pflanzen in die Höhe getragen. Eindringen in die Blütenanlagen, Umbildung des Fruchtknotens zur Galle.

Graswurzelälchen
(*Subanguina radicicola* [Greef])

SCHADBILD

Pflanzen bleiben klein, gestauchter Wuchs, Blätter, zunächst die äußeren, später auch die übrigen, vergilben und verbräunen, sterben ab. Blütentriebe verkürzt, Blattscheiden zum Teil mit Wellungen (a). An den Wurzeln entwickeln sich hakenförmig gekrümmte Gallen von 0,5 bis 6,0 mm Länge (b), die keine Wurzelhaare tragen.

SCHÄDLING

Graswurzelälchen (*Subanguina radicicola* [Greef])
In den Höhlungen der Gallen leben dickleibige, weißliche Nematoden. Die Larven des ersten Stadiums dringen in die Wurzeln ein, häuten sich in etwa drei Wochen viermal. Weibchen (1,2 bis 3,2 mm lang, dickleibig) legen zahlreiche Eier ab. Junglarven können Gallen verlassen und neue Wurzeln aufsuchen.

Getreide- und Gräserblasenfüße

(*Limothrips* spp., *Haplothrips* spp. u. a.)
(Auch an Weizen, Triticale, Gerste, Hafer, Roggen, Mais)

SCHADBILD

In Blütenständen bleiben einzelne Blütchen taub. Ihre Fruchtknoten sind verkümmert, oder die normale Ausbildung der Karyopsen ist beeinträchtigt (1). Innerhalb der Spelzen befinden sich Schmachtkörner. Am Schadort leben 1 bis 2 mm große, langgestreckte, dunkelbraune bis schwärzliche oder gelb gefärbte Insekten bzw. deren gelbliche, seltener rote Larven. Äußerlich ist Ähren bzw. Rispen das beschriebene Schadbild (Taubährigkeit) nicht anzusehen, da sich betroffene Blütchen meist unregelmäßig über gesamte Infloreszenz verteilen.

An Blattscheiden und Blattspreiten weißliche bis silbrig glänzende Saugflecke, die später gelbliche bis bräunliche Färbung annehmen (1). Am Schadort fallen neben dunklen, punktförmigen Kotröpfchen oben beschriebene kleine Insekten auf.

SCHÄDLINGE

Getreide- und Gräserblasenfüße (*Chirothrips manicatus* Hal., *Chirothrips aculeatus* Bagn., *Limothrips denticornis* [Hal.] (2 a, b), *Limothrips cerealium* Hal. (3), *Anaphothrips obscurus* [Müll.], *Aptinothrips rufus* [Hal.], *Aptinothrips stylifer* Tryb., *Bolacothrips jordani* Uz., *Frankliniella tenuicornis* [Uz.], *Frankliniella intonsa* [Tryb.], *Stenothrips graminum* Uz., *Thrips angusticeps* Uz., *Haplothrips aculeatus* [Fabr.] (4), *Haplothrips tritici* Kurdj.)

Charakteristisch für Imagines sind, soweit vorhanden, die beiden Flügelpaare (2 a). Sie tragen lange, fransenartige Behaarung (Fransenflügler). Larven sind Vollkerfen ähnlich, zeigen jedoch schwächere Chitinisierung (2 b). Saugende Mundwerkzeuge der Blasenfüße schädigen nur peripheres Pflanzengewebe.

Artenspektrum der Blasenfüße unterliegt je nach Pflanzenart und Jahr großen Schwankungen. Als dominant gelten *Limothrips denticornis* (Hal.) (2), *Limothrips cerealium* Hal. (3) und *Haplothrips aculeatus* (Fabr.) (4). Zuflug überwinterter Imagines von März bis Mai. Abundanz der Schädlinge erreicht nach Getreide- und Gräserblüte Höhepunkt. Ablage der Eier findet mittels Legestachel in das Pflanzengewebe oder oberflächlich an die Pflanzen statt (*Haplothrips* spp.). Larven durchlaufen 4 Stadien. Larvenzeit 20 bis 30 Tage. Mit Eintritt der Reife des Getreides und der Gräser migrieren Imagines der neuen Generation zu Grasbiotopen oder auch in Maisbestände. Abwanderung ins Winterlager von August bis Oktober. Die meisten Arten verfügen über eine Jahresgeneration. *Aptinothrips*-Arten, *Anaphothrips obscurus* (Müll.) und *Thrips angusticeps* Uz. entwickeln zwei Generationen im Jahr.

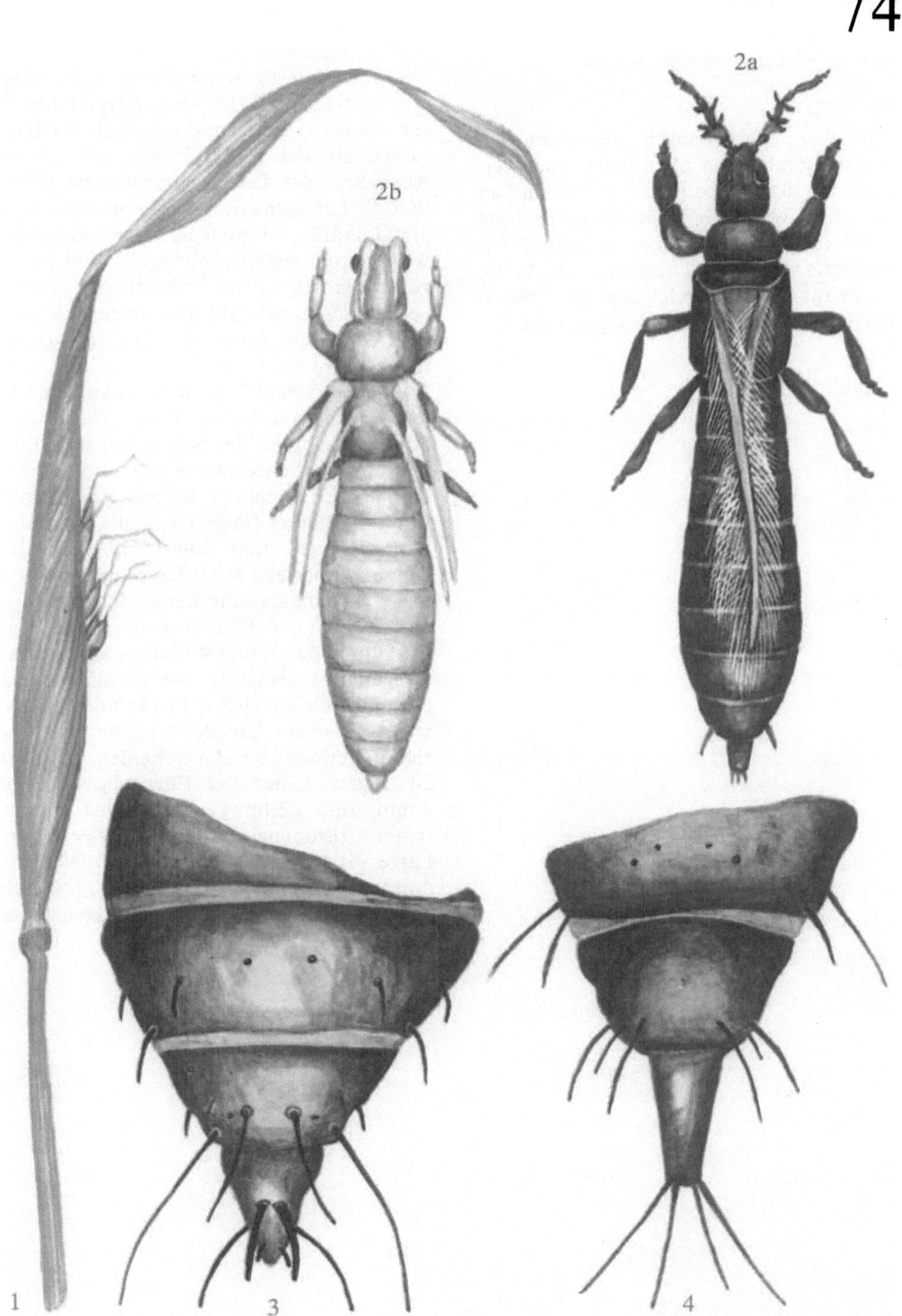

74

Lieschgrasfliegen

(*Amaurosoma* spp.)

(Auch an Weizen, Gerste, Roggen)

SCHADBILD

Unmittelbar nach Ährenschieben lassen sich an Blütenständen von oben nach unten verlaufende Fraßgänge beobachten. Oft sind an Scheinähren von *Phleum pratense* große Teile der Infloreszenz von Spitze her bis auf Ährenspindel vollständig abgenagt (a, b, c). Zum Zeitpunkt des Nachweises der Schädigungen sind keinerlei Schaderreger zu finden.

SCHÄDLINGE

Lieschgrasfliegen (*Amaurosoma armillatum* [Zett.], *Amaurosoma flavipes* [Fall.]).

Die Lieschgrasfliegen besitzen eine Länge von 4 bis 5 mm (h). Ihre Körperfarbe erscheint grau, Beine sind schwärzlich (*Amaurosoma armillatum* [Zett.]) oder gelblich, mit Ausnahme der Tarsen (*Amaurosoma flavipes* [Fall.]). Letztgenannte Art wird daher auch als Gelbfüßige Lieschgrasfliege bezeichnet. Beide Arten treten gebietsweise und in einzelnen Jahren in unterschiedlichen Zahlenverhältnissen auf. Mit Erscheinen der Fliegen ist Ende April bis Anfang Mai zu rechnen. Flugzeit erstreckt sich über 4 bis 5 Wochen, wobei Flug an warmen, windstillen Tagen stattfindet. Eine Woche nach Schlupf, während des Schossens, setzt Eiablage ein. Weibchen deponieren durchschnittlich 50 Eier einzeln an Basis der Blattspreite in unmittelbarer Nähe der Ligula parallel zu Blattadern (d). Eier sind 1 mm groß, blaßgelb und oberseits mit 4 Längsfurchen versehen (f). Phänologische Kennzeichen für Eiablage stellen dar: Blüte der Süßkirsche sowie Entfaltung des 3. und 4. Blattes. Schlüpfende Fliegenlarve dringt in oberste Blattscheide ein und frißt am sich entwickelnden Blütenstand. Gesamte Larvalentwicklung vollzieht sich innerhalb der Blattscheiden in 15 bis 24 Tagen. Länge der Fliegenlarven 7 bis 8 mm. Ihre Färbung ist zunächst glashell, später zitronengelb (e). Ausgewachsene Larve verläßt vor Ährenschieben den Schadort und verpuppt sich im Boden (g). Lieschgrasfliegen bringen eine Jahresgeneration hervor.

Blütengallmücken der Gräser
(*Contarinia* spp., *Dasineura* spp.,
Sitodiplosis spp., *Stenodiplosis* spp.)
(ohne Abbildung)

SCHADBILD
Ähren oder Rispen zeigen äußerlich normales Aussehen. Beim Öffnen der Blütchen stellt man fest, daß Samenbildung ausgeblieben ist. Die Fruchtknoten sind geschrumpft oder die sich entwickelnden Samen verkümmert (Schmachtkorn). Das als „Taubährigkeit" bezeichnete Schadbild tritt namentlich in älteren Grassamenbeständen in Erscheinung. Vielfach lassen sich innerhalb der Spelzen tauber Blütchen die Schädlinge nachweisen: gelbe oder rote Insektenlarven von 2 bis 3 mm Länge. Sie leben einzeln oder auch gesellig in den Blütchen. Das Fehlen einer chitinisierten Kopfkapsel sowie von Beinpaaren und das Vorhandensein einer Brustgräte, ventral auf 1. Thoraxsegment, kennzeichnet sie als Gallmückenlarven.

SCHÄDLINGE
Blütengallmücken. Für einzelne Grasarten sind folgende Gallmücken typisch:
Alopecurus pratensis: Contarinia merceri Barnes, *Dasineura alopecuri* (Reuter), *Stenodiplosis geniculati* Reuter.
Poa pratensis: Contarinia poae Tomaszewski, *Dasineura poae* Mühle, *Sitodiplosis cambriensis* Jones.
Dactylis glomerata: Contarinia dactylidis (A. Loew), *Dasineura dactylidis* Metcalfe, *Sitodiplosis dactylidis* Barnes, *Stenodiplosis geniculati* Reuter,
Festuca spp.: *Contarinia festucae* Jones, *Dasineura festucae* Jones,
Lolium spp.: *Contarinia lolii* Metcalfe,
Trisetum flavescens: Dasineura triseti Barnes,
Arrhenatherum elatius: Contarinia arrhenatheri Kieffer.

Die 2 bis 2,5 mm langen, zarten Gallmücken sind gelb (*Contarinia* spp.) oder rot gefärbt (*Dasineura* spp.). Lebensweise der Arten weitgehend übereinstimmend. Das Auftreten geht mit dem Entwicklungsablauf der jeweiligen Wirtspflanze konform. Arten der Gattung *Contarinia* schlüpfen im Mai. Flug kann gesamten Monat hindurch stattfinden. Höhepunkt des Auftretens ist jedoch nur im Zeitraum von 4 bis 6 Tagen gegeben. Weibchen legen Eier gruppenweise auf Hüll- und Deckspelzen blühender Infloreszenzen. Nach einwöchiger Embryonalentwicklung schlüpfen gelbe Larven. Bis zu 20 Individuen leben gesellig innerhalb eines Blütchens. Larvalentwicklung beansprucht 2 bis 3 Wochen. Schädlinge besaugen die sich entwickelnde Karyopse. Es entsteht Schmachtkorn. Ausgewachsene Gallmükkenlarven verlassen Blütenstand und suchen Boden auf. Hier überwintern sie in einem Kokon. Im nächsten Jahr erfolgt Verpuppung, wobei eine Teilpopulation der Larven ein weiteres Jahr oder länger überliegt. Vertreter der Gattung *Dasineura* heften Eier vor Gräserblüte einzeln außen an die Hüllspelzen noch geschlossener Blütchen. Am Schadort findet sich nur eine rote Larve. Sie zerstört den Fruchtknoten vor Samenbildung. Weitere Entwicklung vollzieht sich wie bei *Contarinia*-Arten. Blütengallmücken besitzen in der Regel eine Jahresgeneration (*Stenodiplosis geniculati* Reuter 2 Generationen).

Stengelgallmücken der Gräser

(*Mayetiola* spp., *Lasioptera* spp.)
(ohne Abbildung)

SCHADBILD

An einzelnen Halmen am Grunde der obersten Blattscheiden blasenförmige Auftreibungen. Betroffene Pflanzen zeigen Wachstumsstockungen, das Ähren- bzw. Rispenschieben unterbleibt. Am Blütenstandsinternodium werden nach Ablösen der Blattscheide Eindellungen oder Wülste sichtbar. An diesen befinden sich weiße oder rötliche, fußlose Larven, Länge 3 bis 4 mm. Durch Fehlen eines abgesetzten Kopfes und durch Existenz einer ventral am 1. Brustabschnitt gelegenen Brustgräte sind die Schädlinge als Gallmückenlarven charakterisiert.

SCHÄDLINGE

Stengelgallmücken (*Mayetiola dactylidis* Kieffer, *Mayetiola joannisi* Kieffer, *Mayetiola phalaris* Barnes, *Mayetiola schoberi* Barnes, *Lasioptera graminicola* Kieffer).
Stengelgallmücken besitzen eine Länge von 3 bis 4 mm. Imagines erscheinen im April bis Mai in den Gräserkulturen. Flughöhepunkt erstreckt sich über wenige Tage. Unmittelbar nach Schlupf beginnen Weibchen mit Eiablage an Spreiten unterer Blätter oder an Innenwände der Blattscheiden. Larven dringen in Blattscheide ein und setzen sich oberhalb des Knotens am Internodium fest, ausgesprochen monophag. Überwinterung im Larvenstadium, Verpuppung im nachfolgenden Frühjahr, etwa 2 bis 3 Wochen vor Schlupf der Imagines. Mehrzahl der Arten bringt eine Generation hervor, *Mayetiola phalaris* Barnes zwei.

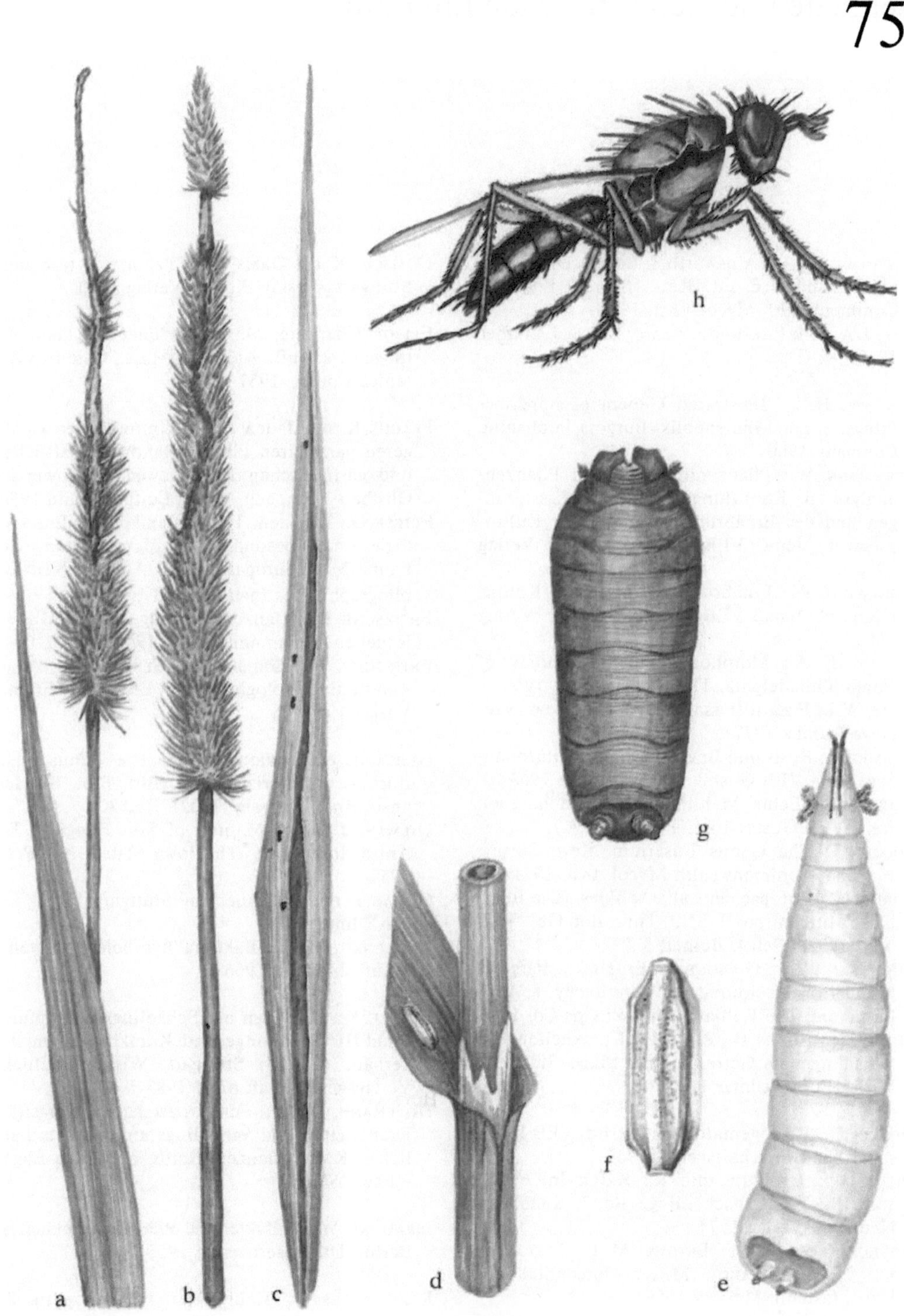

Benutzte und weiterführende Literatur

AINSWORTH, G. C.: Ainsworth & Bisby's Dictionary of the Fungi. 6. Ed. Kew., Surrey, England, Commonwealth Mycol. Inst. 1971

ARX, J. A. von: Pilzkunde. Lehre, Verlag J. Cramer 1968

BARNETT, H. L.: Illustrated Genera of imperfect Fungi. 2. Ed. Minneapolis, Burgess Publishing Company 1960

BERGMANN, W.: Pflanzendiagnose und Pflanzenanalyse zur Ermittlung von Ernährungsstörungen und des Ernährungszustandes der Kulturpflanzen. Jena, VEB Gustav Fischer Verlag 1976

BERGMANN, W.: Ernährungsstörungen bei Kulturpflanzen. Jena, VEB Gustav Fischer Verlag 1983.

BESSEY, E. A.: Morphology and Taxonomy of Fungi. Philadelphia, The Blakiston Co. 1950

BILAJ, W. I.: Fusarii (Fusarium-Arten). Kiew, Naukowa Dumka 1977

BLUMER, S.: Rost- und Brandpilze auf Kulturpflanzen. Jena, VEB Gustav Fischer Verlag 1963

BLUMER, S.: Echte Mehltaupilze (Erysiphaceae). Jena, VEB Gustav Fischer Verlag 1967

BOOTH, C.: The Genus Fusarium. Kew, Surrey, England, Commonwealth Mycol. Inst. 1971

BÖRNER, C.: Europae centralis Aphides. (Die Blattläuse Mitteleuropas). Mitt. Thür. Bot. Ges. Weimar (1952), Heft 4, Beiheft 3

BUCHANAN, R. E.; GIBBONS, N. E. (Hrsg.): Bergey's Manual of Determinative Bacteriology. 8. Aufl. Baltimore, The Williams and Wilkins Co. 1974

BUHL, C.; WEIDNER, H.; ZOGG, H.: Krankheiten und Schädlinge an Getreide und Mais. Stuttgart, Verlag Eugen Ulmer 1975

DECKER, H.: Phytonematologie. Berlin, VEB Deutscher Landwirtschaftsverlag 1969

DIECKMANN, L.; FRITZSCHE, R.: Käfer. In: FRITZSCHE, R.: Pflanzenschädlinge Bd. 7. Radebeul, Neumann-Verlag 1971

DOBROZRAKOVA, T. L.; LETOVA, M. F.; STELANOV, K. M.; CHOCHRJAKOV, M. K.: Opredelitel' boleznej rastenij. Moskva 1956

DOMSCH, K. H.; GAMS, W.: Pilze aus Agrarböden. Stuttgart, Gustav Fischer Verlag 1970

ELLIOTT, Charlotte: Manual of Bacterial Plant Pathogens. 2. Aufl. Waltham, Mass., Chronica Botanica Compt. 1951

FLACHS, K.: Leitfaden zur Bestimmung der wichtigeren parasitären Pilze an landwirtschaftlichen und gärtnerischen Kulturgewächsen sowie im Obstbau. München, Verlag Luitpold Land 1953

FRIESE, G.: Insekten. Taschenlexikon der Entomologie unter besonderer Berücksichtigung der Fauna Mitteleuropas. 2. Aufl. Leipzig, VEB Bibliographisches Institut 1970

FRITZSCHE, R.: Pflanzenschädlinge, Bd. 3, Milben. Radebeul, Neumann-Verlag 1964

FRITZSCHE, R.; GEILER, H.; SEDLAG, U.: Angewandte Entomologie. Jena, VEB Gustav Fischer Verlag 1968

GERLACH, W.; NIRENBERG, H.: The Genus Fusarium – a Pictoriae Atlas. Mitt. Biol. Bundesanst., Braunschweig (1982), Heft 209

GILMAN, J. C.: A Manual of Soil Fungi. 2. Ed. Ames. Iowa USA, The Iowa State Univ. Press 1957

GODAN, D.: Schadschnecken. Stuttgart, Verlag Eugen Ulmer 1979

GORLENKO, M. W.: Bakterial'nye bolezni rastenij. 3 Aufl. Moskva, 1966

HEINZE, K.: Leitfaden der Schädlingsbekämpfung. Band III: Schädlinge und Krankheiten im Akkerbau. 4. Aufl. Stuttgart, Wissenschaftliche Verlagsgesellschaft mbH 1983

HOFFMANN, G.-M.; SCHMUTTERER, H.: Parasitäre Krankheiten und Schädlinge an landwirtschaftlichen Kulturpflanzen. Stuttgart, Verlag Eugen Ulmer 1983

ISRAILSKI, W. P.: Bakterielle Pflanzenkrankheiten. Berlin, Dt. Bauernverlag 1955

KLAUSNITZER, B.: Hautflügler. In: FRITZSCHE, R.:

Pflanzenschädlinge. Bd. 9. Leipzig, Radebeul, Neumann-Verlag 1978

KLINKOWSKI, M.: Pflanzliche Virologie Bd. 2, 3. Aufl. Berlin, Akademie-Verlag 1977

KLINKOWSKI, M.; MÜHLE, E.; REINMUTH, E.; BOCHOW, H.: Phytopathologie und Pflanzenschutz. Bd. II, 2. Aufl. Berlin, Akademie-Verlag 1974

KOCH, M.: Wir bestimmen Schmetterlinge. Bd. I–IV. Radebeul, Berlin, Neumann-Verlag 1954

KRÜGER, W.: Mais. Krankheiten und Schädlinge und ihre Bekämpfung. Hannover, Saaten Union G. m. b. H. 1978

LEÓN de, C.: Maize diseases. A Guide for field identification. CIMMYT., Inf. Bull. No. 1. 1978

LINDAU, G.: Kryptogamenflora für Anfänger. Bd. 2, Berlin, Verlag Julius Springer 1922

MÜHLE, E.: Kartei für Pflanzenschutz und Schädlingsbekämpfung. Lieferung 1–12. Leipzig, Verlag S. Hirzel 1953–1972

MÜHLE, E.: Krankheiten und Schädlinge der Futtergräser. Leipzig, Verlag S. Hirzel 1971

MÜHLE, E.; WETZEL, Th.; FRAUENSTEIN, K.; FUCHS, E.: Praktikum zur Biologie und Diagnostik der Krankheitserreger und Schädlinge unserer Kulturpflanzen. Leipzig, Verlag S. Hirzel 1977

MÜLLER, E. W.: Praktischer Pflanzenschutz im Gemüsebau. Berlin, Dt. Landwirtschaftsverlag 1978

PIDOPLITSCHKO, N. M.: Gribi parasiti kulturnich rastenij, opredelitelj w trech tomach. (Parasitische Pilze der Kulturpflanzen, Bestimmungsbuch in drei Bänden). Kiew, Naukowa Dumka 1977

SCHAAD, N. L. (Hrsg.): Laboratory Guide for Identification of plant pathogenic bacteria. St. Paul, Minn., Am. Phytopathol. Soc. 1980

SCHMIDT, G.: Die deutschen Namen wichtiger Arthropoden. Mitt. Biol. Bundesanst. f. Land- und Forstwirtsch. Berlin-Dahlem, (1970), Heft 137

SCHMIDT, M.: Landwirtschaftlicher Pflanzenschutz. 2. Aufl. Berlin, Deutscher Bauernverlag 1955

SEDLAG, U.: Ur-Insekten. Die Neue Brehm-Bücherei. Leipzig, Akad. Verlagsges. Geest & Portig KG 1953

SEIDEL, D.; WETZEL, T., BOCHOW, H.: Pflanzenschutz in der Pflanzenproduktion. Berlin, VEB Dt. Landwirtschaftsverlag 1983

SEIFERT, G.: Die Tausendfüßler. Die Neue Brehm-Bücherei. Wittenberg-Lutherstadt, A. Ziemsen-Verlag 1961

SPAAR, D.; KLEINHEMPEL, H.; MÜLLER, H.-J.; NAUMANN, K.: Bakteriosen der Kulturpflanzen. Berlin, Akademie-Verlag 1977

STAPP, C.: Pflanzenpathogene Bakterien. Berlin und Hamburg, Verlag Paul Parey 1958

WETZEL, T.: Pflanzenschädlinge, Bekämpfung, Probleme, Lösungen. 2. Aufl. Leipzig, Jena, Berlin, Urania Verlag 1976

Abbildungsnachweis

Für die Anfertigung der Aquarelle bzw. die Darstellung diagnostisch wichtiger Merkmale wurden neben den Abbildungsvorlagen der Autoren herangezogen:

Anonym: „Bayer" Pflanzenschutz-Compendium. Leverkusen, 1962

APPEL, O.: Taschenatlas der Getreidekrankheiten. Berlin, Verlag Paul Parey 1931

ARX, J. A. von: Pilzkunde. Lehre, Verlag J. Cramer 1968

BARNETT, H. L.: Illustrated Genera of imperfect Fungi. 2. Ed. Minneapolis, Burgess Publishing Company 1960

BENADA, J.; ŠEDIVÝ, J.; ŠPAČEK, J.: Atlas der Krankheiten und Schädlinge der Getreidepflanzen. Praha, Státní Zemědělské Nakladatelství 1968

BERGMANN, W.: Ernährungsstörungen bei Kulturpflanzen. Jena, VEB Gustav Fischer Verlag 1983

BESSEY, E. A.: Morphology and Taxonomy of Fungi. Philadelphia, The Blakiston Co. 1950

BILAJ, W. I.: Fusarii (Fusarium-Arten). Kiew, Naukowa Dumka 1977

BLUMER, S.: Rost- und Brandpilze auf Kulturpflanzen. Jena, VEB Gustav Fischer Verlag 1963

BLUMER, S.: Echte Mehltaupilze (Erysiphaceae). Jena, VEB Gustav Fischer Verlag 1967

BOOTH, C.: The Genus Fusarium. Kew, Surrey, England, Commonwealth Mycol. Inst. 1971

DECKER, H.: Phytonematologie. Berlin, VEB Deutscher Landwirtschaftsverlag 1969

FABER, W.; ZWATZ, B.: Wichtige Krankheiten und Schädlinge im Getreide- und Maisbau. 3. Aufl. Wien, Bundesanst. für Pflanzenschutz 1978

GODAN, D.: Schadschnecken. Stuttgart, Verlag Eugen Ulmer 1979

GRAM, E.; BOVIEN, R.; STAPEL, C.: Farbtafel-Atlas der Krankheiten und Schädlinge an landwirtschaftlichen Kulturpflanzen. 2. Aufl. Berlin, Verlag Paul Parey 1968

HOFFMANN, G.-M.; SCHMUTTERER, H.: Parasitäre Krankheiten und Schädlinge an landwirtschaftlichen Kulturpflanzen. Stuttgart, Verlag Eugen Ulmer 1983

PIDOPLITSCHKO, N. M.: Gribi parasiti kulturnich rastenij, opredelitelj w trech tomach. (Parasitische Pilze der Kulturpflanzen, Bestimmungsbuch in drei Bänden). Kiew, Naukowa Dumka 1977

SCHLUMBERGER, O.: Hilfsbuch für die Hagelabschätzung I. und II. 2. Aufl. Berlin, Hamburg, Verlag Paul Parey 1951.

Verzeichnis der wissenschaftlichen Namen

Gerstenhalmfliege 29, 125
Gerstenhartbrand 31, 148
Gerstenminierfliege 15, 27, 39, 49, 58, 68, 166
Gerstenschwarzbrand 31, 148
Gerstensteinbrand 25, 31
Gerstenstreifenmosaik 24, 144
Gerstenstreifenmosaik-Virus 24, 144
Getreideblasenfuß 250
Getreideblasenfuß, Bezahnter 16, 20, 28, 32, 39,
43, 50, 53, 59, 70, 74
Getreideblasenfuß, Gemeiner 16, 20, 28, 32, 40,
43, 50, 53, 59, 70, 74
Getreideblasenfuß, Unbezahnter 16, 20, 28, 32,
39, 43, 50, 53, 70, 74
Getreideblattwespen 20, 31, 43, 52, 73, 120
Getreidebockkäfer 17, 30, 41
Getreideerdfloh, Gelbstreifiger 12, 15, 24, 27, 36,
39, 46, 49, 58, 65, 69, 164
Getreideerdfloh, Rotbrauner 12, 15, 24, 27, 36,
39, 46, 49, 58, 65, 69, 164
Getreidehähnchen, Blaues 15, 28, 39, 49, 59, 69,
118
Getreidehähnchen, Rothalsiges 15, 28, 39, 49, 59,
69, 118
Getreidehalmwespe 17, 29, 41, 51, 71, 122
Getreidelaubkäfer 19, 31, 43, 52, 73
Getreidelaubkäfer, Breiter 162
Getreidelaubkäfer, Gemeiner 162
Getreidelaubkäfer, Südlicher 162
Getreidelaufkäfer 12, 19, 24, 36, 43, 46, 52, 58,
65, 73, 116
Getreidelaus 16, 28, 39, 50, 59, 69, 112
Getreidelaus, Bleiche 16, 28, 39, 50, 59, 69, 114
Getreidelaus, Große 114
Getreidelaus, Grüne 114
Getreidemehltau, Falscher 13, 66
Getreidespitzwanze, Große 110
Getreidespitzwanze, Mittlere 110
Getreidewanze, Gemeine 110
Getreidewanze, Südliche 110
Getreidewanzen 18, 20, 30, 32, 41, 43, 51, 52, 72,
74, 110
Getreidewickler 15, 27, 39, 58, 138
Getreidezystenälchen 12, 21, 23, 33, 35, 44, 53,
64, 75, 106
Gramineen-Wurzelgallenälchen 21, 33, 44, 75
Grasblütenälchen 73, 246
Gräserblasenfuß 250
Gräserblattwespen 20, 31, 43, 52, 73, 120
Gräserfliegen 190
Gräserwanzen 18, 20, 30, 32, 41, 43, 51, 52, 72,
74, 110
Gräserzystenälchen 65, 75
Graseule 71
Grasfliege 125
Grashalmmilbe 18, 30, 41, 51, 60, 72, 188
Graswanze 110

Graswurzelälchen 64, 74, 248
Graszünsler 17, 29, 41, 51, 71
Grauschimmel 15, 19, 27, 31, 39, 42, 49, 52
Grünaugenfliege 125
Grünrüßler 15, 28

Haarfußwurzelfliege 10, 12, 22, 23, 24, 34, 36,
45, 46, 55, 59, 62, 65, 126
Haarmückenlarven 10, 12, 21, 22, 24, 33, 34, 36,
44, 45, 46, 53, 55, 59, 62, 65, 75, 108
Haferblauverzwergung 47, 180
Haferblauverzwergungs-Virus 24, 47, 180
Haferbrand, Gedeckter 52, 185
Haferflugbrand 52, 185
Hafergallmücke 50
Haferkronenrost 46, 48, 50, 184, 243
Haferlaus 16, 28, 50, 59, 69, 113
Hafermilbe 18, 30, 41, 46, 51, 71, 188
Haferschwarzrost 48, 50, 52
Haferzystenälchen 106
Hagelschaden 11, 13, 16, 18, 23, 25, 28, 30, 35,
37, 40, 41, 46, 47, 50, 51, 56, 59, 60, 64, 66,
70, 72, 78
Halmbruch, Hoher 48, 185
Halmbruchkrankheit 20, 21, 32, 43, 44, 53, 74,
94, 95
Halmerdfloh 12, 15, 17, 24, 27, 29, 36, 39, 41,
46, 49, 51, 58, 65, 69, 71, 164
Halmeule 17, 29, 41, 71
Halmfäule 98
Halmmotte 17, 41, 71, 126
Hamster 20, 32, 43, 52, 61, 73
Heckenkirschenlaus, Gelbe 114
Heidemoorkrankheit 48
Helminthosporium-Fuß- und Blattkrankheit 27,
29, 58, 152, 215, 242
Helminthosporium-Gelbfleckenkrankheit 104
Herbizidschaden 10, 11, 13, 22, 23, 25, 34, 35,
37, 45, 46, 47, 55, 56, 57, 64, 66, 78
Herbstschnake 108
Hessenfliege 12, 17, 23, 29, 36, 40, 65, 71, 132
Hessenmücke 17, 29, 40, 71, 132
Hirsestengelbohrer 60
Humusschnellkäfer, Düsterer 162

Johannishaarmücke 108

Kabatiella-zeae-Augenfleckenkrankheit 58, 208
Kahlspitzigkeit 60
Kalium-Mangel 14, 26, 37, 48, 57, 67, 178, 194,
224
Kälteschaden 35, 56
Kammschienenwurzelfliegenlarven 10, 12, 22, 23,
24, 34, 36, 45, 46, 55, 59, 62, 65, 126
Karnalbrand 19, 91
Kartoffelbohrer 60
Keimlingskrankheiten 10, 22, 34, 45, 55, 63, 98